普通高等教育电子信息

EDA 技术及应用

第 3 版

主　编　于玉亭　张丽华
副主编　丁伯圣　涂德凤
参　编　钟玲玲　吴旭华

机 械 工 业 出 版 社

EDA 是当今世界上先进的电子电路设计技术，广泛应用于通信、工业自动化、智能仪表、图像处理和计算机等领域，它是电子工程师必须掌握的技术之一。本书注重基础知识讲解、由浅入深，既有关于 EDA 技术、大规模可编程逻辑器件和 VHDL 的系统介绍，又有丰富的设计应用实例，便于学生消化和理解。全书共 7 章，包括：绪论、可编程逻辑器件、Quartus Ⅱ 软件安装及使用、VHDL 入门基础、VHDL 的语句、有限状态机和 VHDL 设计实例。

本书可作为高等院校电子类、通信类及计算机类等相关专业二年级及以上学生的教材，也可作为电子技术工程技术人员的参考用书。

图书在版编目（CIP）数据

EDA 技术及应用/于玉亭，张丽华主编．—3 版．—北京：机械工业出版社，2024.2

普通高等教育电子信息类系列教材

ISBN 978-7-111-74854-0

Ⅰ.①E… Ⅱ.①于… ②张… Ⅲ.①电子电路—电路设计—计算机辅助设计—高等学校—教材 Ⅳ.①TN702.2

中国国家版本馆 CIP 数据核字（2024）第 006505 号

机械工业出版社（北京市百万庄大街 22 号　邮政编码 100037）

策划编辑：王玉鑫　　责任编辑：王玉鑫

责任校对：刘雅娜　　封面设计：王　旭

责任印制：常天培

北京机工印刷厂有限公司印刷

2024 年 3 月第 3 版第 1 次印刷

184mm×260mm · 15 印张 · 371 千字

标准书号：ISBN 978-7-111-74854-0

定价：49.80 元

电话服务　　网络服务

客服电话：010-88361066　　机　工　官　网：www.cmpbook.com

010-88379833　　机　工　官　博：weibo.com/cmp1952

010-68326294　　金　　书　　网：www.golden-book.com

　　机工教育服务网：www.cmpedu.com

前　言

本书于 2017 年作为安徽省省级规划教材项目立项建设，并在 2020 年教育厅项目验收工作中被评为优秀。本书是以 PLD、EDA 设计工具、VHDL 三方面内容为主线展开的，全书共 7 章。本次修订主要体现在以下几个方面。

1. 注重软件的实用性，完整而又有层次的讲解软件功能

软件选用 QuartusⅡ 15.0 + Modelsim-Altera，在实际应用中获得了较好的效果。软件部分按照“入门→层次化设计→进阶”三个层次安排内容。其中，全加器设计重点讲解自定义模块和调用的层次化设计的方法；编程下载固化程序、IP 核、SignalTap Ⅱ在线调试等属于软件进阶内容，进阶内容建议综合设计阶段再来学习。

2. 硬件描述语言的移植性比较好，弱化硬件的影响

硬件描述语言的移植性比较好，在某一型号 FPGA 芯片上调试成功的代码很容易移植到其他的芯片上，尤其是同一公司的硬件产品。因此读者只要熟悉自己使用的硬件平台即可方便地将本书的例程移植到自己的平台上。因此除了必要的步骤，本书很少提到具体的硬件型号、硬件电路等，弱化不同平台对教材的影响。

3. 重质不重量，求实不求新，注重对学生的引导

书中的实例内容安排，特别注重对实例的深入挖掘。特意设置同一设计的不同实现方式，或者同类型设计功能从简单到复杂，层层推进；并通过“想一想”等栏目，引导学生吃透例子，并进一步在原有实例基础上自行设计其他电路，以方便初学者完成由简单例子到综合、复杂设计的顺利过渡。书中的例子没有刻意追求过多过新，而是将编者多年教学过程中学生出现问题较多的知识点进行了加强和延伸。编者以务实的态度编写教材，希望成为教师教学和学生学习的好助手。难度大的新例程会在教材配套电子资源或者线上资源中提供。

4. 结合教育改革和发展的新趋势，教材配备了更加丰富的线上资源

随着近几年高校教学改革的发展，出现了多种多样的现代化教学形式，如慕课、SPOC、翻转课堂等，对传统教学形式和教材形式都带来了很大的冲击。编者认为，线下教师面对面教学的形式是无可替代的，纸质教材也是无可替代的。但是，其他教学形式都可作为线下教学的有机补充，教材的其他配套网络资源也可以为教学提供较大的便利。因此本书在国内知名网站有慕课资源（目前在“E 会学”平台和“学堂在线”平台，后期可能会有更新）、网络配套电子资源（目前在机械工业出版社教育服务网，后期会继续更新），不定期更新例程。

本书此次修订由于玉亭、张丽华担任主编，丁伯圣、涂德凤担任副主编。第 1 章由张丽华修订，第 2 章由涂德凤修订，第 3 章由于玉亭、丁伯圣修订，第 4 章由于玉亭、钟玲玲修订，第 5 章由于玉亭修订，第 6 章由于玉亭、吴旭华修订，第 7 章由所有项目组成员共同修订。全书由张丽华、于玉亭统稿。

本书是几位教师在总结多年 EDA 教学经验的基础上精心编写而成的，由于编者水平所限，书中疏漏之处在所难免，希望广大读者批评指正。

本书提供配套的电子课件，授课教师可登录机械工业出版社教育服务网（www. cmpedu. com）注册免费下载。

编　者

目 录

第1章 绪 论

EDA 是当今世界上先进的电子电路设计技术，它是电子工程师必须掌握的技术之一。本章主要介绍 EDA 技术的含义和发展历程、专用集成电路（ASIC）设计的分类特点、硬件描述语言（HDL）的特点、常用的 EDA 工具以及 EDA 的工程设计流程。

1.1 EDA 技术综述

1.1.1 EDA 技术含义

EDA 是电子设计自动化（Electronic Design Automation）的缩写，是 20 世纪 90 年代初从 CAD（计算机辅助设计）、CAM（计算机辅助制造）、CAT（计算机辅助测试）和 CAE（计算机辅助工程）的概念发展而来的。

高度发达的信息化社会对电子产品的需求越来越多。现代电子产品要求在性能提高、复杂度增大的同时，价格降低，因而产品更新换代的步伐也越来越快，也进一步促进了生产制造技术和电子设计技术的发展。

生产制造技术以微细加工技术为代表，目前已进展到深亚微米阶段，可以在几平方厘米的芯片上集成数千万个晶体管。电子设计技术的核心就是 EDA 技术，EDA 是指以计算机为工作平台，融合了应用电子技术、计算机技术、智能化技术最新成果而研制成的电子 CAD 通用软件包，包括电子电路设计与仿真软件、PCB 设计软件、IC 设计软件、PLD 设计软件以及其他 EDA 软件。本书主要介绍 PLD 设计相关的 EDA 技术。在此领域内，EDA 技术就是依靠功能强大的电子计算机，在 EDA 工具软件平台上，对以硬件描述语言（Hardware Description Language，HDL）为系统逻辑描述手段完成的设计文件，自动地完成逻辑编译、化简、分割、综合、优化、仿真，直至下载到可编程逻辑器件 CPLD/FPGA 或专用集成电路（Application Specific Integrated Circuits，ASIC）芯片中，实现既定的电子电路设计功能。

EDA 技术的出现，极大地提高了电路设计的效率和可靠性，减轻了设计者的劳动强度。20 世纪 90 年代以来，国际上电子和计算机技术较先进的国家，一直在积极探索新的电子电路设计方法，并在设计方法、工具等方面进行了彻底的变革，取得了巨大成功。在电子技术设计领域，可编程逻辑器件的应用，已得到广泛的普及，这些器件为数字系统的设计带来了极大的灵活性。没有 EDA 技术的支持，想要完成超大规模集成电路的设计制造是不可想象的；反过来，生产制造技术的不断进步又必将对 EDA 技术提出新的要求。

1.1.2 EDA 技术发展历程

随着微电子技术和计算机技术的不断发展，在涉及通信、国防、航天、工业自动化、仪器仪表等领域工作中，EDA 技术以惊人的速度发展，从而使它成为当今电子技术发展的前沿之一。回顾近几十年电子设计技术的发展历程，可将 EDA 技术分为三个阶段。

（1）CAD（计算机辅助设计）阶段

20 世纪 70 年代，属 EDA 技术发展初期。人们开始用计算机辅助进行 IC 版图编辑和 PCB 布线，取代了手工操作，产生了计算机辅助设计的概念。

（2）CAE（计算机辅助工程）阶段

20 世纪 80 年代初，出现了低密度的可编程逻辑器件，即可编程阵列逻辑（Programmable Array Logic，PAL）器件和通用阵列逻辑（Generic Array Logic，GAL）器件，相应的 EDA 开发工具除了纯粹的图形绘制功能外，又增加了电路功能设计和结构设计，并且通过电气连接网络表将两者结合在一起，以实现工程设计，这就是计算机辅助工程的概念。

CAE 的主要功能是原理图输入、逻辑仿真、电路分析、自动布局布线以及 PCB 后分析。

20 世纪 80 年代后期，EDA 工具已经可以进行初级的设计描述、综合、优化和设计结果验证。

（3）电子系统设计自动化（Electronic System Design Automation，ESDA）阶段

尽管 CAD、CAE 技术取得了巨大的成功，但并没有把人们从繁重的设计工作中彻底解放出来。在整个设计过程中，自动化和智能化程度还不高，各种 EDA 软件界面千差万别，学习和使用都较困难，并且互不兼容，直接影响到设计环节间的衔接。

基于以上不足，人们开始追求整个设计过程的自动化，这就是电子系统设计自动化。

20 世纪 90 年代，可编程逻辑器件迅速发展，出现了功能强大的全线 EDA 工具。具有较强抽象描述能力的硬件描述语言及高性能综合工具的使用，使过去单功能电子产品开发转向系统级电子产品开发（即 System on a Chip，SoC），相应的设计技术提升为 ESDA，开始实现“概念驱动工程”（Concept Driver Engineering，CDE ）的梦想。

1.2 ASIC 设计

专用集成电路（Application Specific Integrated Circuits，ASIC）是指应特定用户要求和特定电子系统的需要而设计、制造的集成电路。

ASIC 的特点是面向特定用户的需求，品种多、批量少，要求设计和生产周期短，它作为集成电路技术与特定用户的整机或系统技术紧密结合的产物，与通用集成电路相比，具有体积更小、重量更轻、功耗更低、可靠性提高、性能提高、保密性增强和成本降低等优点。

ASIC 分为数字 ASIC、模拟 ASIC 和数模混合 ASIC。对于数字 ASIC，其设计方法有多种，按照版图结构及制造方法可分为：全定制 ASIC 和半定制 ASIC。

设计全定制 ASIC 芯片时，设计师要定义芯片上所有晶体管的几何图形和工艺规则，需要使用全定制版图设计工具来完成，最后将设计结果交由 IC 厂家掩膜制造完成。其优点是：芯片可以获得最优的性能，即面积利用率高、速度快、功耗低。其缺点是：开发周期长，费

用高，因而只适合大批量产品开发。它在通用中小规模集成电路设计、模拟集成电路（包括射频级集成器件）的设计，以及有特殊性能和功耗要求的电路或处理器中的特殊功能模块电路的设计中被广泛采用。

半定制 ASIC 芯片的版图设计方法是一种约束性的设计方法，约束的目的是简化设计、缩短开发时间、降低设计成本和提高设计正确率。按照逻辑实现的方式不同，半定制法又可分为门阵列设计法、标准单元设计法和可编程逻辑器件法。

门阵列设计法和标准单元设计法设计 ASIC 都需经历繁杂的 IC 制造后向流程，而且与 IC 设计工艺紧密相关，最终的设计还需要集成电路制造厂家来完成，一旦设计有误，将导致巨大的损失。此外，还有设计周期长、基础投入大及更新换代难等缺点。

可编程逻辑器件法是用可编程逻辑器件来设计用户定制的数字电路系统。可编程逻辑器件实质上是门阵列及标准单元设计技术的延伸和发展。可编程逻辑器件是一种半定制的逻辑芯片，但与门阵列法、标准单元法不同，芯片内的硬件资源和连线资源是由厂家预先制定好的，可以方便地通过编程下载获得重新配置。这样，用户就可以借助 EDA 软件和编程器在实验室或车间中自行进行设计、编程或电路更新，无须 IC 厂家的参与。如果发现错误，也可以随时更改，完全不必关心器件实现的具体工艺。

用可编程逻辑器件法设计 ASIC（通常称为可编程 ASIC），可提高设计效率，缩短开发周期。但是，这种用可编程逻辑器件直接实现的所谓的 ASIC 的性能、速度和单位成本相对于全定制或标准单元法设计的 ASIC 都不具备竞争性。此外，也不可能用可编程 ASIC 来取代通用产品（如 CPU、单片机、存储器等）的应用。

目前，为了降低成本，可以在用可编程逻辑器件实现设计后，用特殊的方法转成 ASIC 电路，如 Altera 的部分 FPGA 器件在设计成功后可以通过 HardCopy 技术转成对应的门阵列 ASIC 产品。

可编程逻辑器件自 20 世纪 70 年代以来，经历了可编程阵列逻辑（Programmable Array Logic，PAL）器件、通用阵列逻辑（Generic Array Logic，GAL）器件、复杂可编程逻辑器件（Complex Programmable Logic Device，CPLD）、现场可编程逻辑阵列（Field Programmable Gates Array，FPGA）几个发展阶段，其中 CPLD、FPGA 器件属高密度可编程逻辑器件，目前集成度已高达200 万门/片，它将掩膜 ASIC 集成度高的优点和可编程逻辑器件设计生产方便的特点结合在一起，特别适合于样品研制或小批量产品开发，使产品能以最快的速度上市，而当市场扩大时，它可以很容易地转由掩膜 ASIC 实现，因此开发风险也大为降低。目前，用 CPLD 和 FPGA 来进行 ASIC 设计是最为流行的方式之一。

1.3　HDL

硬件描述语言（Hardware Description Language，HDL）是一种用形式化方法描述数字电路和系统的语言。利用这种语言，数字电路系统的设计可以从上层到下层（从抽象到具体）逐层描述自己的设计思想，用一系列分层次的模块来表示极其复杂的数字系统。然后，利用电子设计自动化（EDA）工具，逐层进行仿真验证，再把其中需要变为实际电路的模块进行组合，经过自动综合工具转换到门级电路网表。接着再用专用集成电路（ASIC）或现场可编程门阵列（FPGA）自动布局布线工具，把网表转换为要实现的具体电路布线结构。

使用 HDL 设计具有如下优点：

1）能形式化地抽象表示电路的结构和行为，便于人和计算机理解。

2）支持逻辑设计中不同层次和领域的描述。

3）可以借用类似计算机软件高级语言的方法简化电路的描述。

4）具有电路仿真与验证机制以保证设计的正确性。

5）支持电路描述由高层到低层的综合转换。

6）硬件描述与实现工艺无关。

7）便于文档管理，易于理解和设计重用。

1.3.1 HDL 发展历程

随着硬件描述语言（HDL）的发展，已被成功地应用于设计的各个阶段，如建模、仿真、验证和综合等。到 20 世纪 80 年代，已出现了上百种硬件描述语言，对设计自动化曾起到了极大的促进和推动作用。但是，这些语言一般各自面向特定的设计领域和层次，而且众多的语言使用户无所适从。因此，急需一种面向设计的多领域、多层次并得到普遍认同的标准硬件描述语言。20 世纪 80 年代后期，VHDL 和 Verilog HDL 适应了这种趋势的要求，先后成为 IEEE 标准。

1.3.2 常用 HDL

目前，就 FPGA/CPLD 开发来说，比较常用和流行的 HDL 主要有 ABEL-HDL、AHDL、VHDL 和 Verilog HDL。

1. ABEL-HDL

ABEL-HDL 是一种层次结构的逻辑描述语言，它支持各种不同输入方式，适用于各种不同规模的可编程逻辑器件的逻辑功能设计，是世界上可编程逻辑器件设计应用最广的语言之一。该语言由美国 DATA I/O 公司于 1983 ~ 1988 年推出。

2. AHDL

AHDL 是 Altera 公司设计的配合 Altera MAX + Plus Ⅱ 设计软件使用的一种硬件描述语言。它是一种模块化的高级语言，完全集成于 MAX + Plus Ⅱ 系统中，它将用户的设计以各种设计文件（文本设计文件 TDF、图形设计文件 GDF 等）形式保存，并可对其进行编译（Compile）、调试、检错、模拟（Simulate）、下载（Download）等操作。这些操作都在MAX + Plus Ⅱ 开发系统中完成。AHDL 还特别适合于描述复杂的组合逻辑、组（Group）运算、状态机、真值表和时序逻辑。

3. VHDL

ABEL-HDL、AHDL 是由不同的 EDA 厂商开发的，互不兼容，而且不支持多层次设计，层次间翻译工作要由人工完成。为了克服以上缺陷，1985 年美国国防部正式推出了超高速集成电路硬件描述语言（Very High Speed IC Hardware Description Language，VHDL），1987 年 IEEE 采纳 VHDL 为硬件描述语言标准（IEEE STD – 1076）。

VHDL 是一种全方位的硬件描述语言，包括系统行为级、寄存器传输级和逻辑门级多个设计层次，支持结构、数据流、行为三种描述形式的混合描述，因此 VHDL 几乎覆盖了以往各种硬件描述语言的功能，整个自顶向下或自底向上的电路设计过程都可以用 VHDL 来完成。VHDL 是 ASIC 设计和 PLD 设计的一种主要输入工具，适用于特大型的系统级数字电路设计。但它不具有晶体管开关级的描述能力和模拟设计的描述能力。

VHDL 具有以下优点：

1）VHDL 的宽范围描述能力使它成为高层次设计的核心，将设计人员的工作重心提高到了系统功能的实现与调试，而仅花较少的精力于物理实现。

2）VHDL 可以用简洁明确的代码描述来进行复杂控制逻辑的设计，灵活且方便，而且也便于设计结果的交流、保存和重用。

3）VHDL 的设计不依赖于特定的器件，方便了工艺的转换。

4）VHDL 是一个标准语言，为众多的 EDA 厂商支持，因此移植性好。

4. Verilog HDL

Verilog HDL 是在 1983 年，由 GDA（Gateway Design Automation）公司的 Phil Moorby 首创的，其架构同 VHDL 相似，主要被用来进行硬件仿真。Verilog HDL 支持的 EDA 工具较多，适用于 RTL 级和门电路级的描述，其综合过程较 VHDL 稍简单，但其在高级描述方面不如 VHDL。

Verilog HDL 于 1995 年成为 IEEE 标准，即 Verilog HDL 1364—1995；2001 年发布了 Verilog HDL 1364—2001 标准。在这个标准中，加入了 Verilog HDL-A 标准，使 Verilog 有了模拟设计描述的能力。

实质上，在底层的 VHDL 设计环境是由 Verilog HDL 描述的器件库支持的，因此，它们之间的互操作性十分重要。目前，Verilog 和 VHDL 的两个国际组织 OVI（Open Verilog International）、VI 正在筹划这一工作，准备成立专门的工作组来协调 VHDL 和 Verilog HDL 的互操作性。OVI 也支持不需要翻译、由 VHDL 到 Verilog 的自由表达。

有专家认为，在未来，VHDL 与 Verilog 语言将承担几乎全部的数字系统设计任务。

5. SystemC

随着半导体技术的迅猛发展，系统芯片（System on a Chip，SoC）已经成为当今集成电路设计的发展方向。在系统芯片的各个设计中，像系统定义、软硬件划分、设计实现等，集成电路设计界一直在考虑如何满足 SoC 的设计要求，一直在寻找一种能同时实现较高层次的软件和硬件描述的系统级设计语言。

SystemC 正是在这种情况下，由 Synopsys 公司和 CoWare 公司积极响应各方对系统级设计语言的需求而合作开发的。1999 年 9 月 27 日，40 多家世界著名的 EDA 公司、IP 公司、半导体公司和嵌入式软件公司宣布成立“开放式 SystemC 联盟”。著名公司 Cadence 也于 2001 年加入了 SystemC 联盟。SystemC 从 1999 年 9 月联盟建立初期的 0.9 版本开始更新，经历 1.0 版到 1.1 版，2001 年 10 月推出了最新的 2.0 版。SystemC 是一种基于 C++语言的用于系统设计的计算机语言，是用 C++编写的一组库和宏。它是为了提高电子系统设计效率而逐渐发展起来的产物。IEEE 于 2005 年 12 月批准了 IEEE 1666—2005 标准。

1.4 EDA 的工具软件

目前进入我国并具有广泛影响的 EDA 软件很多，它们都可以用来进行电路设计与仿真，同时也可以进行 PCB 自动布局布线，可输出多种网表文件与第三方软件接口。这里简单介绍可编程逻辑器件（Programmable Logic Device，PLD）设计工具软件。

PLD 是一种由用户根据需要而自行构造逻辑功能的数字集成电路。目前主要有两大类型：复杂可编程逻辑器件（Complex PLD，CPLD）和现场可编程门阵列（Field Programmable Gate Array，FPGA）。它们的基本设计方法是借助于 EDA 软件，用原理图、状态机、布尔表达式、硬件描述语言等方法，生成相应的目标文件，最后用编程器或下载电缆，由目标器件实现。生产 PLD 的厂家很多，但最有代表性的 PLD 厂家为 Altera、Xilinx 和 Lattice 公司。

PLD 的开发工具一般由器件生产厂家提供，但随着器件规模的不断增加，软件的复杂性也随之提高，目前由专门的软件公司与器件生产厂家合作，推出功能强大的设计软件。表 1-1列出了目前主流厂商开发的常用 EDA 工具软件。

表 1-1 常用 EDA 工具软件

厂　商	EDA 软件名称	备　　注
Altera	MAX + Plus Ⅱ	2003 年停止更新
Altera	Quartus Ⅱ	2015 年 15.1 版本后更名为 Quartus Prime
Xilinx	ISE	2012 年停止更新
Xilinx	Vivado	2012 年发布
Lattice	Diamond	目前最新为 Diamond 3.11 SP2
Actel	Actel designer	—

（1）Altera

20 世纪 90 年代以后发展很快（2015 年被 Intel 收购，为 Intel 可编程事业部——PSG）。主要产品有：Agilex、Stratix、Arria、Cyclone、Max 等系列。

其开发工具 MAX + Plus Ⅱ是最早的 Altera CPLD 开发系统，它支持原理图、VHDL 和 Verilog 语言的文本文件，以及波形图与 EDIF 等格式的文件作为设计输入，并支持这些文件的任意混合设计。它具有门级仿真器，可以进行功能仿真和时序仿真，能够产生精确的仿真结果。在适配之后，MAX + Plus Ⅱ生成供时序仿真用的 EDIF、VHDL 和 Verilog 三种不同格式的网表文件。MAX + Plus Ⅱ界面友好、使用便捷，被誉为业界最易学、易用的 EDA 软件。该软件在 2003 推出了最后的 10.23 版本后不再提供技术支持。Altera 已经停止开发 MAX + Plus Ⅱ，而转向 Quartus Ⅱ软件平台。

Quartus Ⅱ是 Altera 公司推出的 EDA 软件工具，其设计工具完全支持 VHDL 和 Verilog 的设计流程，其内部嵌有 VHDL、Verilog 逻辑综合器。第三方的综合工具，如 Leonard Spectrum、Synplify Pro 和 FPGA COMPILER Ⅱ有着更好的综合效果。Quartus Ⅱ可以直接调用这些第三方工具，因此通常建议使用这些工具来完成 VHDL/Verilog 源程序的综合。同样，Quartus Ⅱ具备仿真功能，也支持第三方的仿真工具，如 Modelsim。此外，Quartus Ⅱ为 Altera DSP 开发包进行系统模型设计提供了集成综合环境，它与 MATLAB 和 DSP Builder 综合可以进行基于 FPGA 的 DSP 系统开发，是 DSP 硬件系统实现的关键 EDA 工具。Quartus Ⅱ还可与 SOPC Builder 结合，实现 SOPC 系统开发。

2015 年 Altera 被 Intel 收购后 Quartus Ⅱ正式更名为 Quartus Prime，即从 15.1 版本后的 Quartus Ⅱ更名为 Quartus Prime。该版本是发布的第一个版本也被官方称为有史以来最大的更新，相比之前加入了 Intel 为 FPGA 专门设计的 OpenCL SDK、SoC Embedded Design Suite

以及 DSP Builder 等组件。

(2) Xilinx

Xilinx 是 FPGA 的发明者。该产品种类较全，主要有 XC9500/4000、Coolrunner (XPLA3)、Spartan、Vertex 等系列，其最大的 Vertex-Ⅱ Pro 器件已达到800 万门。开发软件为 Foundation 和 ISE。通常来说，在欧洲用 Xilinx 的人多，在亚太地区用 Altera 的人多，在美国则是平分秋色。全球 PLD/FPGA 产品 60% 以上是由 Altera 和 Xilinx 提供的。可以说 Altera 和 Xilinx 共同决定了 PLD 技术的发展方向。

(3) Lattice

Vantis Lattice 是 ISP（In-System Programmability）技术的发明者，ISP 技术极大地促进了 PLD 产品的发展，与 Altera 和 Xilinx 相比，其开发工具比 Altera 和 Xilinx 略逊一筹。中小规模 PLD 比较有特色，大规模 PLD 的竞争力还不够强（Lattice 没有基于查找表技术的大规模 FPGA)，1999 年推出可编程模拟器件，1999 年收购 Vantis（原 AMD 子公司)，成为第三大可编程逻辑器件供应商。2001 年 12 月收购 Agere 公司（原 Lucent 微电子部）的 FPGA 部门。主要产品有 ispLSI2000/5000/8000，MACH4/5。

(4) Actel

反熔丝（一次性烧写）PLD 的领导者，由于反熔丝 PLD 抗辐射、耐高低温、功耗低、速度快，所以在军品和宇航级上有较大优势。Altera 和 Xilinx 则一般不涉足军品和宇航级市场。

1.5 EDA 设计流程

1. EDA 的设计步骤

EDA 的设计步骤如图 1-1 所示。

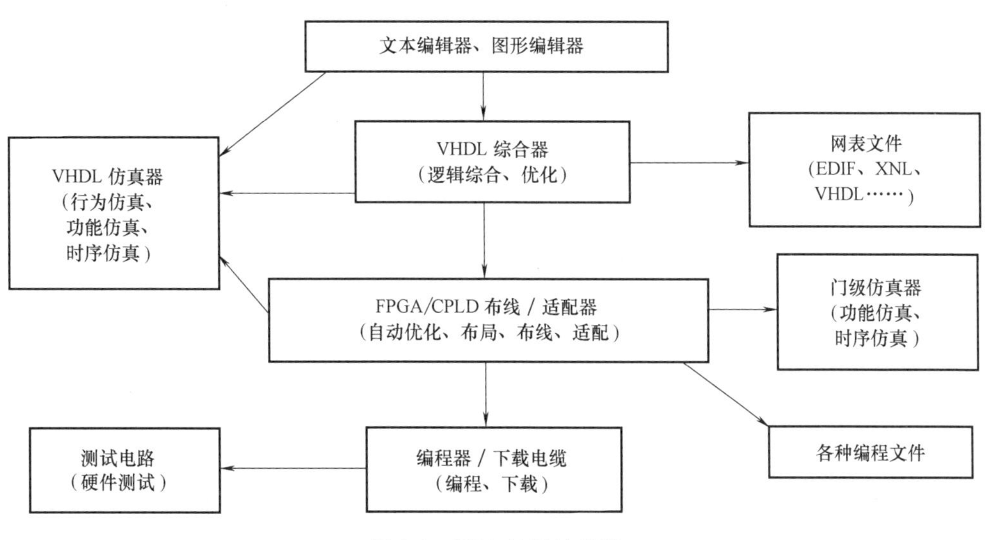

图 1-1 EDA 的设计步骤

(1) 设计输入

使用 Quartus Ⅱ 软件的模块输入方式、文本输入方式、Core 输入方式和 EDA 设计输入工具等编辑器可将设计者的设计意图表达出来。在表达用户的电路构思同时，还要使用分配器设定初始设计约束条件。

（2）编译

完成设计描述后即可通过编译器进行排错编译，变成特定的文本格式，为下一步的综合做准备。

（3）综合

综合是将 HDL、原理图等设计输入翻译成由“与”“或”“非门”、RAM、触发器等基本逻辑单元组成的逻辑连接（网表），并根据目标与要求（约束条件）优化所生成的逻辑连接，输出 edf 或 vqm 等标准格式的网表文件，供布局布线器进行实现。除了可以用 Quartus Ⅱ软件的命令综合外，也可以用第三方综合工具进行。这是将软件设计与硬件的可实现性挂钩，是将软件转化为硬件电路的关键步骤。综合后 HDL 综合器可生成网表文件，从门级开始描述了最基本的门电路结构。

（4）布局布线

布局布线的输入文件是综合后的网表文件，Quartus Ⅱ软件中布局布线包含分析布局布线结、优化布局布线、增量布局布线和通过反标保留分配等。

（5）时序分析

允许用户分析设计中所有逻辑的时序性能，并引导布局布线满足设计中的时序分析要求。默认情况下，时序分析作为全编译的一部分自动运行，它观察和报告时序信息，如建立时间、保持时间性、时钟至输出延时、最大时钟频率以及设计的其他时序，可以用时序分析生成信息分析、调试和验证设计的时序性能。

（6）仿真

仿真分为功能仿真和时序仿真。功能仿真主要是验证电路功能是否符合设计要求；时序仿真包含了延时信息，它能较好地反映芯片的设计工作情况。可以用 Quartus Ⅱ集成的仿真工具进行仿真。

（7）编程和适配

在全编译成功后，需要对 Altera 器件进行编程或配置，它包括生成编程文件（Assemble）、建立包含设计所用器件名称和选项的链式文件（Programmer）、转换编程文件等。利用布局布线适配器将综合后的网表文件针对某一具体的目标器件进行逻辑映射操作，包括底层器件配置、逻辑分割、逻辑优化以及布局布线。该操作完成后，EDA 软件将产生针对此项设计的适配报告和下载文件等多项结果。

（8）功能仿真和时序仿真

该仿真已考虑硬件特性，非常接近真实情况，因此仿真精度很高。

（9）下载

如果以上的所有过程都没有发现问题，就可以将适配器产生的文件下载到目标芯片中。

（10）硬件测试

将载入了设计文件的硬件系统进行统一测试，从而验证在目标系统上的实际工作情况，以检查错误，完善设计。

2. EDA 技术的基本设计方法

（1）数字系统的 EDA 设计层次

对于数字系统设计者来说，设计的层次可以从两个不同的角度来表示，一个是结构层次，另一个是系统的性能层次。系统的结构层次是指系统是由一些模块组成的，模块的适当连接就构成了系统。同样，模块也可以是一些基本元件连接而成的；系统的性能是指系统的输出对输入的响应，而系统的响应也是系统的输入，经过系统内部模块的响应，逐渐地传递到输出，所以，系统的性能也是由系统内部模块的性能及其传递来决定的。

对于一个数字系统一般来说，可以分为这样的六个层次；系统级、芯片级、寄存器传输级、门级、电路级和硅片级。由于系统可以分为六个层次，系统的性能描述和系统的结构组成也可以分为六个层次。表 1-2 表示了这几个层次之间的对应关系。硅片是结构的最底层：从结构描述的角度来说，硅片上不同形状的区域代表了不同类型的电子元器件，如晶体管、MOS 管、电阻、电容等。另外，不同形状的金属区域表示了元器件之间的连接。

表 1-2 系统设计层次之间的对应关系

系统层次	性能描述	系统的结构
系统级	系统的功能描述	计算机、路由器等
芯片级	算法描述	CPU、RAM、ROM、I/O
寄存器传输级	数据流描述	运算器、选择器、计数器、寄存器
门级	逻辑代数方程	基本门电路、基本触发器
电路级	微分方程	由晶体管、电阻、电容组成的电路
硅片级	电子、空穴运动方程	硅片不同形状的区域

但是，只有到了电路级，电路的具体结构才能显示出来。电路级描述比门级描述更加具体。同样是一个“与”门，可以有许多种电路实现的方法，只有将门级的描述具体到电路级的描述，才能最后在硅片上形成芯片。

从逻辑的角度来说，门级是最基础的描述。最基本的逻辑门是“与”门、“或”门、“非”门：用这三种基本逻辑门，可以构成任何组合电路以及时序电路。不过，现在也将基本触发器作为门级的基本单元，因为它是组成时序电路的最基本的单元。

寄存器传输级实际上是由逻辑部件的互相连接而构成的。寄存器、计数器、移位寄存器等逻辑部件是这个层次的基本元件，有时也称它们为功能模块或者“宏单元”：虽然这些部件也是由逻辑门组成，但是在这个层次，关键的是整个功能模块的特性，以及它们之间的连接。

再向上一个层次就是芯片级，从传统的观点来看芯片级应该是最高级，芯片本身就是一个系统、一种产品。芯片级的基本组成包括处理器、存储器、各种接口和中断控制器等。当然，首先应该对这些组成模块进行描述，再将它们连接来构成整个芯片。

最高的层次是系统级。一个系统可以包括若干芯片。如果是“System on a Chip”设计，那么在一个系统芯片上，也有若干类似于处理器、存储器等这样的元器件。

表 1-2 的中间一列是各个层次的性能描述。从系统级来说，就是对于系统整体指标的要求，例如运算的速度、传输的带宽以及工作的频率范围等。这类性能指标一般用文字表示，不用 HDL 来描述。

芯片级的性能描述是通过算法来表示的，也就是通过芯片这样的硬件可以实现什么算法。算法是可以用 HDL 来描述的。当然，算法描述的范围可以很宽，以前对于时序机的性能描述，实际上也是一种算法。因为，这样的描述也只是表示输出对于输入的响应，而不考虑如何来实现相应的逻辑功能。

寄存器传输级的性能描述是数据流描述。门级的性能描述是逻辑代数方程，从 VHDL 描述的角度来说，VHDL 的数据流描述主要是对于寄存器传输级的描述，用它们来表示逻辑代数方程也是可以的。

（2）设计流程

EDA 技术采用“自顶向下”（Top-Down）的设计方法，这种设计方法首先从系统设计入手，在顶层进行功能框图的划分和结构设计。在框图一级进行仿真、纠错，并用硬件描述语言对高层次的系统行为进行描述，在系统一级进行验证。然后用综合优化工具生成具体门电路的网表，其对应的物理实现级可以是印制电路板或专用集成电路。由于设计的主要仿真和调试过程是在高层次上完成的，这不仅有利于早期发现结构设计上的错误，避免设计工作的浪费，而且也减少了逻辑功能仿真的工作量，提高了设计的一次成功率。

1）电路级设计。电路级设计工作流程如图 1-2 所示，电子工程师接受系统设计任务后，首先要确定设计方案，同时要选择能实现该方案的合适器件，然后根据具体的元器件设计电路原理图。接着进行第一次仿真，包括数字电路的逻辑模拟、故障分析以及模拟电路的交直流分析、瞬态分析。系统在进行仿真时，必须要有元器件模型库的支持，计算机上模拟的输入输出波形代替了实际电路调试中的信号源和示波器。第一次仿真的目的主要是检验设计方案在功能方面的正确性。

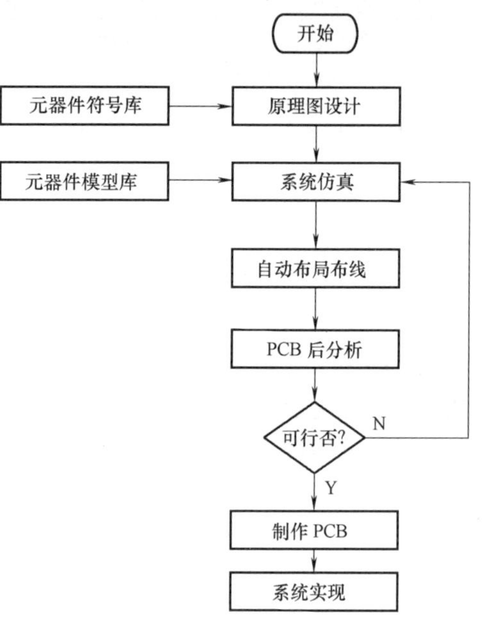

图 1-2 电路级设计工作流程

仿真通过后，根据原理图产生的电气连接网络表进行 PCB 的自动布局布线。在制作 PCB 之前还可以进行后分析，包括热分析、噪声及窜扰分析、电磁兼容分析、可靠性分析等，并且可以将分析后的结果参数反标回电路图，进行第二次仿真，也称为后仿真，这一次仿真的目的主要是检验 PCB 在实际工作环境中的可行性。

由此可见，电路级的 EDA 技术使电子工程师在实际的电子系统产生之前，就可以全面地了解系统的功能特性和物理特性，从而将开发过程中出现的缺陷消灭在设计阶段，不仅缩短了开发时间，也降低了开发成本。

2）系统级设计。进入 20 世纪 90 年代以来，电子信息类产品的开发出现了两个明显的特点：一是产品的复杂程度加深，二是产品的上市时限紧迫。然而电路级设计本质上是基于门级描述的单层次设计，设计的所有工作（包括设计输入、仿真和分析、设计修改等）都是在基本逻辑门这一层次上进行的，显然，这种设计方法不能适应新的形势，为此引入了一种高层次的电子设计方法，也称为系统级的设计方法。

高层次设计是一种“概念驱动式”设计，设计人员无须通过门级原理图描述电路，而是针对设计目标进行功能描述，由于摆脱了电路细节的束缚，设计人员可以把精力集中于创造性的概念构思与方案上，一旦这些概念构思以高层次描述的形式输入计算机后，EDA 系统就能以规则驱动的方式自动完成整个设计。这样，新的概念得以迅速有效地成为产品，大大缩短了产品的研制周期。不仅如此，高层次设计只是定义系统的行为特性，可以不涉及实现工艺，在厂家综合库的支持下，利用综合优化工具可以将高层次描述转换成针对某种工艺优化的网表，工艺转化变得轻松、容易。具体的设计工作流程如图 1-3 所示。

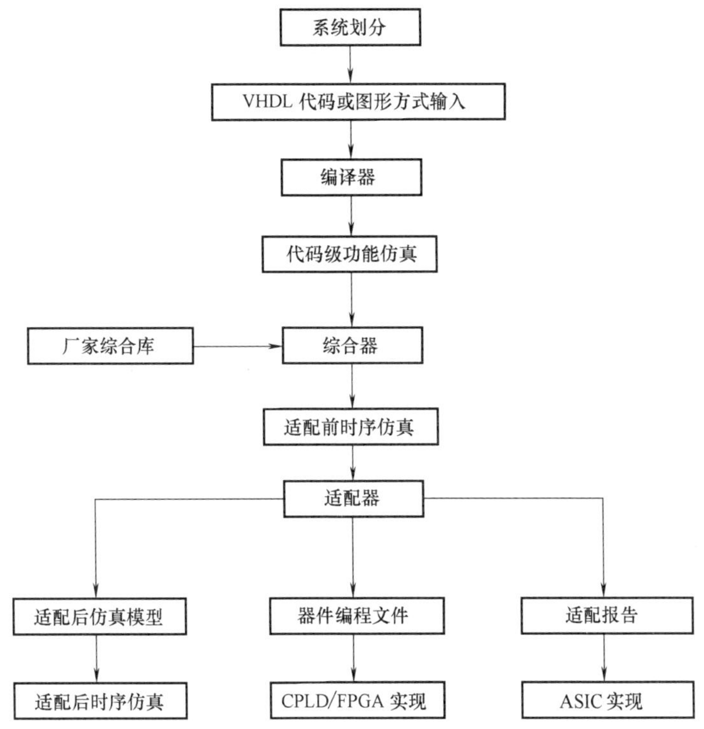

图 1-3　系统级设计工作流程

高层次设计步骤如下。

① 按照“自顶向下”的设计方法进行系统划分。

② 输入 VHDL 代码，这是高层次设计中最为普遍的输入方式。此外，还可以采用图形输入方式（框图、状态图等），这种输入方式具有直观、容易理解的优点。

③ 将以上的设计输入编译成标准的 VHDL 文件。对于大型设计，还要进行代码级的功能仿真，主要是检验系统功能设计的正确性，因为对于大型设计，综合、适配要花费数小时，在综合前对源代码仿真，就可以大大减少设计重复的次数和时间，一般情况下，可略去这一仿真步骤。

④ 利用综合器对 VHDL 源代码进行综合优化处理，生成门级描述的网表文件，这是将高层次 描述转化为硬件电路的关键步骤。综合优化是针对 ASIC 芯片供应商的某一产品系列进行的，所以综合的过程要在相应的厂家综合库支持下才能完成。综合后，可利用产生的网表文件进行适配前的时序仿真，仿真过程不涉及具体器件的硬件特性，较为粗略。对于一般设计，这一仿真步骤也可略去。

⑤ 利用适配器将综合后的网表文件针对某一具体的目标元器件进行逻辑映射操作，包括底层元器件配置、逻辑分割、逻辑优化和布局布线。适配完成后，产生多项设计结果：适

配报告，包括芯片内部资源利用情况、设计的布尔方程描述情况等；适配后的仿真模型；元器件编程文件。根据适配后的仿真模型，可以进行适配后的时序仿真，因为已经得到元器件的实际硬件特性（如时延特性），所以仿真结果能比较精确地预期未来芯片的实际性能。如果仿真结果达不到设计要求，就需要修改 VHDL 源代码或选择不同速度品质的元器件，直至满足设计要求。

⑥ 将适配器产生的元器件编程文件通过编程器或下载电缆载入到目标芯片 FPGA 或 CPLD 中。如果是大批量产品开发，通过更换相应的厂家综合库，可以很容易转由 ASIC 形式实现。

本章小结

（1）EDA 技术的狭义定义

EDA 是电子设计自动化（Electronic Design Automation），设计软件主要包括：电子电路设计与仿真软件、PCB 设计软件、IC 设计软件、PLD 设计软件以及其他 EDA 软件。本书主要介绍 PLD 设计相关应用。在此领域内，EDA 技术就是依靠功能强大的电子计算机，在 EDA 工具软件平台上，对以硬件描述语言（Hardware Description Language，HDL）为系统逻辑描述手段完成的设计文件，自动地完成逻辑编译、化简、分割、综合、优化、仿真，直至下载到可编程逻辑器件 CPLD/FPGA 或专用集成电路（Application Specific Integrated Circuit，ASIC）芯片中，实现既定的电子电路设计功能。

（2）常用硬件描述语言的特点比较

VHDL：IEEE 标准，系统级抽象描述能力较强。Verilog：IEEE 标准，门级开关电路描述能力较强。ABEL：系统级抽象描述能力差，适合于门级电路描述。

（3）主要公司 EDA 工具

Altera 公司：Quartus Ⅱ、Maxplus Ⅱ 系列。Xilinx 公司：ISE、Foundation、Aillance 系列。Lattice 公司：ispDesignEXPERT 系列。

（4）EDA 的设计方法

一个数字系统一般可以分为六个层次：系统级、芯片级、寄存器传输级、门级、电路级和硅片级。系统的性能描述和系统的结构组成也可以分为这六个层次，表 1-2 列出了设计层次之间的对应关系。本章重点给出了电路级设计和系统级设计的工作流程。

习　　题

1-1　从使用的角度讲，EDA 技术主要包括哪几个方面的内容？

1-2　利用 EDA 技术进行电子系统的设计有什么特点？

1-3　常用的硬件描述语言有哪几种？这些硬件描述语言在逻辑描述方面有什么区别？

1-4　VHDL 的优点是什么？

1-5　写出下列缩写的中文含义：

（1）ESDA　　（2）HDL　　（3）ASIC　　（4）VHDL

第2章 可编程逻辑器件

可编程逻辑器件（Programmable Logic Device，PLD）是20世纪70年代发展起来的一种集成器件，是大规模集成电路技术发展的产物。它是一种半定制的集成电路，其逻辑功能可以由用户通过器件编程来自行设定，可以快速、方便地构建数字系统。本章主要介绍几种常用的可编程逻辑器件的结构和原理。

2.1 可编程逻辑器件概述

数字电子领域中三种基本的器件类型为存储器、微处理器和逻辑器件。存储器用来存储程序代码等随机信息；微处理器通过执行软件指令来完成各种任务；逻辑器件提供器件间的接口、数据通信、信号处理、数据显示、时序和控制操作以及系统运行等各种特定功能。

逻辑器件可分为两大类，即固定逻辑器件和可编程逻辑器件（PLD）。固定逻辑器件中的电路是永久性的，用于完成一种或一组功能。固定逻辑器件一旦制造完成，就无法改变，专用集成电路（ASIC）就是其中的一种。可编程逻辑器件作为一类标准成品部件，能够为用户提供各种逻辑能力、速度和电压特性，而且可以在任何时候对此类器件进行修改，以完成多种不同的功能。

2.1.1 PLD的发展历程

可编程逻辑器件最早出现于20世纪70年代，纵观其发展历程，大致可分为以下几个阶段。

1）20世纪70年代，熔丝编程的可编程只读存储器（Programmable Read Only Memory，PROM）和可编程逻辑阵列（Programmable Logic Array，PLA）是最早出现的可编程逻辑器件。PROM由全译码的“与”阵列和可编程的“或”阵列组成，其阵列规模大、速度低，主要用途是作为存储器。

2）20世纪70年代末，AMD公司对PLA进行了改进，推出了可编程阵列逻辑（Programmable Array Logic，PAL）器件，它由可编程的“与”阵列和固定的“或”阵列组成，是一种低密度、一次性可编程逻辑器件，但由于修改电路成本高，因此，其应用受到了一定的限制。

3）20世纪80年代初，Lattice公司推出了一种在PAL基础上改进的通用阵列逻辑（Generic Array Logic，GAL）器件，GAL器件首次在PLD上采用E^2PROM工艺，使得修改电路不需要更换硬件。在编程结构上，GAL沿用了PAL“与”阵列可编程、“或”阵列固定的结构，而在 PAL 的输出 I/O 结构中增加了输出逻辑宏单元（Output Logic Macro Cell，OLMC），为电路设计提供了极大的灵活性。因此，GAL 器件得到了广泛的应用。

4）20 世纪 80 年代中期，Xilinx 公司提出了现场可编程的概念，同时生产出了世界上第一片现场可编程门阵列（Field Programmable Gate Array，FPGA）器件。它是一种新型高密度 PLD，采用 CMOS-SRAM 工艺制作，具有密度高、编程速度快、设计灵活和可再配置设计能力等许多优点。同一时期，Altera 公司推出了可擦除可编程逻辑器件（Erasable Programmable Logic Device，EPLD），它比 GAL 具有更高的集成度，可以用紫外线或电擦除。

5）20 世纪 80 年代末，Lattice 公司提出了在系统可编程（In System Programmable，ISP）的概念，并推出了一系列具有 ISP 功能的 CPLD（Complex PLD），此后，其他 PLD 生产厂家都相继采用了 ISP 技术。

6）进入 20 世纪 90 年代后，可编程逻辑器件发展更加迅速。主要表现在三个方面：一是规模越来越大；二是速度越来越高；三是电路结构越来越灵活，电路资源更加丰富。目前，器件的可编程逻辑门数已达千万门以上，可以内嵌许多种复杂的功能模块，如 CPU 核、DSP 核、PLL（锁相环）等，可以实现单片可编程系统（System on Programmable Chip，SoPC）。

2.1.2 PLD 的分类

常见的可编程逻辑器件有 PROM、PLA、PAL、GAL、CPLD 和 FPGA 等。对于这些可编程逻辑器件，可以从不同的角度对其进行划分，没有统一的分类标准。这里介绍几种比较通行的分类方法。

1. 按集成度分类

集成度是集成电路的一项很重要的指标，按集成度可以把可编程逻辑器件分为两类：

1）低密度可编程逻辑器件（Low Density PLD，LDPLD）。

2）高密度可编程逻辑器件（High Density PLD，HDPLD）。

一般以芯片 GAL22V10 的容量来区分 LDPLD 和 HDPLD。不同制造厂家生产的 GAL22V10 的密度略有差别，大致在 500～750 门之间。如果按照这个标准，PROM、PLA、PAL 和 GAL 器件属于 LDPLD，EPLD、CPLD 和 FPGA 器件则属于 HDPLD。

2. 按结构分类

可以分为基于“与-或”阵列结构的器件和基于门阵列结构的器件两大类。基于“与-或”阵列结构的器件有 PROM、PLA、PAL、GAL 和 CPLD；基于门阵列结构的器件有 FPGA。

3. 按编程工艺分类

所谓编程工艺，是指在可编程逻辑器件中可编程元件的类型。按照这个标准，可编程逻辑器件又可以分成六类：

1）熔丝型（Fuse）PLD，如早期的 PROM 器件。编程过程就是根据设计的熔丝图文件来烧断对应的熔丝，获得所需的电路。

2）反熔丝型（Anti-Fuse）PLD，如一次可编程（One Time Programming，OTP）型 FPGA 器件。其编程过程与熔丝型 PLD 相类似，但结果相反，在编程处击穿漏层使两点之间导通，而不是断开。

3）UVEPROM 型 PLD，即紫外线擦除/电气编程器件。Altera 公司的 Classic 系列和

MAX5000 系列 EPLD 采用的就是这种编程工艺。

4）电可擦可编程只读存储器（Electrically Erasable PROM，E^2PROM）型 PLD，与 UVEPROM 型 PLD 相比，不用紫外线擦除，可直接用电擦除，使用更方便，Altera 公司的 MAX7000 系列和 MAX9000 系列以及 Lattice 的 GAL 器件、ispLSI 系列 CPLD 等都属于这一类器件。

5）静态随机存取存储器（Static Random Access Memory，SRAM）型 PLD，可方便快速地编程（也叫配置），但掉电后，其内容即丢失，再次上电需要重新配置，或加掉电保护装置以防掉电。大部分 FPGA 器件都是 SRAM 型 PLD。例如：Xilinx 公司的 FPGA（除 XC8100 系列）和 Altera 公司的 FPGA（FLEX 系列、APEX 系列）均采用这种编程工艺。

6）快闪存储器（Flash Memory）型 PLD，又称快速擦写存储器。它在断电的情况下信息仍可以保留，在不加电的情况下，信息可以保存 10 年，可以在线进行擦除和改写。Flash Memory 既具有 ROM 非易失性的优点，又具有存取速度快、可读可写，以及集成度高、价格低、耗电少的优点。Atmel 公司的部分低密度 PLD、Xilinx 公司的 XC9500 系列 CPLD 均采用这种编程工艺。

2.1.3　PLD 的电路表示法

在介绍简单 PLD 原理之前，有必要熟悉一些常用的逻辑电路符号及常用的描述可编程逻辑器件（PLD）的内部电路的方法。

1. PLD 连接法

在 PLD 中，对阵列各交叉点上的连接方式有 3 种表示法，如图 2-1 所示。图 2-1a 表示两条线无任何连接。图 2-1b 表示固定连接，这种固定连接是不可编程的。图 2-1c 表示可编程连接，这个连接可以经过编程改动。如在熔丝型工艺的 PLD 中，接通对应于熔丝未熔断，断开对应于熔丝熔断。

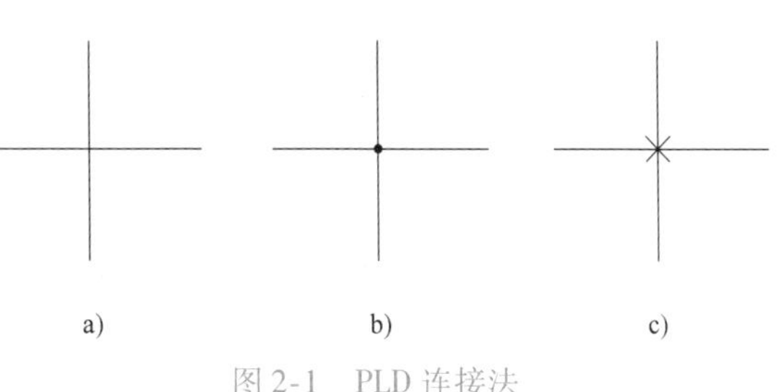

图 2-1　PLD 连接法
a）未连接　b）固定连接　c）可编程连接

2. PLD 缓冲器表示法

图 2-2 所示为几种不同的 PLD 缓冲器的表示法。[⊖]

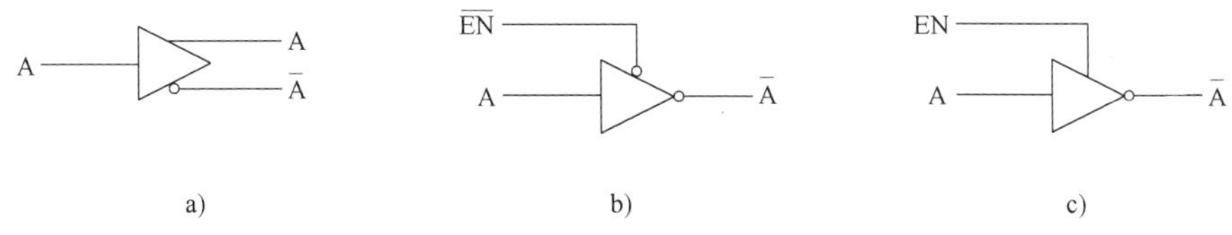

图 2-2　PLD 缓冲器表示法

3. “与”门表示法

一个“与”门可以有多个输入，仅有一个输出。图 2-3 所示为一个 3 输入“与”门的

⊖ 为与 EDA 软件一致，本书图中电气元器件图形符号维持原样，不改为国标。

PLD 表示法。根据连接关系可知，“与”门输出 P = ABC，习惯上把 A、B、C 称为输入项，“与”门的输出 P 称为乘积项（Product Term）。

4. “或”门表示法

图 2-4 所示为一个 3 输入的“或”门，“或”门输出 P = A + B + C。

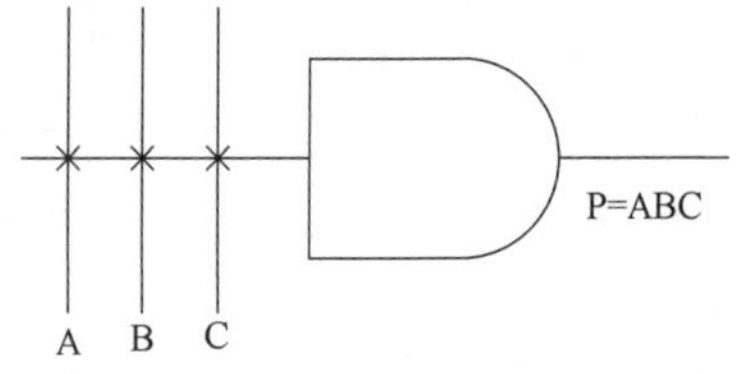

图 2-3 PLD“与”门表示法

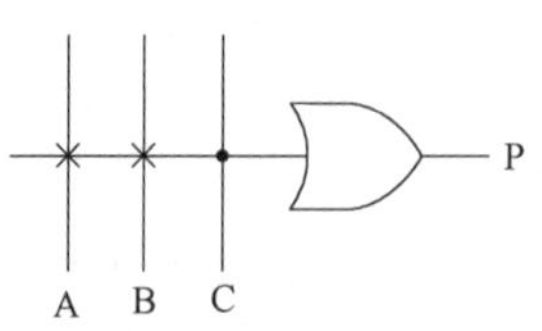

图 2-4 PLD“或”门表示法

5. PLD 的基本结构

不论是简单还是复杂的数字电路系统都是由基本“门”来构成的，可构成两类数字电路：一类是组合逻辑电路；另一类是时序逻辑电路。人们发现，任何组合逻辑函数都可以化为“与-或”表达式，同样，任何的时序逻辑电路都可以由组合逻辑函数加上触发器、RAM 等存储元件构成。即任何电路的组合电路的部分都可以用“与”门-“或”门二级电路来实现。因此，人们提出了一种基于“与-或”结构的可编程电路结构，其原理图如图 2-5 所示。

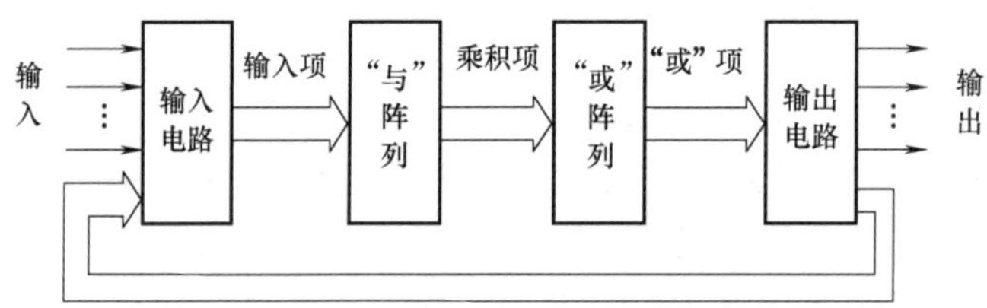

图 2-5 PLD 基本结构原理图

可编程逻辑器件一般由输入电路、“与”阵列、“或”阵列和输出电路四部分组成。其中，“与”阵列和“或”阵列是 PLD 的主体部分，逻辑函数主要靠它们来实现。“与”阵列的每一个输入端（包括内部反馈输入）都有输入缓冲电路，从而使输入信号具有足够的驱动能力，并且产生原变量和反变量两个互补信号；有些 PLD 的输入电路还含有锁存器，甚至是一些可以组态的输入宏单元（Micro Cell），可以实现对输入信号的预处理。PLD 有多种输出方式，可以由“或”阵列直接输出（组合方式），也可以通过寄存器输出（时序方式）；输出可以是高电平有效，也可以是低电平有效；无论采用哪种输出方式，输出信号一般最后都是经过三态（TS）结构或集电极开路（OC）结构的输出缓冲器送到 PLD 的输出引脚；输出信号还可以通过内部通路反馈到“与”阵列的输入端。较新的 PLD 都将输出电路做成了输出宏单元，使用者可根据需要方便地通过编程选择各种输出方式。

6. “与-或”阵列图

“与-或”阵列是用多个“与”门和“或”门构成的一种阵列结构，原则上任意组合逻辑电路都可以表示成“与-或”阵列的形式。图 2-6 清楚地表明了一个不可编程的“与”阵列和一个可编程的“或”阵列。

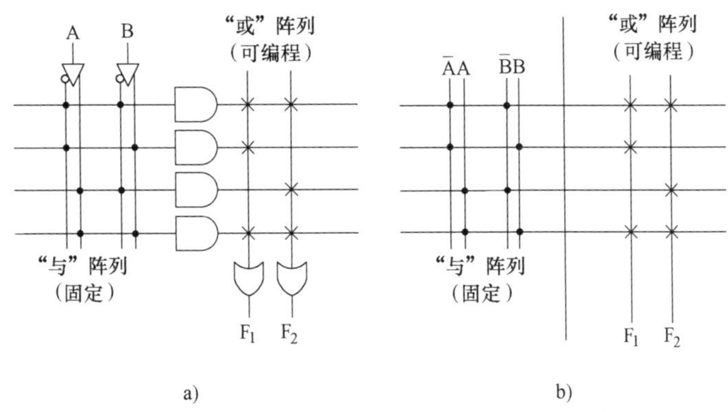

图 2-6　函数 F_1 和 F_2“与-或”阵列图

a）“与-或”阵列图　b）“与-或”阵列简化图

2.2　低密度可编程逻辑器件

早期的 PLD 大都属于低密度可编程逻辑器件，它们的逻辑规模都比较小，在结构上是由简单的“与”阵列、“或”阵列和输入输出电路组成，只能实现通用数字逻辑电路（如 74 系列）的一些功能。常见的 LDPLD 有 PROM、PLA、PAL 和 GAL 等。

2.2.1　可编程只读存储器

最早出现的 PLD 就是可编程只读存储器（PROM），它一般用做存储器。一个 PROM 器件主要由地址译码部分、PROM 单元阵列和输出缓冲器部分组成。PROM 基本结构如图 2-7 所示。

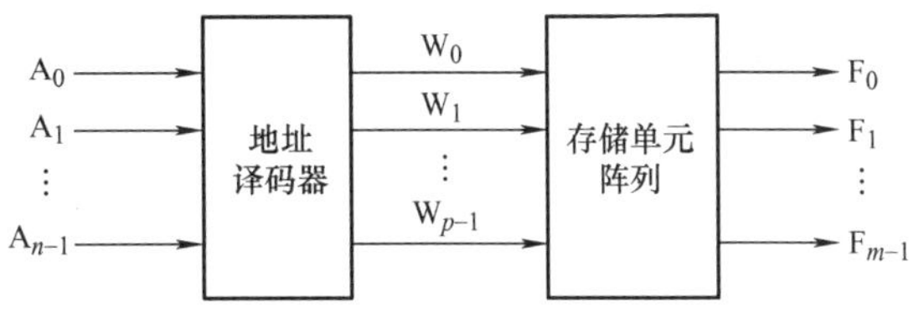

图 2-7　PROM 基本结构

注：图中 $p=2^n$

PROM 中的地址译码器用于完成 PROM 存储阵列的行的选择，其逻辑函数是：

$$W_0=\overline{A}_{n-1}\cdots\overline{A}_1\overline{A}_0$$

$$W_1=\overline{A}_{n-1}\cdots\overline{A}_1 A_0$$

$$\vdots$$

$$W_{2^n-1}=A_{n-1}\cdots A_1 A_0$$

PROM 采用的是“与”阵列固定，“或”阵列可编程的结构，一个 8×3 的 PROM 如图 2-8 所示。图中的“与”阵列采用全译码器，即输入项的每一种可能组合对应有一个乘积项。对于这种全译码阵列，如输入的项数为 n，则与门数为 2^n 个。“与”阵列可以做得很大，但阵列越大，开关延迟时间越长，速度就比较慢。而且，大多数逻辑函数不需要使用输入项的全

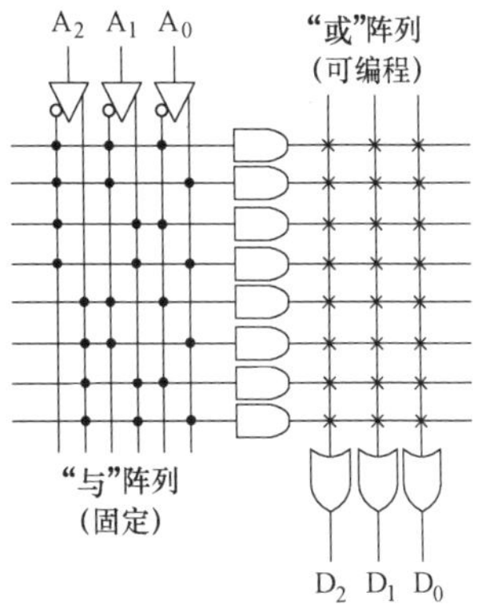

图 2-8　PROM 基本结构

部可能组合，所以其中许多乘积项是无用的，这就使得 PROM 的“与”阵列不能得到充分利用。因此，PROM 在绝大多数场合还是被作为存储器使用。

2.2.2 可编程逻辑阵列器件

为了提高对芯片的利用率，在 PROM 的基础上又开发出了一种“与”阵列、“或”阵列都可以编程的 PLD——可编程逻辑阵列（PLA）。这样，“与”阵列输出的乘积项不必一定是最小项，在采用 PLA 实现组合逻辑函数时，可以运用逻辑函数经过化简后的最简“与-或”式；而且“与”阵列输出的乘积项的个数也可以小于 $2n$（n 为输入变量的个数），从而减小了“与”阵列的规模。

可编程逻辑阵列（PLA），也称现场可编程逻辑阵列（FPLA）。它的基本结构为“与”阵列和“或”阵列，且都是可编程的，如图 2-9 所示。设计者可以控制全部的输入/输出，这为逻辑功能的处理提供了更有效的方法。

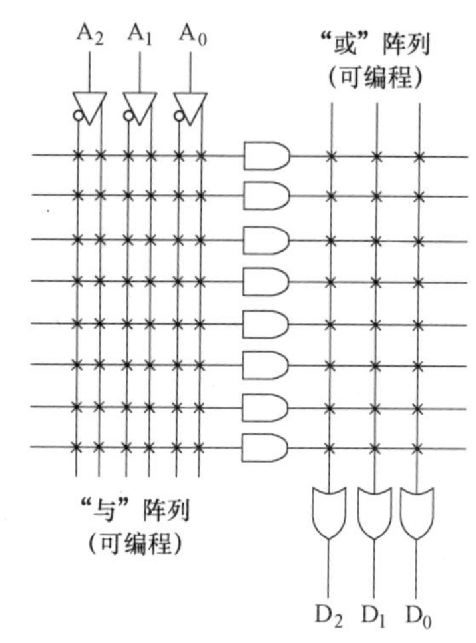

图 2-9 PLA 逻辑阵列示意图

PLA 的规模通常用输入变量数、乘积项的个数和“或”阵列输出信号数这三者的乘积来表示。例如一个 16×48×8 的 PLA，就表示它有 16 个输入变量，“与”阵列可以产生 48 个乘积项，“或”阵列有 8 个输出端。

任何组合逻辑函数都可以采用 PLA 来实现，在用 PLA 实现组合逻辑函数时，需要把逻辑函数化成最简“与-或”表达式，然后利用可编程的“与”阵列实现“与”项，用可编程的“或”阵列实现“或”项，在实现逻辑函数时，应尽量利用公共的“与”项，以提高器件的利用率。图 2-10 和图 2-11 所示为分别用 PROM 和 PLA 实现半加器逻辑阵列，比较两图可见，PLA 比 PROM 节省了 1 条乘积项线，可以预见，当函数的规模增大时，PLA 的优势将更加明显。

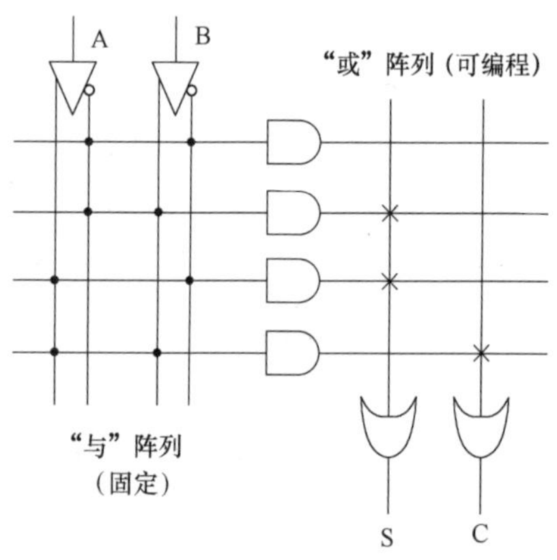

图 2-10 用 PROM 完成半加器逻辑阵列

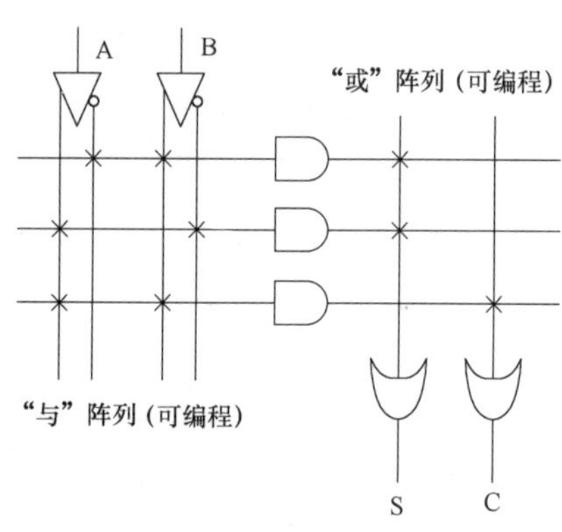

图 2-11 用 PLA 完成半加器逻辑阵列

按照输出方式，PLA 可以分成两类：一类 PLA 以时序方式输出，在这类 PLA 的输出电路中除了输出缓冲器以外还有触发器，适用于实现时序逻辑，称为时序逻辑 PLA；另一类 PLA 以组合方式输出，在这类 PLA 中不含有触发器，适用于实现组合逻辑，称为组合逻辑 PLA。

PLA 的输出电路一般是不可编程的，但有些型号的 PLA 器件在每一个“或”门的输出端增加了一个可编程的“异或”门，以便于对输出信号的极性进行控制，如图 2-12 所示。当编程单元为 1 时，“或”阵列输出 S 与经过“异或”门以后的输出 Y 反相；当编程单元为 0 时，S 与 Y 同相。

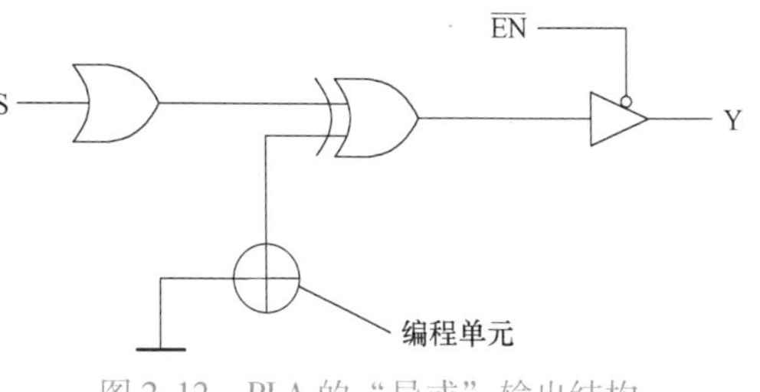

图 2-12　PLA 的“异或”输出结构

PLA 用于含有复杂的随机逻辑置换的场合是较为理想的，但要提高 PLA 的利用率，需要提取和利用其公共的“与”项，而且其“与-或”阵列均需编程，因此涉及的软件编程非常复杂，缺少高质量的支持软件，运行速度相对缓慢。另外，PLA 的价格相对较高，因此，PLA 的使用受到了限制，只在小规模逻辑上应用。

2.2.3　可编程阵列逻辑器件

PAL 是 20 世纪 70 年代后期由 MMI 公司推出的可编程阵列逻辑器件，它采用双极型 TTL 制作工艺和熔丝编程方式。其优点是速度快，与 CMOS 电路接口方便。它既具有 PLA 的灵活性，又具有 PROM 易于编程的特点。PAL 器件的基本结构包含一个可编程的“与”阵列和一个固定的“或”阵列，PAL 器件的“与”阵列的可编程特性使输入项增多，而“或”阵列的输出是若干乘积项之和，其中乘积项的数目是固定的，因此，对于大多数逻辑函数来说，这种结构都是很有效的。在 PAL 的这种结构中，PAL 具有很高的工作速度和很好的性能，并且编程简单，易于实现，进一步提高了芯片的利用率，因此一度成为 PLD 发展史上的主流。

PAL 器件的核心部分是由可编程的“与”逻辑阵列和固定的“或”逻辑阵列组成的，基本电路结构如图 2-13 所示。由图 2-13 可见，在没有编程以前，“与”逻辑阵列的所有交叉点处的熔丝接通。编程是将有用的熔丝保留（用 × 表示），将无用的熔丝熔断，从而得到所需要的电路。

图 2-14 是一个编程后的 PAL 器件的结构图，它表达的逻辑函数为

$$Y_0 = I_0 I_1 I_2 + I_1 I_2 I_3 + I_0 I_2 I_3 + I_0 I_1 I_3$$

$$Y_1 = \bar{I}_0 \bar{I}_1 + \bar{I}_1 \bar{I}_2 + \bar{I}_2 \bar{I}_3 + \bar{I}_3$$

$$Y_2 = I_0 \bar{I}_1 + \bar{I}_0 I_1$$

$$Y_3 = I_0 I_1 + \bar{I}_0 \bar{I}_1$$

PAL 器件是在 PLA 器件之后第一个具有典型实用意义的可编程逻辑器件。PAL 和 SSI（Small-Scale Integration）、MSI（Middle-Scale Integration）通用标准器件相比具有如下优点。

1）提高了功能密度，节省了空间。通常一片 PAL 可以代替 4 ~ 12 片 SSI 或 2 ~ 4 片 MSI。同时 PAL 只有 20 多种型号，但可以代替 90% 的通用 SSI、MSI 器件，因而进行系统设计时，可以大大减少器件的种类。

2）提高了设计的灵活性，且编程和使用都比较方便。

3）有上电复位功能和加密功能，可以防止非法复制。

PAL 的主要缺点是由于它采用了双极型熔丝工艺，只能一次性编程，因而使用者仍要承

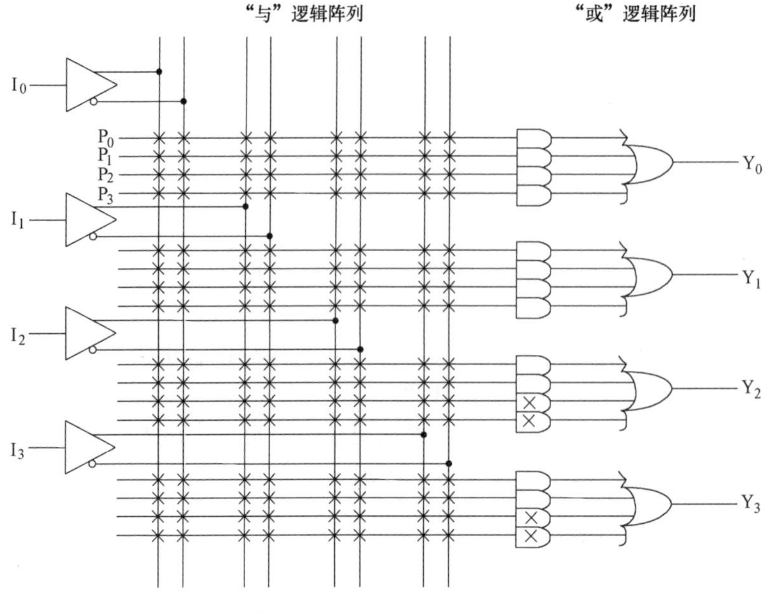

图 2-13　PAL 基本电路结构

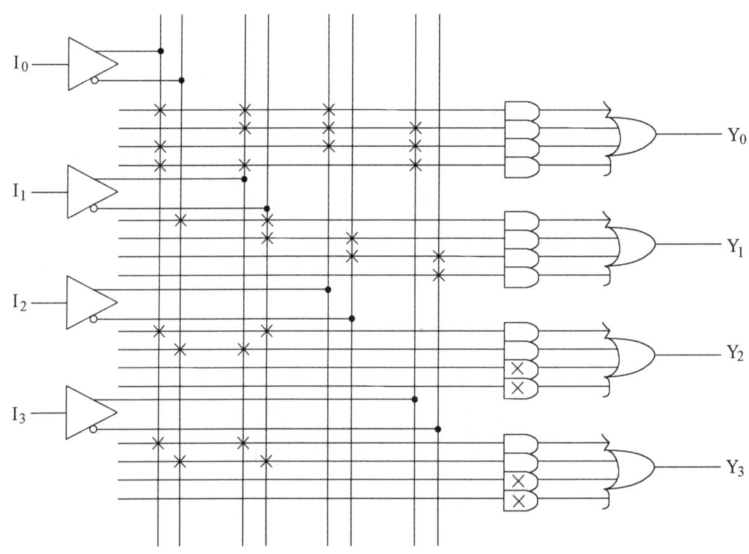

图 2-14　编程后的 PAL 器件结构图

担一定的风险。另外，PAL 器件输出电路结构的类型繁多，因此也给设计和使用带来一些不便。

2.2.4　通用阵列逻辑器件

PAL 器件给逻辑设计者带来了很大的灵活性，但是由于 PAL 器件采用熔丝工艺，一旦编程（烧录）后便不能改写，且型号太多，通用性差，使设计者在选择最佳型号时遇到困难。通用阵列逻辑（GAL）器件不但弥补了上述不足，而且还能和 PAL 器件 100% 地兼容。

GAL 是 Lattice 公司于 1985 年首先推出的新型可编程逻辑器件。它采用了电擦除、电可编程的 E^2CMOS 工艺制作，可以用电信号擦除并可反复编程上百次。在结构上，GAL 器件不但直接继承了 PAL 器件的由一个可编程的“与”阵列驱动一个固定的“或”阵列的结构，而且其输出端设置了可编程的输出逻辑宏单元（Output Logic Macro Cell，OLMC），通过编程可以将 OLMC 设置成不同的输出方式。这样同一型号的 GAL 器件可以实现 PAL 器件所有的各种输出电路工作模式，即取代了大部分 PAL 器件，因此称为通用可编程逻辑器件。

1. GAL 的基本结构

常见的 GAL 器件，如 GAL16V8 和 GAL20V8，其基本电路结构大致相同，只是器件引脚数和规模不同而已。现以 GAL16V8 为例，介绍 GAL 器件的基本结构和工作原理。图 2-15a 是 GAL16V8 器件的基本结构图，图 2-15b 是 GAL16V8 器件的引脚图。其中，GAL16V8 器件的基本结构图包含：

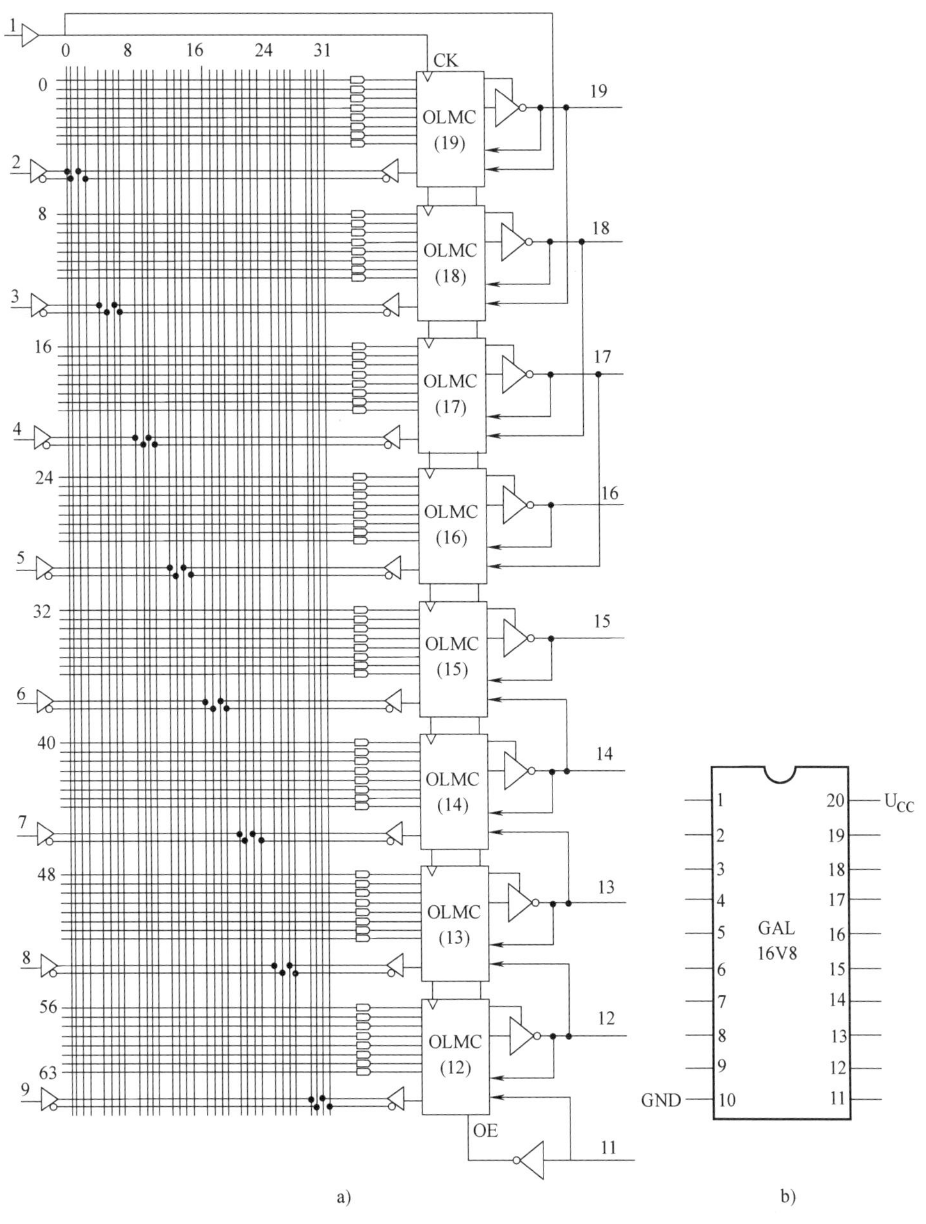

图 2-15 GAL16V8 逻辑图和引脚图

1）8 个输入缓冲器（分别与引脚 2、3、4、5、6、7、8、9 相连）和 8 个输出三态缓冲器（分别与引脚 12、13、14、15、16、17、18、19 相连）。

2）8 个输出反馈/输入缓冲器（中间一列 8 个缓冲器，分别与 12、13、14、15、16、17、18、19 输出逻辑宏单元相连），8 个输出逻辑宏单元（OLMC，“或”门阵列包含在其中），每个 OLMC 对应一个 I/O 引脚。

3）由 8×8 个“与”门构成的“与”阵列，共形成 64 个乘积项，每个“与”门有 32 个输入项，由 8 个输入的原变量、反变量（16 个）和 8 个反馈信号的原变量、反变量（16 个）组成，故可编程“与”阵列共有 32×8×8=2048 个可编程单元。

4）系统时钟 CK 和三态输出选通信号 OE 的输入缓冲器（分别与引脚 1 和引脚 11 相连）。

在 GAL16V8 中，除了 8 个引脚（2~9）固定作为输入外，它可能有其他 8 个引脚（1、11、12、13、14、17、18、19）配置成输入模式，此时只能有两个引脚（15、16）作为输出。因此，这类芯片最多可有 16 个引脚作为输入引脚，而输出引脚最多为 8 个（12~19），这就是 GAL16V8 中 16 和 8 这两个数字的含义。

2. 输出逻辑宏单元

具有输出逻辑宏单元（OLMC）是 GAL 器件的一大特征。分析、讨论 OLMC 如何配置，有助于更深刻理解 GAL 器件。应当指出，OLMC 配置的具体实现是由开发工具和软件完成的，并对用户是完全透明的。OLMC 的内部结构如图 2-16 所示。

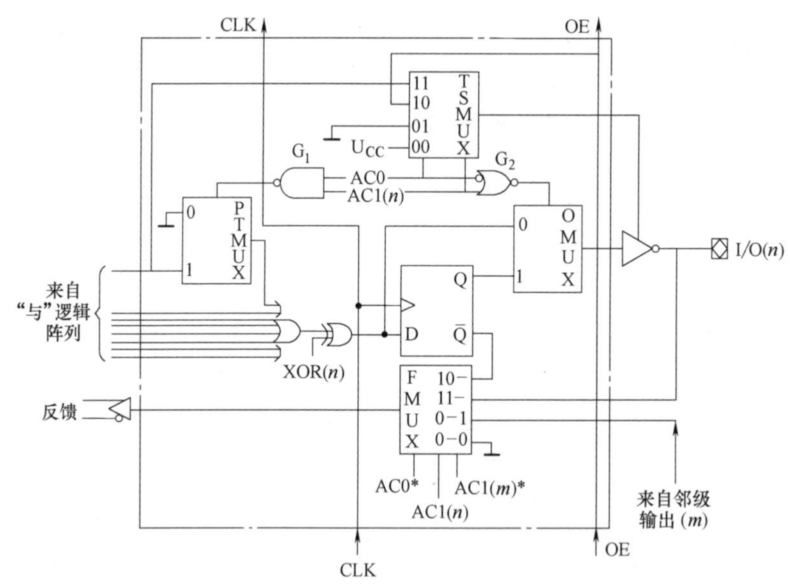

图 2-16 OLMC 的内部结构

每个 OLMC 包含“或”门阵列中的一个“或”门。一个“或”门有 8 个输入端，和来自“与”阵列的 8 个乘积项（PT）相对应。其中 7 个直接相连，第一个乘积项（图 2-16 中最上边的一项）与 PTMUX 相连，“或”门输出为有关乘积项之和。“异或”门用于控制输出函数的极性。当结构控制字中的 XOR(n) 字段为 0 时，“异或”门的输出和“或”门的输出相同；当 XOR(n) 字段为 1 时，“异或”门的输出和“或”门的输出相反。XOR(n) 是控制字中的一位，n 为引脚号。D 触发器（寄存器）对“异或”门的输出状态起记忆

（存储）作用，使 GAL 适用于时序逻辑电路。4 个多路开关（MUX）在结构控制字段作用下设定输出逻辑宏单元的组态。其作用分别为：

1）乘积项数据选择器（PTMUX）也是一个二选一数据选择器。它根据结构控制字中的 AC0 和 AC1(*n*) 字段的状态决定来自"与"逻辑阵列的第一个乘积项是否作为"或"门的第一个输入。当 AC0AC1(*n*) = 00、01 或 10 时，G1 门输出为 1，第一个乘积项作为"或"门的第一个输入；当 AC0AC1(*n*) = 11 时，G1 门输出为 0，第一个乘积项不作为"或"门的第一个输入。

2）输出数据选择器（OMUX）是一个二选一数据选择器。它根据结构控制字中的 AC0 和 AC1(*n*) 字段的状态决定 OLMC 是组合输出模式还是寄存器输出模式。当 AC0AC1(*n*) = 00、01 或 11 时，G2 门输出为 0，"异或"门输出的"与-或"逻辑函数经输出数据选择器（OMUX）的"0"输入端，直接送到输出三态缓冲寄存；当 AC0AC1(*n*) = 10 时，G2 门输出为 1，"异或"门输出的"与-或"逻辑函数寄存在 D 触发器中，其 Q 端输出的寄存器型结果送到输出数据选择器（OMUX）的"1"输入端后，再送到输出三态缓冲器。

3）三态数据选择器（TSMUX）是一个四选一数据选择器。它的输出是输出三态缓冲器的控制信号。换句话说，输出数据选择器（OMUX）的结果能否出现在 OLMC 的输出端，是由 TSMUX 的输出来决定的。从图 2-16 可知，AC0AC1(*n*) 是 TSMUX 的地址输入信号，U_{CC}、地、OE 和来自"与"逻辑阵列的第一个乘积项是 TSMUX 的数据输入信号。它们之间的关系见表 2-1。

4）反馈数据选择器（FMUX）是一个八选一数据选择器。它的地址输入信号是 AC0AC1(*n*)AC1(*m*)（*n* 表示本级 OLMC 编号，*m* 表示邻级 OLMC 编号）；它的数据输入信号只有 4 个，分别是：地、邻级 OLMC 输出、本级 OLMC 输出和 D 触发器的输出 $\overline{Q}$ 端。显然，它的作用是根据 AC0AC1(*n*)AC1(*m*) 的状态，在 4 个数据输入信号中选择其中一个作为反馈信号接回到"与"逻辑阵列中。FMUX 的控制功能见表 2-2。

表 2-1　TSMUX 的控制功能表

AC0	AC1(*n*)	TSMUX 输出	输出三态缓冲器的工作状态
0	0	U_{CC}	工作态
0	1	地	高阻态
1	0	OE	OE = 1 时，为工作态 OE = 0 时，为高阻态
1	1	第一个乘积项	第一个乘积项 = 1 时，为工作态 第一个乘积项 = 0 时，为高阻态

表 2-2　FMUX 的控制功能表

AC0	AC1(*n*)	AC1(*m*)	反馈信号
1	0	×	本级 D 触发器 $\overline{Q}$ 端
1	1	×	本级 OLMC 输出
0	×	1	邻级 OLMC 输出
0	×	0	地

3. GAL 器件的应用

在 SPLD 中，GAL 是应用最广泛的一种，它主要有以下一些优点：

1）与中、小规模标准器件相比，减少了设计中所用的芯片数量。

2）由于引入了 OLMC 结构，提高了器件的通用性。

3）由于采用 E^2PROM 编程工艺，器件可以用电擦除并重复编程，编程次数一般都在 100 次以上，将设计风险降到最低。

4）采用 CMOS 制造工艺，速度高、功耗小。

5）具有上电复位和寄存器同步预置功能。上电后，GAL 的内部电路会产生一个异步复位信号，将所有的寄存器都清零，使得器件在上电后处在一个确定的状态，有利于时序电路的设计。寄存器同步预置功能是指可以将寄存器预置成任何一个特定的状态，以实现对电路的 100% 测试。

6）具有加密功能，可在一定程度上防止非法复制。

但是 GAL 也有以下一些明显的不足之处。

1）电路的结构还不够灵活。例如，在 GAL 中，所有的寄存器的时钟端都连在一起，使用由外部引脚输入的统一时钟，这样单片 GAL 就不能实现异步时序电路。

2）GAL 仍属于低密度 PLD 器件，而且正是由于电路的规模较小，所以人们不需要读取编程信息，就可以通过测试等方法分析出某个 GAL 实现的逻辑功能，使得 GAL 可加密的优点不能完全发挥。事实上，目前市场上已有多种 GAL 解密软件。

2.3 复杂可编程逻辑器件

高密度的可编程逻辑器件主要包括 CPLD 和 FPGA。目前生产 CPLD 的厂家有很多，各种型号的 CPLD 在结构上也都有各自的特点和长处，但它们都是由 3 部分组成的，即可编程逻辑块（构成 CPLD 的主体部分）、输入/输出（I/O）块和可编程互连资源（用于逻辑块之间以及逻辑块与输入/输出块之间的连接），如图 2-17 所示。

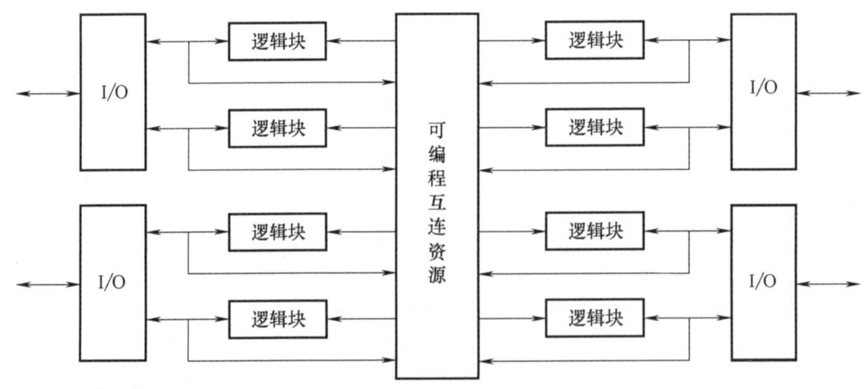

图 2-17 CPLD 的一般结构

CPLD 的这种结构是在 GAL 的基础上扩展、改进而成的，尽管它的规模比 GAL 大得多，功能也强得多，但它的主体部分——可编程逻辑块仍然是基于乘积项（即“与-或”阵列）的结构，因而将其称为阵列扩展型 HDPLD。

扩展的方法并不是简单地增大“与”阵列的规模，因为这样做势必导致芯片的利用率下降和电路的传输时延增加，所以CPLD采用了分区结构，即将整个芯片划分成多个逻辑块和输入/输出块，每个逻辑块都有各自的“与”阵列、逻辑宏单元、输入和输出等，相当于一个独立的SPLD（Simple PLD），再通过一定方式的全局性互连资源将这些SPLD和输入/输出块连接起来，构成更大规模的CPLD。简单地讲，CPLD就是将多个SPLD集成到一块芯片上，并通过可编程连线实现它们之间的连接。

就编程工艺而言，多数的CPLD采用E^2PROM编程工艺，也有采用Flash Memory编程工艺的。

下面以Altera公司生产的MAX7000系列为例，介绍CPLD的电路结构及其工作原理。MAX7000是Altera公司生产的CPLD中速度最快的一个系列，包括MAX7000E、MAX7000S和MAX7000A三种器件，集成度为600～5000个可用门、32～256个宏单元和36～155个可用I/O引脚。它采用CMOS制造工艺和E^2PROM编程工艺，并可以进行在系统编程。

图2-18所示为MAX7000A的电路结构，它主要由逻辑阵列块（Logic Array Block，LAB）、I/O控制块和可编程互连阵列（Programmable Interconnect Array，PIA）3部分构成。另外，MAX7000A结构中还包括4个专用输入，它们既可以作为通用逻辑输入，也可以作为高速的全局控制信号（1个时钟信号、1个清零信号和2个输出使能信号）。

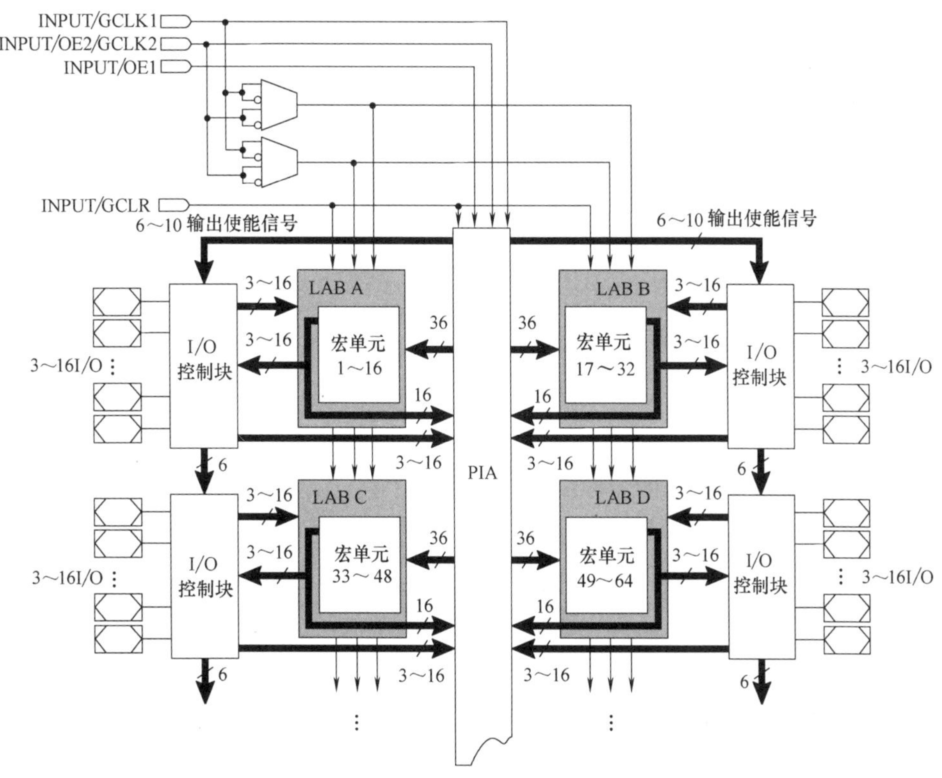

图2-18 MAX7000A的电路结构图

1. 逻辑阵列块（LAB）

MAX7000A 的主体是通过可编程互连阵列（PIA）连接在一起的、高性能的、灵活的逻辑阵列块。每个 LAB 由 16 个宏单元组成，输入到每个 LAB 的有如下信号：

1）来自于 PIA 的 36 个通用逻辑输入；

2）全局控制信号（时钟信号、清零信号）；

3）从 I/O 引脚到寄存器的直接输入通道，用于实现 MAX7000A 的最短建立时间。LAB 的输出信号可以同时馈入 PIA 和 I/O 控制块。

2. 宏单元

MAX7000A 的宏单元（Macrocells）如图 2-19 所示，它包括“与”阵列、乘积项选择阵列以及由一个“或”门、一个“异或”门、一个触发器和 4 个多路选择器构成的 OLMC。不难看出，每一个宏单元就相当于一片 GAL。

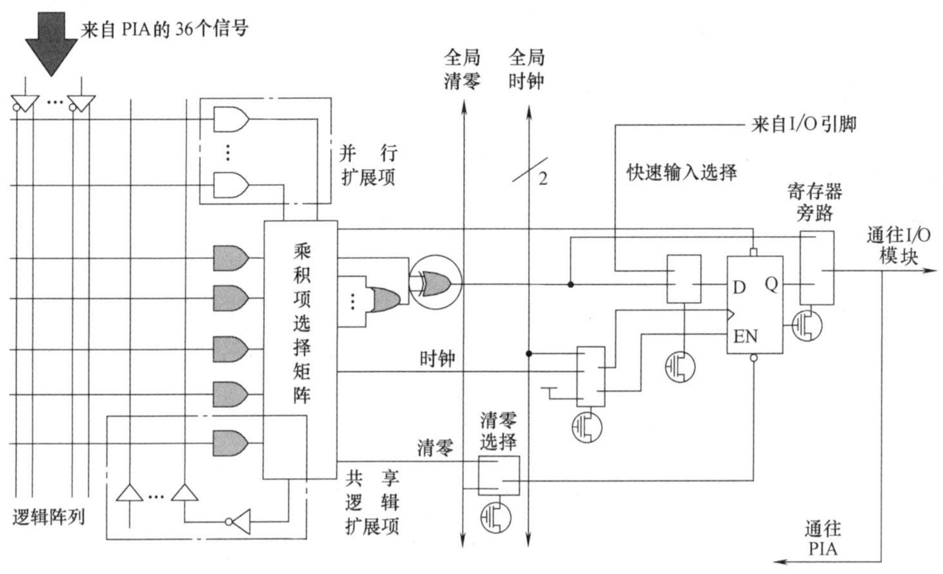

图 2-19 MAX7000A 的宏单元

“与”阵列用于实现组合逻辑，每个宏单元的与阵列可以提供 5 个乘积项。乘积项选择矩阵分配这些乘积项作为“或”门或“异或”门的输入，以实现组合逻辑函数；或者把这些乘积项作为宏单元中触发器的辅助输入：置位、清零、时钟和时钟使能控制，每个宏单元的一个乘积项可以反相后送回到逻辑阵列。这个“可共享”的乘积项能够连到同一个 LAB 的任何其他乘积项上。

MAX7000A 所有宏单元的 OLMC 都能单独地被配置成组合逻辑工作方式或时序逻辑工作方式。在组合逻辑工作方式下，触发器被旁路；在时序逻辑工作方式下，触发器的控制信号（清零、置位、时钟和使能）可以通过编程选择，另外，宏单元输出信号的极性也可通过编程控制。

MAX7000A 的宏单元还具有快速输入特性，这些宏单元的触发器有直接来自 I/O 引线端子的输入通道，它旁路了 PIA 组合逻辑。这些直接输入通道允许触发器作为具有极快输入建立时间的输入寄存器。

3. 扩展乘积项

尽管大多数逻辑函数可以用一个宏单元的5个乘积项来实现，但在某些复杂的函数中需要用到更多的乘积项，这样就必须利用另外的宏单元。虽然多个宏单元也可以通过PIA连接，但MAX7000A允许利用扩展乘积项，从而保证用尽可能少的逻辑资源实现尽可能快的工作速度。扩展乘积项有两种：共享扩展项和并联扩展项。

（1）共享扩展项

在每一个宏单元的与阵列所提供的5个乘积项中，都可以有一个乘积项经反相后反馈回“与”阵列，这个乘积项就被称为共享扩展项。这样每个LAB最多可以有16个共享扩展项被本LAB的任何一个宏单元所使用。图2-20所示为MAX7000A的共享扩展项，从图中可以看出共享扩展项是如何馈送到多个宏单元的。

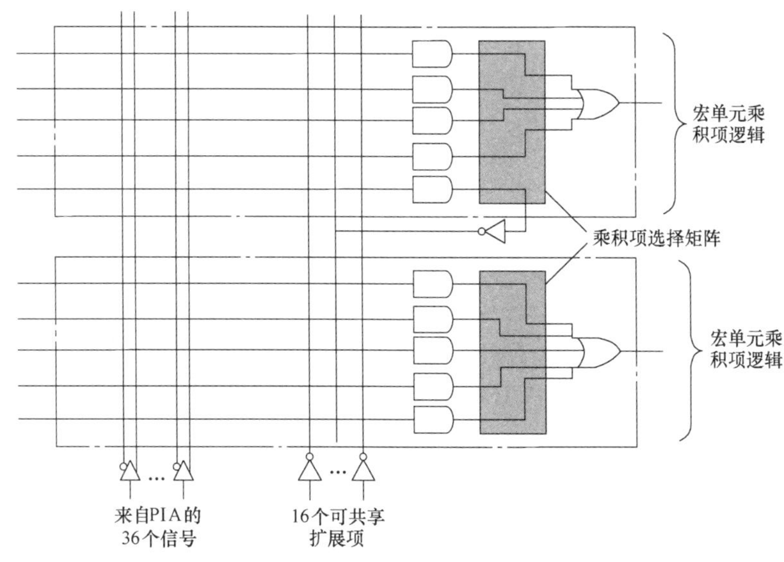

图2-20 MAX7000A的共享扩展项

（2）并联扩展项

并联扩展项是指在一些宏单元中没有被使用的乘积项，并且可以被直接馈送到相邻的宏单元的“或”逻辑以实现复杂的逻辑函数。在使用并联扩展项时，“或”门最多允许20个乘积项直接输入，其中5个乘积项由本宏单元提供，另外15个乘积项是由本LAB中相邻的宏单元提供的并联扩展项。在MAX7000A的LAB中，16个宏单元被分成两组，每组有8个宏单元（即一组为1~8，另一组为9~16），从而在LAB中形成两条独立的并联扩展项借出/借入链。一个宏单元可以从与之相邻的较小编号的宏单元中借入并联扩展项，而第1、9个宏单元只能借出并联扩展项，第8、16个宏单元只能借入并联扩展项。从图2-21中可看出并联扩展项是如何从相邻宏单元借用的。

4. 输入/输出控制块

输入/输出控制块（I/O Control Block）的结构如图2-22所示。I/O控制块允许每一个I/O引脚单独地配置成输入、输出或双向工作方式。所有的I/O引脚都有一个三态输出缓冲器，可以从6~10个全局输出使能信号中选择一个信号作为其控制信号，也可以选择集电极开路输出。输入信号可以馈入PIA，也可以通过快速通道直接送到宏单元的触发器。

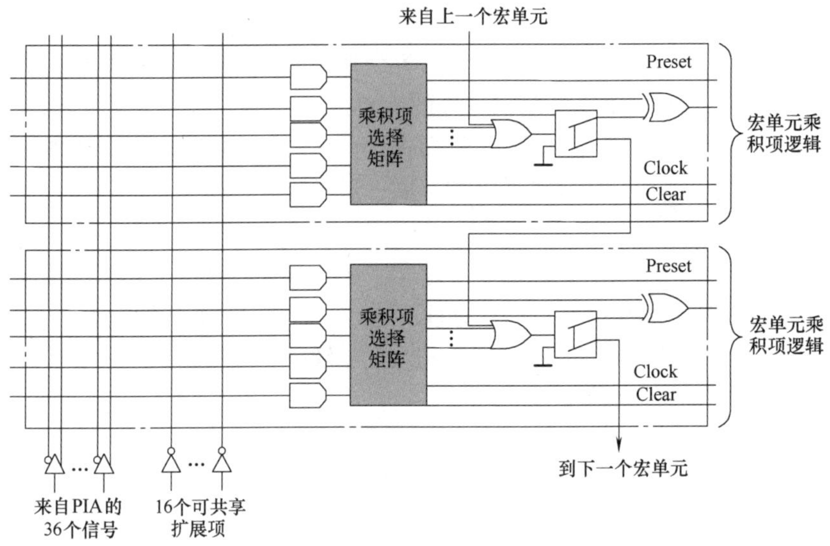

图 2-21 MAX7000A 的并联扩展项

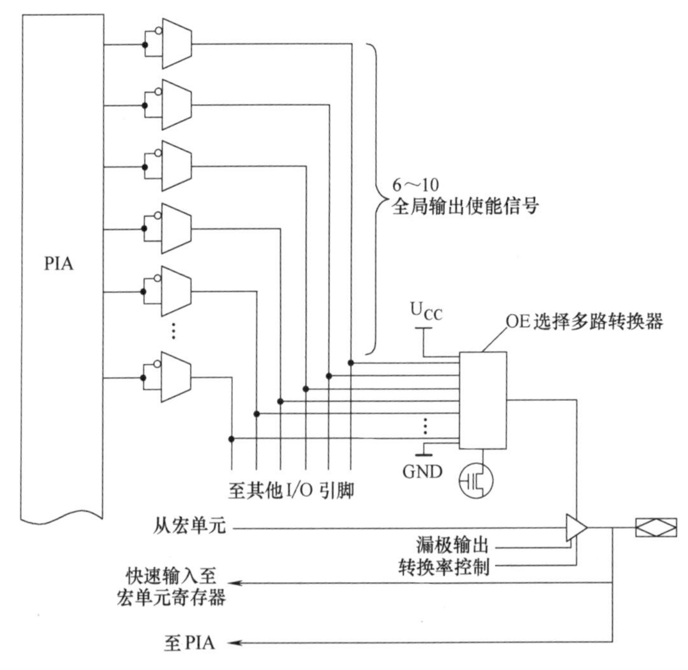

图 2-22 MAX7000A 的 I/O 控制块结构

5. 可编程互连阵列

通过可编程互连阵列（PIA）可以将多个 LAB 和 I/O 控制块连接起来构成所需要的逻辑。MAX7000A 中的 PIA 是一组可编程的全局总线，它可以将馈入它的任何信号源送到整个芯片的各个地方。从图 2-23 中可看出馈入到 PIA 的信号是如何送到 LAB 的。每个可编程单元控制一个 2 输入的与门，以从 PIA 选择馈入 LAB 的信号。

多数 CPLD 中的互连资源都有类似于 MAX7000A 的 PIA 的这种结构，这种连接线最大的特点是能够提供具有固定时延的通路，也就是说信号在芯片中的传输时延是固定的、可以预

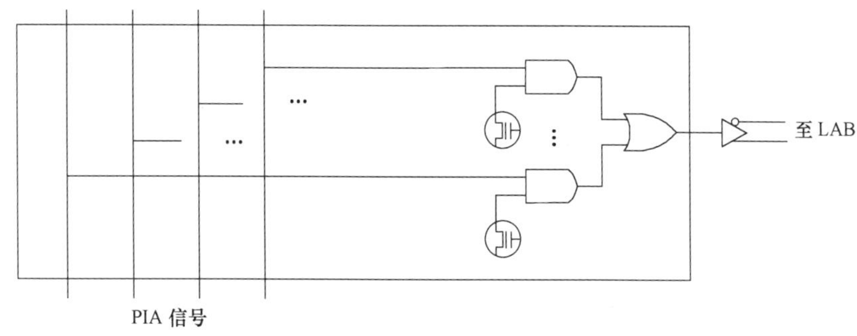

图 2-23　MAX7000A 的 PIA 布线示意图

测的，所以将这种连接线称为确定型连接线。

2.4　现场可编程门阵列器件

现场可编程门阵列（FPGA）器件是在 PAL、GAL、CPLD 等可编程器件的基础上进一步发展的产物。它是作为 ASIC 领域中的一种半定制电路出现的，既解决了定制电路的不足，又克服了原有可编程器件门电路有限的缺点。由于 FPGA 需要被反复烧写，它实现组合逻辑的基本结构不可能像 ASIC 那样通过固定的“与非”门来完成，而只能采用一种易于反复配置的结构来实现。而查找表就可以很好地满足这一要求，目前主流 FPGA 都采用了基于 SRAM 工艺的查找表结构。SRAM 工艺的 FPGA 芯片不具备非易失特性，因此断电后将丢失内部逻辑配置。在每次上电后，都需要从外部非易失存储器（PROM、Flash 存储器等）中导入配置比特流。

2.4.1　查找表的原理与结构

查找表（Look Up Table，LUT）本质上就是一个 RAM。目前 FPGA 中多使用 4 输入的 LUT，所以每一个 LUT 可以看成一个有 4 位地址线的 16 × 1 的 RAM。当用户通过原理图或 HDL 描述了一个逻辑电路以后，PLD/FPGA 开发软件会自动计算逻辑电路的所有可能的结果，并把结果事先写入 RAM，这样，每输入一个信号进行逻辑运算就等于输入一个地址进行查表，找出地址对应的内容，然后输出即可。表 2-3 是一个 4 输入与门的示例。

表 2-3　4 输入与门示例

实际逻辑电路		LUT 的实现方式	
A B C D out			
ABCD 输入	逻辑输出	地址	RAM 中存储内容
0000	0	0000	0
0001	0	0001	0
…	0	…	0
1111	1	1111	1

理论上讲，只要能够增加输入信号线和扩大存储器容量，查找表就可以实现任意多输入函数。但事实上，查找表的规模受到技术和经济因素的限制。每增加一个输入项，查找表SRAM的容量就需要扩大一倍，当输入项超过5个时，SRAM容量的增加就会变得不可容忍。16个输入项的查找表需要64KB容量的SRAM，相当于一片中等容量的RAM的规模。因此，实际FPGA器件的查找表输入项通常不超过5个；对多于5个输入项的逻辑函数则由多个查找表逻辑块组合或级联实现，此时逻辑函数也需要作些变换以适应查找表的结构要求，在器件设计中称为逻辑分割。至于怎样的逻辑函数才能用最少数目的查找表实现逻辑函数，是一个求最优解的问题，针对具体的结构有相应的算法来解决这一问题。这在EDA技术中属于逻辑综合的范畴，可利用工具软件来进行。

2.4.2 Xilinx公司XC4000系列FPGA简介

下面以Xilinx公司的第三代FPGA产品XC4000系列为例，介绍FPGA的电路结构和工作原理。Xilinx公司的FPGA的基本结构如图2-24所示。它主要由三部分组成：可配置逻辑块（Configurable Logic Block，CLB）、可编程输入/输出块（Input/Output Block，IOB）和可编程互连（Programmable Interconnect，PI）。整个芯片的逻辑功能是通过对芯片内部的SRAM编程确定的。

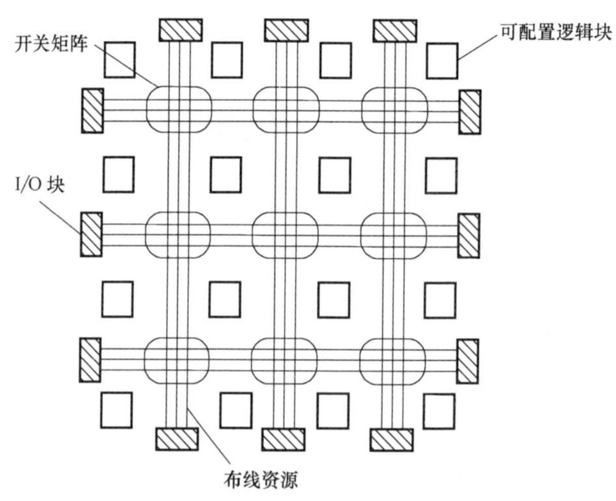

图2-24 FPGA的基本结构

1. 可配置逻辑块（CLB）

CLB是FPGA实现各种逻辑功能的基本单元。XC4000E的可配置逻辑块是基于查找表结构的。图2-25为XC4000E中CLB的简化结构图，它主要由3个逻辑函数发生器、2个D触发器、快速进位逻辑、多个可编程数据选择器以及其他控制电路组成。CLB共有13个输入和4个输出。在13个输入中，$G_1 \sim G_4$、$F_1 \sim F_4$为8个组合逻辑输入，K为时钟信号，$C_1 \sim C_4$是4个控制信号，它们通过可编程数据选择器分配给触发器时钟使能信号EC、触发器置位/复位信号SR/H_0、直接输入信号DIN/H_2及信号H_1；在4个输出中，X、Y为组合输出，XQ、YQ为寄存器/控制信号输出。

（1）逻辑函数发生器

这里所谓的逻辑函数发生器，在物理结构上实际就是一个$2n \times 1$位的SRAM，它可以实

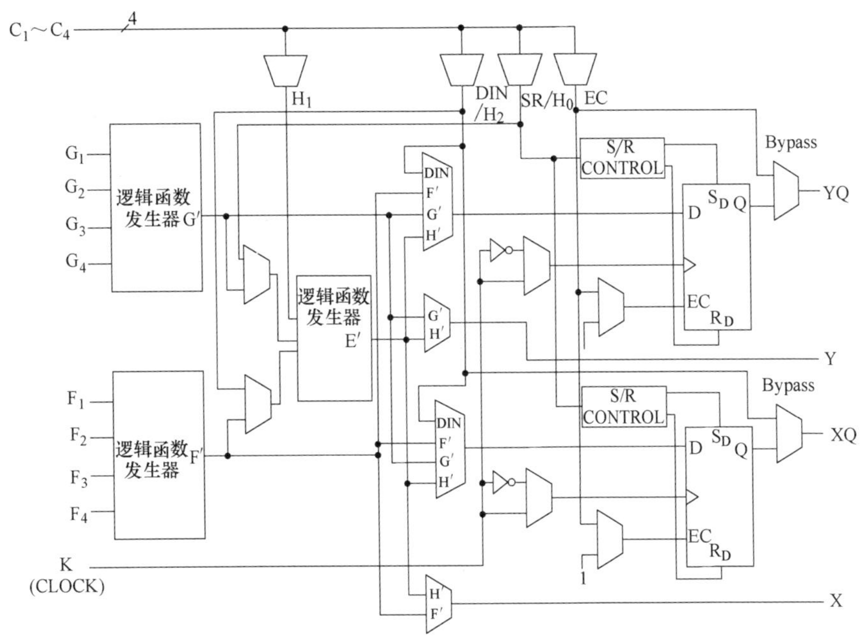

图 2-25 XC4000E 的 CLB 的简化结构图

现任何一个 n 变量的组合逻辑函数。因为只要将 n 个输入变量作为 SRAM 的地址，把 $2n$ 个函数值存到相应的 SRAM 单元中，那么 SRAM 的输出就是逻辑函数。通常将逻辑函数发生器的这种结构称为查找表。

在 XC4000E 系列的 CLB 中共有 3 个函数发生器，它们构成一个二级电路。在第一级中是两个独立的 4 变量函数发生器，它们的输入分别为 $G_1 \sim G_4$ 和 $F_1 \sim F_4$，输出分别为 G′和 F′，在第二级中是一个 3 变量的函数发生器，它的输出为 H′，其中一个输入为 H_1，另外两个输入可以从 SR/H_0 和 G′、DIN/H_2 和 F′中各选一个信号；组合逻辑函数 G′或 H′可以从 Y 直接输出，F′或 H′可以从 X 直接输出。这样，一个 CLB 可以实现高达 9 个变量的逻辑函数。

（2）触发器

在 XC4000E 系列的 CLB 中有两个边沿触发的 D 触发器，它们与逻辑函数发生器配合可以实现各种时序逻辑电路。触发器的激励信号可以通过可编程数据选择器从 DIN、G′、F′和 H′中选择。对于两个触发器共用时钟 K 和时钟使能信号 EC 来说，任何一个触发器都可以选择在时钟的上升沿或下降沿触发，也可以单独选择时钟使能为 EC 或 1（即永久时钟使能）。两个触发器还有一个共用信号——置位/复位信号 S/R，它可以被编程为对每个触发器独立的复位或置位信号。另外，每个触发器还有一个全局的复位/置位信号（图 2-25 中未画出），用来在上电或配置时将所有的触发器置位或清除。

（3）快速进位逻辑

为了提高 FPGA 的运算速度，在 CLB 的两个逻辑函数发生器 G 和 F 之前还设计了快速进位逻辑电路，如图 2-26 所示。例如，函数发生器 G 和 F 可以被配置成 2 位带进位输入和进位输出的二进制数加法器。如果将多个 CLB 通过进位输入/输出级联起来，还可以扩展到任意长度。为了连接方便，在 XC4000E 系列的快速进位逻辑中设计了两组进位输入/输出，使用时只选择其中的一组，这样在 FPGA 的 CLB 之间就形成了一个独立于可编程连接线的进

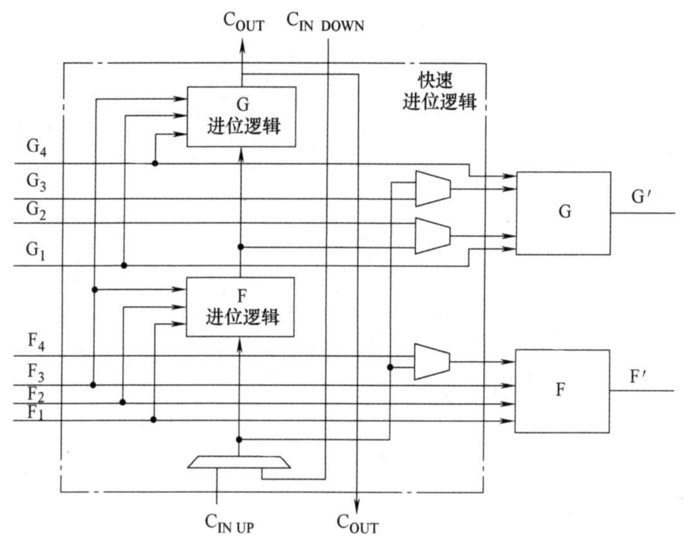

图 2-26 快速进位逻辑电路

位/借位链。

逻辑函数发生器 G 和 F 除了能够实现一般的组合逻辑函数以外，它们各自的 16 个可编程数据存储单元还可以被用做片内 RAM。片内 RAM 的速度非常快，读操作时间与逻辑时延一样，写操作时间只比读操作稍慢一点，整个读/写速度要比片外 RAM 快许多，因为片内 RAM 避免了输入/输出端的延时。

2. 可编程输入/输出块（IOB）

图 2-27 是 XC4000E 的 IOB 结构图。IOB 中有输入、输出两条通路。当引脚用作输入时，外部引脚上的信号经过输入缓冲器，可以直接由 I_1 或 I_2 进入内部逻辑，也可以经过触发器后再进入内部逻辑；当引脚用作输出时，内部逻辑中的信号可以先经过触发器，再由输出三态缓冲器送到外部引脚上，也可以直接通过三态缓冲器输出。通过编程，可以选择三态缓冲器的使能信号为高电平或低电平有效，还可以选择它的摆率（电压变化的速率）为快

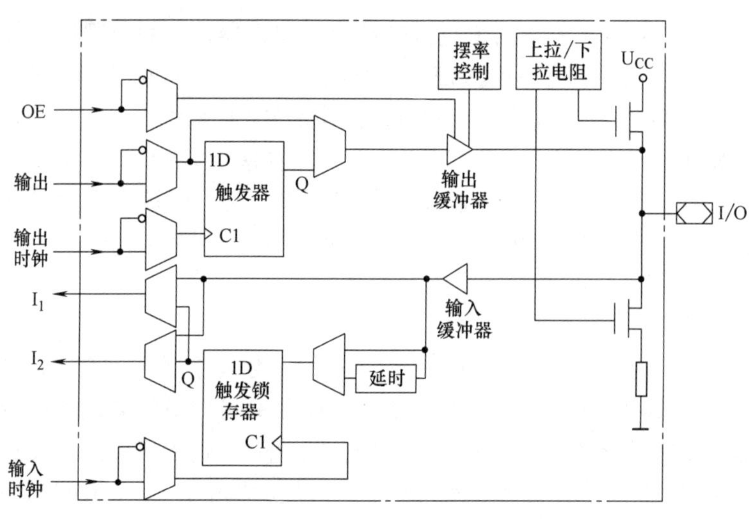

图 2-27 XC4000E 的 IOB 结构图

速或慢速。快速方式适合于频率较高的信号输出，慢速方式则有利于减小噪声、降低功耗。对于未用的引脚，还可以通过上拉电阻接电源或通过下拉电阻接地，避免受到其他信号的干扰。输入通路中的触发器和输出通路的触发器共用一个时钟使能信号，而它们的时钟信号是独立的，都可以选择上升沿或下降沿触发。

3. 可编程互连（PI）

可编程互连（PI）资源分布于 CLB 和 IOB 之间，多种不同长度的金属线通过可编程开关点或可编程开关矩阵（Programmable Switch Matrix，PSM）相互连接，从而构成所需要的信号通路。在 XC4000E 系列的 FPGA 中，PI 资源主要有可编程开关点、可编程开关矩阵、可编程连接线、进位/借位链和全局信号线。可编程连接线又分为三种类型：单长线（Single Length Lines）、双长线（Double Length Lines）和长线（Long Lines）。图 2-28 是 XC4000E 系列的 PI 资源示意图（图中未标出进位/借位链和全局信号线）。

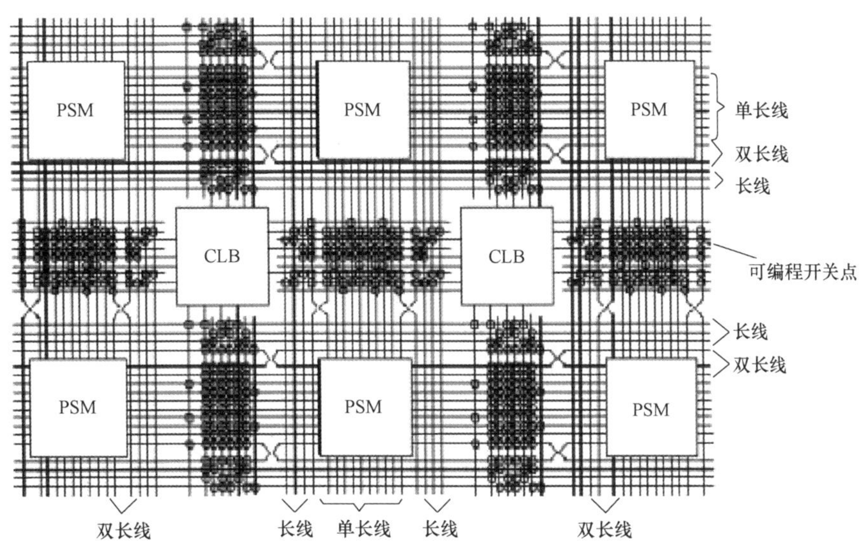

图 2-28　可编程互连资源示意图

2.5　CPLD/FPGA 开发应用选择

随着技术的发展，在 2004 年以后，一些厂家推出了一些新的可编程逻辑器件，这些产品模糊了 CPLD 和 FPGA 的界线。例如 Altera 的 MAX Ⅱ系列 PLD，就是一种基于 FPGA（LUT）结构、集成配置芯片的 PLD，本质上它是一种在内部集成了配置芯片的 FPGA，但由于配置时间极短，上电后就可以工作，对用户来说，感觉不到配置过程，可以像传统的 CPLD 一样使用，加上容量和传统的 CPLD 类似，因此 Altera 把它归为 CPLD。还有像 Lattice 的 XP 系列 FPGA，也是使用了同样的原理，将外部配置芯片集成到内部，在使用方法上和 CPLD 类似，但是因为容量大，性能和传统 FPGA 的相同，也采用 LUT 架构，所以 Lattice 把它归为 FPGA。

从可编程逻辑器件的结构和原理可以知道，CPLD 分解组合逻辑的功能很强，一个宏单元就可以分解十几个甚至二三十个组合逻辑输入。而 FPGA 的一个 LUT 只能处理 4 输入的组合逻辑，因此 CPLD 适用于设计译码器等复杂的组合逻辑。但 FPGA 的制造工艺决定了 FPGA 芯片中包含的 LUT 和触发器的数量非常多，往往都是成千上万，而 CPLD 一般只能做到 512 个逻辑单元，而且如果用芯片价格除以逻辑单元数量，FPGA 的平均逻辑单元成本将大大低于 CPLD。

如果设计中使用到大量触发器，如设计一个复杂的时序逻辑，那么使用 FPGA 就是一个很好的选择。

CPLD 具有上电即可工作的特性，而大部分 FPGA 需要一个加载过程，如果系统要求可编程逻辑器件上电就能工作，那么就应该选择 CPLD。

CPLD/FPGA 的选择主要看开发项目本身的需要。虽然 CPLD 和 FPGA 同属于可编程 ASIC 器件，但由于 CPLD 和 FPGA 在结构上的不同，决定了 CPLD 和 FPGA 在性能上各有特点，见表 2-4。

表 2-4 CPLD 与 FPGA 的性能特点

项目	CPLD	FPGA
内部结构	Product-term	Look-up Table
程序存储	内部 E^2PROM	SRAM，外挂 E^2PROM
资源类型	组合电路资源丰富	触发器资源丰富
集成度	低	高
使用场合	完成控制逻辑	能完成比较复杂的算法
速度	慢	快
其他资源	—	EAB，锁相环
保密性	可加密	一般不能保密

1）FPGA 器件含有丰富的触发器资源，易于实现时序逻辑，如果要求实现较复杂的组合电路则需要几个 LAB 结合起来实现。CPLD 的“与-或”阵列结构，使其适于实现大规模的组合功能，但触发器资源相对较少。

2）FPGA 采用 SRAM 进行功能配置，可重复编程，但系统掉电后，SRAM 中的数据将丢失。因此，需在 FPGA 外加 EPROM，将配置数据写入其中，系统每次上电自动将数据引入 SRAM 中。CPLD 一般采用 E^2PROM 存储技术，可重复编程，并且系统掉电后，E^2PROM 中的数据不会丢失，适于数据的保密。

3）FPGA 为细粒度结构，CPLD 为粗粒度结构。FPGA 内部有丰富的连线资源，LAB 分块较小，芯片的利用率较高。CPLD 的宏单元的与或阵列较大，通常不能完全被应用，且宏单元之间主要通过高速数据通道连接，其容量有限，限制了器件的灵活布线，因此 CPLD 利用率较 FPGA 器件低。

4）FPGA 为非连续式布线，CPLD 为连续式布线。FPGA 器件在每次编程时实现的逻辑功能一样，但走的路线不同，因此延时不易控制，要求开发软件允许工程师对关键的路线给予限制。CPLD 每次布线路径一样，CPLD 的连续式互连结构利用具有同样长度的一些金属线实现逻辑单元之间的互连。连续式互连结构消除了分段式互连结构在定时上的差异，并在逻辑单元之间提供快速且具有固定延时的通路。CPLD 的延时较小。

一般情况下，对于普通规模而且产量不是很大的产品项目，通常使用 CPLD 比较好。这是因为 CPLD 价格较便宜，能直接用于系统。各系列的 CPLD 器件的逻辑规模覆盖面居中小规模（1000 门至 5 万门），有很宽的可选范围，上市速度快，市场风险小。目前最常用的 CPLD 多为在系统可编程的硬件器件，编程方式极为便捷。这一优势能保证所设计的电路系统随时可通过各种方式进行硬件修改和硬件升级，且有良好的器件加密功能。对于大规模的逻辑设计、ASIC 设计或单片系统设计，则多采用 FPGA。

本章小结

本章简明阐述了可编程逻辑器件发展历程和分类方法，深入研究了低密度可编程逻辑器件 PROM、PLA、PAL 和 GAL 以及高密度可编程逻辑器件 CPLD 和 FPGA 的工作原理。其中主要介绍了 PROM、PLA、PAL 和 GAL 的基本结构和工作原理，分别以 Altera 公司的 MAX7000 系列和 Xilinx 公司的 XC4000 系列产品为例讲述了 CPLD 和 FPGA 的基本结构和工作原理，介绍了 CPLD 和 FPGA 的开发应用选择。

习　题

2-1　PLD 是如何分类的？

2-2　PAL 与 GAL 在结构上的根本区别是什么？GAL 的这种改变有什么优点？

2-3　GAL 的 OLMC 中四个多路选择器分别有什么作用？

2-4　Altera 器件主要有哪些类型？各自特点是什么？

2-5　CPLD 和 FPGA 的区别是什么？

2-6　常见的 FPGA 的结构主要有哪几种类型？各自有什么特点？

2-7　如何选用 CPLD 和 FPGA？

第3章 Quartus Ⅱ软件安装及使用

Quartus Ⅱ是用于EDA系统开发的重要工具，本章将简要介绍Quartus Ⅱ的发展、下载与安装过程，详细介绍Quartsu Ⅱ的使用方法，包括原理图输入法、自定义元件及调用、IP核的使用、SignalTap Ⅱ调试方法等。

3.1 Quartus Ⅱ简介

随着芯片设计技术和制造工艺的发展，器件的功能和规模都越来越强大，与之相对应的开发软件也同样发生了巨大的变化。不同的FPGA芯片供应商均有属于自己的设计工具，如Xilinx的ISE和Vivodo、Altera的Quartus Ⅱ和Quartus Prime、Lattice的Diamond等。

MAX+PLUS Ⅱ、Quartus Ⅱ、Quartus Prime是美国Altera公司（现被Intel收购）推出的一系列功能强大的可编程逻辑器件（PLD）设计环境，目前Quartus Ⅱ应用最为广泛。

MAX+PLUS Ⅱ是最早的Altera CPLD开发系统，其历史可以追溯到1998年。在早期被业内称为最友好的开发系统，其本身集成了器件库，该软件在2003推出了最后的10.23版本后不再提供技术支持。

随着器件规模越来越大，MAX+PLUS Ⅱ早已不能满足开发需求。Quartus Ⅱ是美国Altera公司提供的可用于可编程片上系统（SOPC）开发的综合开发环境，该软件提供了完整的多平台设计环境，能满足各种特定设计的需要，是单芯片可编程系统设计的综合性环境和SOPC开发的基本设计工具，并为Altera DSP开发包进行系统模型设计提供了集成综合环境。该系列开发软件相比上一版本生命周期更为长久，从2000年的1.0版本到2015年发布的15.0版本，这15年间也是CPLD/FPGA飞速发展的年代。其中随着器件系列多样化，在软件中直接安装全部系列芯片支持包会使得安装规模越来越大，因此从10.0以后的版本器件支持包需要单独下载并可根据需要选择性安装。同时在时序仿真软件方面，在9.1版本之前均自带仿真组件，在之后均需下载额外的诸如Modelsim或者Modelsim-Altera等仿真软件。不过也正是如此，时序仿真越来越精确，可仿真的器件规模越来越大。Quartus Ⅱ12.0及之前的软件需要额外下载Nios Ⅱ组件，之后的Quartus Ⅱ软件开始自带Nios Ⅱ组件。Quartus Ⅱ9.1之前的版本均自带SOPC组件，而Quartus 10.0自带了SOPC和Qsys两个组件，但从10.1版本开始，Quartus Ⅱ只包含Qsys组件。

从15.1版本开始，Quartus Ⅱ正式更名为Quartus Prime。该版本是Altera被Intel收购后发布的第一个版本，也被官方称为有史以来最大的更新，相比之前，加入了Intel为FPGA专门设计的OpenCL SDK、SoC Embedded Design Suite以及DSP Builder等组件。到了16.1版本，软件连安装目录也从自动命名的 Altera 变为 intelFPGA。在 Quartus Ⅱ中，安装包可分为网络免费版（Web Edition）以及正式版（Subscription Edition），在 Quartus Prime 15.1 中变为三个版本，即免费版（Lite Edition/LE）、标准版（Standard Edition/SE）以及 Pro 版（Pro Edition）。其中 Lite 还是只支持小容量器件，标准版支持所有的器件，Pro 版只支持 Arria 10 器件并加入局部重配置（Partial Reconfiguration）、OpenCL 以及 BluePrint 等功能。

Altera 公司每年都会对 Quartus Ⅱ软件进行更新，各个版本之间除界面以及其他性能的优化之外，基本的使用功能都是一样的，本章以 Quartus Ⅱ15.0 版本为例讲解软件的安装和使用方法。

3.2　Quartus Ⅱ 15.0 软件的下载与安装

3.2.1　下载

Quartus Ⅱ软件的安装需要三部分安装包，分别是：Quartus Ⅱ基础安装包、元件库安装包、仿真软件 Modelsim 或者 Modelsim-Altera 安装包（本书选用 Modelsim-Altera）。这三部分内容均可通过 Intel 官网下载，软件版本较多，本章以在 Windows 7/64 位机上安装 Quartus Ⅱ15.0、CycloneⅣ 元件库、Modelsim-Altera 10.3d 版本为例搭建实验软件平台。

首先登录 Intel 官网并注册用户账号，然后在 FPGA 设计工具与软件下载专区找到相应的软件包下载即可。本章所需三个安装包如下所示。

cyclone-15.0.0.145.qdz	QDZ 文件
ModelSimSetup-15.0.0.145-windows.exe	应用程序
QuartusSetup-15.0.0.145-windows.exe	应用程序

3.2.2　安装

首先确认计算机为 64 位的 Windows 7 操作系统。查看方式：桌面→计算机→属性，如图 3-1 所示。如果操作系统不同请在官网找对应操作系统所需的安装包文件即可。

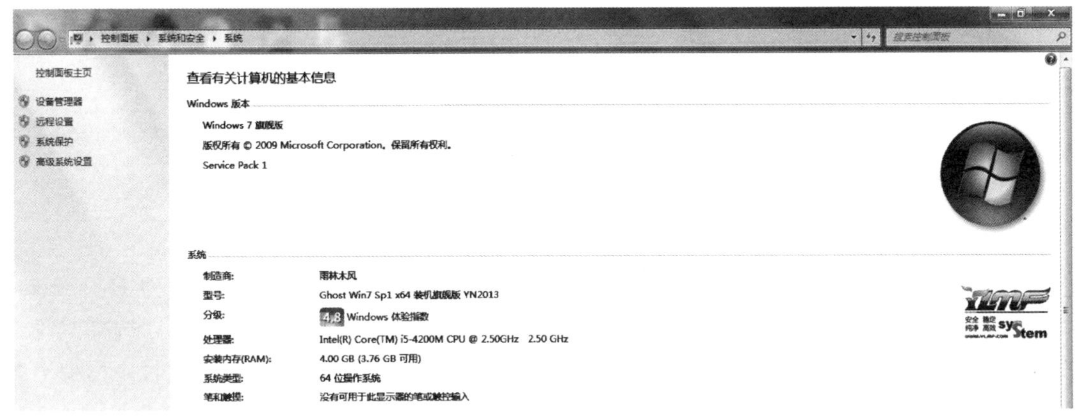

图 3-1　确认计算机信息

然后，将Quartus Ⅱ15.0、Cyclone Ⅳ元件库、Modelsim-Altera 10.3d三个安装包放在同一个文件夹下，双击Quartus Ⅱ的安装包，可同时完成三个文件的安装，如图3-2所示。

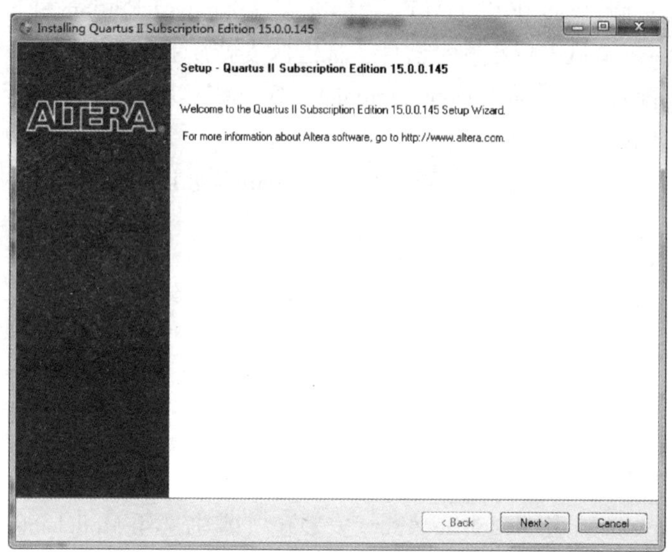

图3-2 进入“软件安装”界面

单击“Next”按钮，进入“License Agreement”页面，如图3-3所示，单击“I accept the agreement”单选按钮。

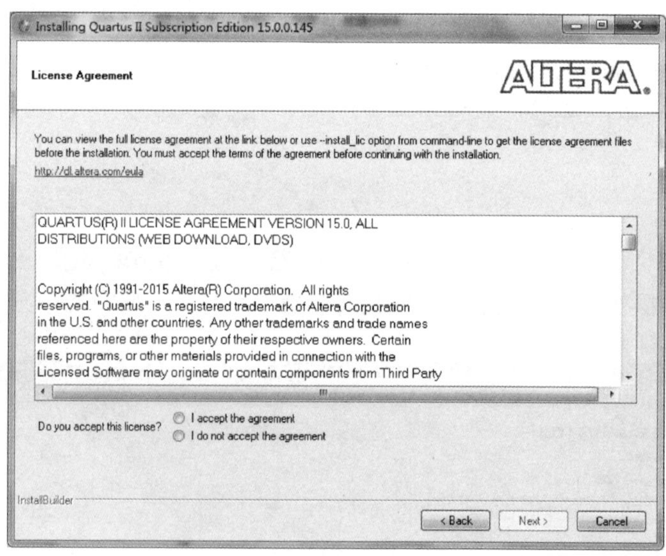

图3-3 “License Agreement”页面

单击“Next”按钮，进入“Installation directory”页面，安装路径默认为C:\altera\15.0，由于软件所需空间较大，建议更改为其他盘，如d:\altera\15.0，也可以选择其他文件夹，如图3-4所示。但是务必注意安装路径不能有中文和空格等特殊符号，且该盘要有足够的磁盘空间，比如此次配置需要约15GB。

单击“Next”按钮，进入“Select Components”页面，如图3-5所示。可选择三个安装

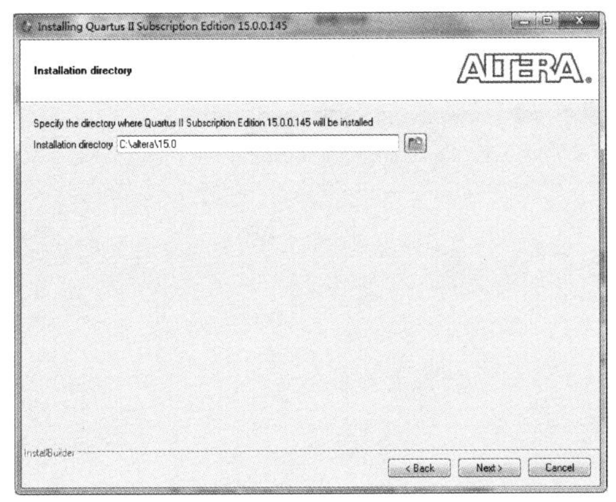

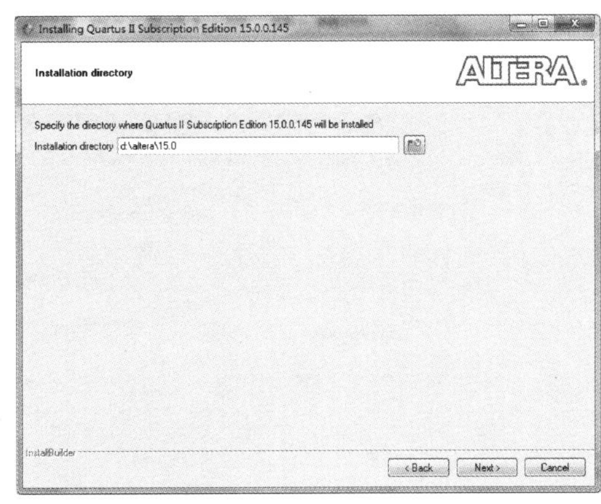

图 3-4　更改安装路径

包中的可选项目（此处可见的选项均为放在同一文件夹下的三个安装包中的可安装内容），包括：

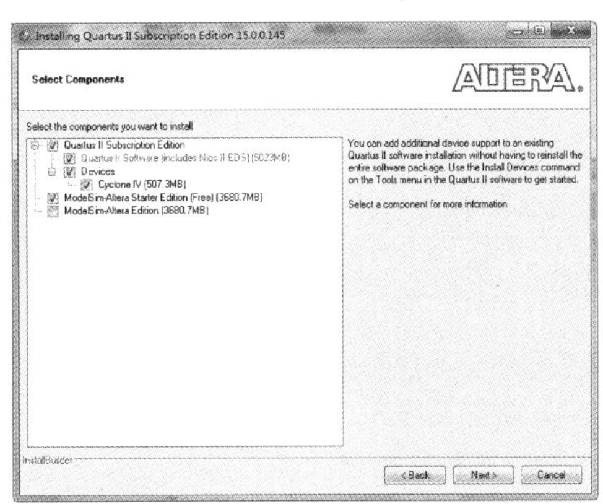

图 3-5　“Select Components”页面

勾选“Quartus Ⅱ Subscription Edition”复选框，安装 Quartus Ⅱ的主程序；

勾选“Devices，Cyclone Ⅳ”复选框，安装 Cyclone IV 元件库；

Modelsim-Altera Starter Edition 和 Modelsim-Altera Edition 为 Modelsim-Altera 的入门版和标准版，两者皆可，此处勾选入门版复选框。

余下页面单击“Next”按钮，直到配置完成，开始安装。根据计算机配置不同，需等待几分钟到几十分钟。

注意，如果在安装过程中遇到意外情况，务必卸载后重启再重新安装。如果在安装过程中遇到类似“(copy 2)”的情况，说明之前安装过该软件，并且没有成功卸载。

完成安装后，打开软件（如未生成桌面快捷方式，可在安装目录下找到该软件，按照之前的设置，软件所在路径为 D:\altera\15. 0\quartus\bin64\quartus. exe）。首次打开会出现如图 3-6 所示界面，引导完成软件授权文件激活或者 30 天试用，即可完成 Quartus Ⅱ、

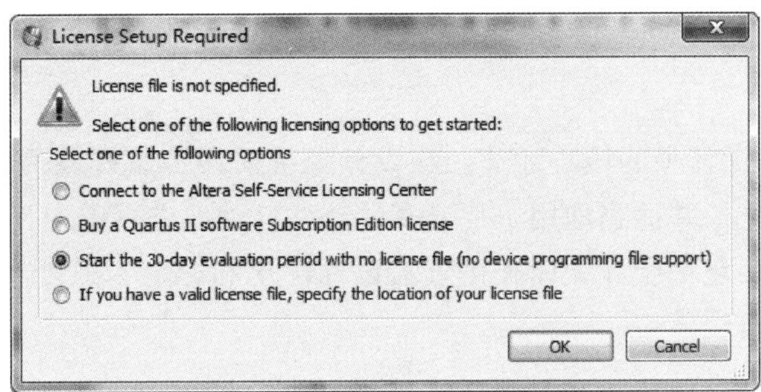

图 3-6　Quartus Ⅱ首次打开出现需要安装授权界面

Cyclone Ⅳ元件库和 Modelsim-Altera 三部分的安装，正常打开软件如图 3-7 所示。这三部分也可分开单独安装，但是安装后，为了保证软件正常的使用需要额外的配置，此处不再赘述。

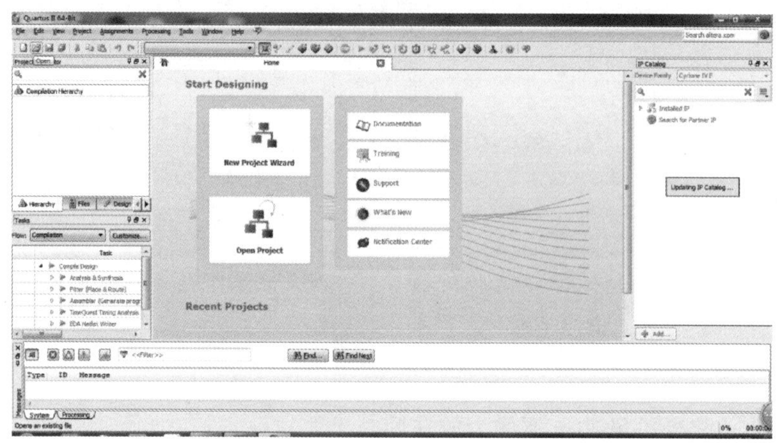

图 3-7 Quartus Ⅱ软件打开界面

3.3 设计入门

3.3.1 开发流程

Quartus Ⅱ设计流程如图 3-8 所示。

1. 准备工作

设计准备是指设计者在进行设计之前，依据任务要求，确定系统所要完成的功能及程序、器件资源的选择、成本估算等准备工作，如进行方案论证、系统设计和器件选择等。

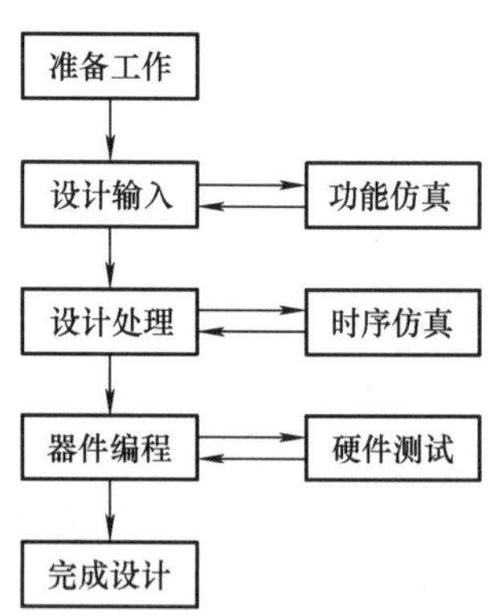

图 3-8 Quartus Ⅱ设计流程

2. 设计输入

设计输入是指将设计的电路或系统按照 EDA 开发软件要求的某种形式表现出来，并送入计算机的过程。设计输入有多种方式，包括采用硬件描述语言（如 VHDL 和 Verilog HDL）进行设计的文本输入方式、图形输入方式和波形输入方式，或者采用文本、图形两者混合的设计输入方式。也可以采用自顶向下（Top-Down）的层次结构设计方法，将多个输入文件合并成一个设计文件等。

3. 设计处理

设计处理是 EDA 设计中的核心环节。在设计处理阶段，编译软件对设计输入文件进行逻辑化简、综合和优化，并适当地用一片或多片器件自动地进行适配，最后生成编程用的数据文件。设计处理主要包括设计编译和检查、设计优化和综合、适配和分割、布局和布线、生成编程数据文件等过程。

（1）设计编译和检查

设计输入完成之后，立即进行编译。在编译过程中，首先进行语法检验，如检查原理图的信号线有无漏接、信号有无双重来源、文本输入文件中关键字有无错误等各种语法检查，并及时标出错误的类型及位置，供设计者修改。然后进行设计规则检验，检查总的设计有无超过器件资源或规定的限制并将编译报告列出，指明违反规则和潜在不可靠电路的情况以供设计者纠正。

（2）设计优化和综合

设计优化主要包括面积优化和时间优化。面积优化的结果使得设计所占用的逻辑资源（门数或逻辑元件数）最少；时间优化的结果使得输入信号经历最短的路径到达输出，即传输延迟时间最短。综合的目的是将多个模板化的设计文件合并为一个网表文件，并使层次设计平面化（即展平）。

（3）适配和分割

在适配和分割过程中，首先要确定优化以后的逻辑能否与下载目标器件 CPLD 或 FPGA 中的宏单元和 I/O 单元适配，然后将设计分割为多个便于适配的逻辑小块形式映射到器件相应的宏单元中。如果整个设计不能装入一片器件时，可以将整个设计自动分割成多块并装入同一系列的多片器件中去。

分割工作可以全部自动实现，也可以部分由用户控制，还可以全部由用户控制。分割时应使所需器件数目和用于器件之间通信的引脚数目尽可能少。

（4）布局和布线

布局和布线工作是在设计检验通过以后由软件自动完成的，它能以最优的方式对逻辑元件布局，并准确地实现元件间的布线互连。布局和布线完成后，软件会自动生成布线报告，提供有关设计中的各部分资源的使用情况等信息。

（5）生成编程数据文件

设计处理的最后一步是生成可供器件编程使用的数据文件。对 CPLD 来说，是生成熔丝图文件，即 JEDEC 文件（电子器件工程联合会制定的标准格式，简称 JED 文件）；对于 FPGA 来说，是生成位流数据文件（Bit-steam Generation，BG 文件）。

4. 设计校验

设计校验过程包括功能仿真和时序仿真，这两项工作是在设计处理过程中同时进行的。功能仿真是在设计输入完成之后，选择具体器件进行编译之前进行的逻辑功能验证，因此又称为前仿真。此时的仿真没有延时信息或者只有由系统添加的微小标准延时，这对于初步的功能检测非常方便。仿真前，要先利用波形编辑器或硬件描述语言等建立波形文件或测试向量（即将所关心的输入信号组合成序列），仿真结果将会生成报告文件和输出信号波形，从中便可观察到各个节点的信号变化。若发现错误，则返回设计输入中修改逻辑设计。

时序仿真是在选择了具体器件并完成布局、布线之后进行的时序关系仿真，因此又称为后仿真或延时仿真。由于不同器件的内部延时不一样，不同的布局、布线方案也会给延时造成不同的影响，因此在设计处理以后，对系统和各模块进行时序仿真、分析其时序关系、估计设计的性能及检查和消除竞争冒险等，是非常有必要的。

5. 器件编程

器件编程是指将设计处理中产生的编程数据文件通过软件放到具体的可编程逻辑器件中去。对 CPLD 来说，是将 JED 文件下载（Down Load）到器件中去；对 FPGA 来说，是将位流数据文件配置到 FPGA 中去。

器件编辑需要满足一定的条件，如编程电压、编程时序和编程算法等。普通的 CPLD 和一次性编程 FPGA 需要专用的编程器完成器件的编程工作，基于 SRAM 的 FPGA 可以由 EPROM 或其他存储体进行配置，在系统可编程器件（ISP_ PLD）则不需要专门的编程器，只要一根与计算机连接用的下载编程电缆就可以了。

6. 硬件测试

器件在编程完毕之后，可以用编译时产生的文件对器件进行检验、加密等工作，或采用边界扫描测试技术进行功能测试，测试成功后才完成其设计。

设计验证可以在 EDA 硬件开发平台上进行。EDA 硬件开发平台的核心部件是一片可编程逻辑器件 FPGA 或 CPLD，再附加一些输入/输出设备，如按键、数码显示器、指示灯、扬声器等，还提供时序电路需要的脉冲源。将设计电路编程下载到 FPGA 或 CPLD 中后，根据 EDA 硬件开发平台的操作模式要求，进行相应的输入操作，然后检查输出结果，验证设计电路。

3.3.2 基本使用

Quartus Ⅱ软件图形用户界面如图 3-9 所示。界面主要由菜单、工具条和各个窗口组成。其中，窗口除了中间的工作窗口外还有其他 8 个窗口，分别是：Project Navigator 窗口、Node Finder 窗口、Tcl Console 窗口、Messages 窗口、Status 窗口、Change Manager 窗口、Tasks 窗口、IP Catalog 窗口，除了工作窗口外，其他窗口都可通过菜单 View→Utility Windows 打开或者关闭，也可使用快捷键 Alt + n（n = 0 ~ 7）的方式，按照表 3-1 的关系打开或关闭窗口。其中 Project Navigator 窗口、Messages 窗口、Tasks 窗口、IP Catalog 窗口是默认打开的。

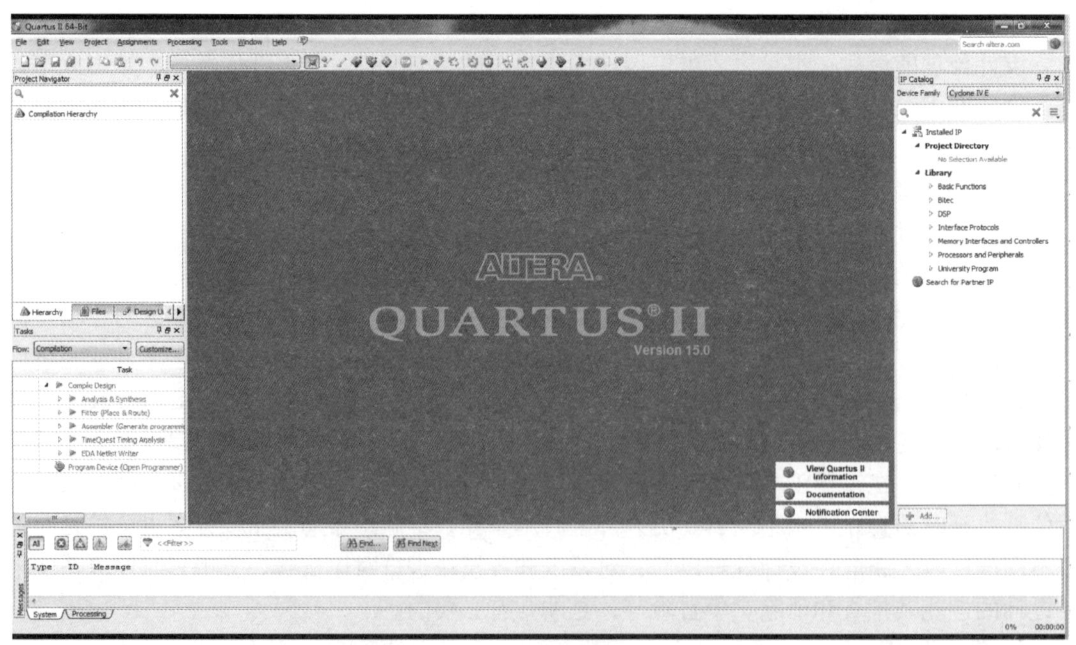

图 3-9 Quartus Ⅱ软件图形用户界面

Project Navigator 窗口：包括 6 个可以相互切换的标签，其中 Hierarchy 标签提供了逻辑单元、寄存器以及存储器位资源使用情况等信息；Files、DesignUnits、IP Component 和 Revisions 标签提供工程文件、设计单、IP 核和版本的列表。

Node Finder 窗口：设计者可查看存储在工程数据库中的任何节点名。

Tcl Console 窗口：提供了一个可以输入 Tcl 命令或执行 Tcl 脚本文件的控制台。

Messages 窗口：消息处理器窗口，提供详细的编译报告、警告和错误信息。设计者可以根据某个消息定位在 Quartus Ⅱ软件不同窗口中的一个节点。

Status 窗口：显示编译各阶段的进度和使用时间。

Change Manager 窗口：可以跟踪在 Chip Editor 中对设计文件进行变更的信息。

Tasks 窗口：编译流程窗口。

IP Catalog 窗口：显示目标器件能够使用的 IP 内核。

表 3-1　窗口打开或关闭快捷键

Utility Windows	实用程序窗口	Utility Windows	实用程序窗口
Project Navigator	Alt + 0	Status	Alt + 4
Node Finder	Alt + 1	Change Manager	Alt + 5
Tcl Console	Alt + 2	Tasks	Alt + 6
Messages	Alt + 3	IP Catalog	Alt + 7

该软件下大部分操作都是以工程项目为基础的，打开工程可以通过菜单 File→Open project，在工程文件夹打开扩展名为 qpf 的工程文件，或者直接双击 qpf 文件打开软件。切记，如果通过双击其他设计文件，如 vhd、bdf、vwf 等文件类型虽然可以打开软件，但是不能打开工程，此时仅能进行文件的查看和编辑，而无法实现其他的操作。

Quartus Ⅱ软件可通过双击图标直接打开，如果桌面没有这个图标，可以在安装目录下选中该可执行文件，如 D:\altera\15.0\quartus\bin64\quartus.exe，单击鼠标右键，选择发送到→桌面快捷方式即可。

3.3.3　Quartus Ⅱ设计入门

以原理图输入法设计半加器为例介绍 Quartus Ⅱ的使用方法。

半加器是一个简单的基本数字电路，功能就是完成两个一位二进制数的加法。其真值表见表 3-2，加数 A 与加数 B 相加，得到的和为 SO，进位为 CO。

输入输出的逻辑关系式为

$$CO = A * B$$

$$SO = A \oplus B$$

在 Quartus Ⅱ中完成以上功能有多种方式，既可以写代码也可以画原理图，由于此处没有开始学习代码知识，因此采用原理图的方式实现。注意，由数字电路设计知识可知，此处的原理图并不唯一，今后的其他设计亦是如此。此处的设计直接按照上式，采用与门和异或门设计该电路。

表 3-2　半加器真值表

加数	加数	进位	和
A	B	CO	SO
0	0	0	0
0	1	0	1
1	0	0	1
1	1	1	0

Quartus Ⅱ的设计流程比较灵活，本节按

照图 3-10 的步骤介绍其设计过程。Quartus Ⅱ软件的设计输入主要采用文本输入方式和原理图输入方式或者混合输入方式，不同的设计输入方式，除了设计输入的步骤不同，其他步骤都是相同的。本次设计采用原理图输入方式进行，在后期使用文本输入方式进行设计时，仅介绍设计输入过程，其他过程不再详述。

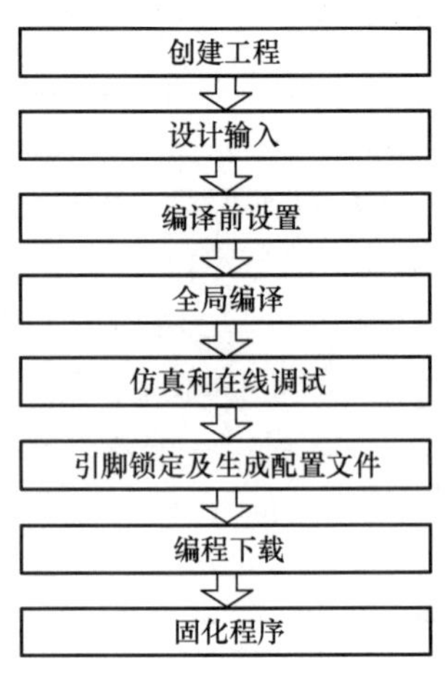

图 3-10 Quartus Ⅱ设计过程

1. 创建工程

Quartus Ⅱ的综合、全局编译和引脚分配等操作都是对工程的操作，除了编辑以外的大部分操作都不能对单个文件进行，因此，在进行设计之前首先要创建工程。

打开 Quartus Ⅱ软件，可采用以下三种方式创建工程（见图 3-11）：

1）使用“File→New”菜单命令，选择“New Quartus Ⅱ Project”选项。

2）直接单击图标，然后选择“New Quartus Ⅱ Project”选项。

3）使用“File→New Project Wizard”菜单命令。

这里可以看出，Quartus Ⅱ的操作比较灵活，实现方法也是多种多样，在后续的步骤中将仅介绍软件的一种常用操作，不再列举其他方式，感兴趣的读者可自行摸索尝试其他实现方式。

不同版本下的工程创建步骤略有不同，但大体相似。Quartus Ⅱ 15.0 的工程创建需要 6 个步骤，如图 3-12 所示。

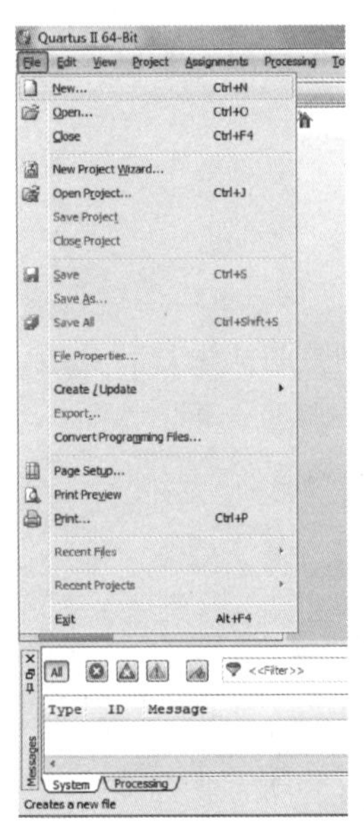

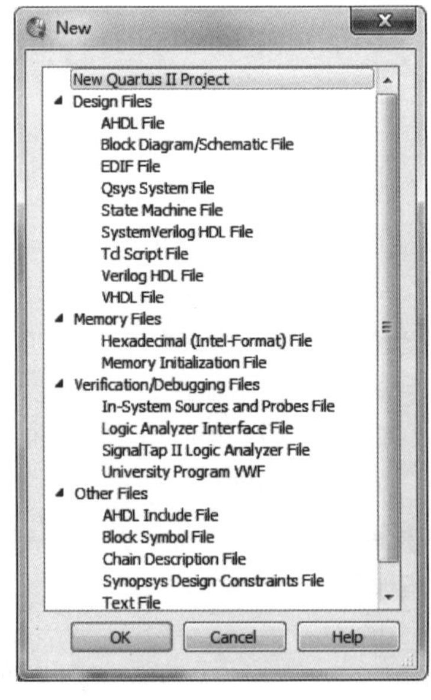

图 3-11 创建工程

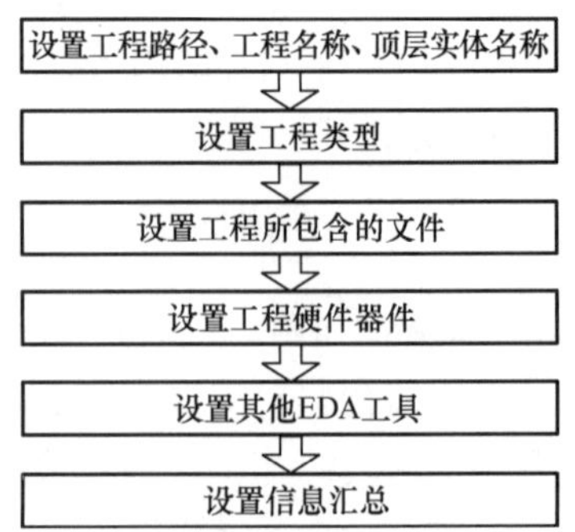

图 3-12 创建工程的步骤

（1）设置工程路径、工程名称、顶层实体名称

工程路径一般会出现默认的 Quartus Ⅱ的安装路径，如图 3-13 所示。建议将此路径修改

到自定义的其他工程文件夹下，但是这个文件夹及其整个路径不能包含中文或者特殊符号，否则会导致工程无法打开，更无法进行其他操作。工程名的命名可以是字母、数字、下划线，开头一般是字母（图形输入方式允许数字作为开头，但为了形成良好的命名习惯，不建议使用）；工程和顶层设计实体默认是同名的，后面的设计文件名、仿真文件名等最好也保持与此一致，如不一致，除非修改工程设置，否则工程编译会报错。这一步的设置实例如图 3-14 所示。设置完毕后可单击“Back”按钮返回上一步设置；单击“Next”按钮进入下一步设置；单击“Finish”按钮结束设置、完成新建工程，其他未设置项目采用默认设置，但是工程名和实体名必须设置，不可跳过；单击“Cancel”按钮取消工程设置，退出工程设置向导；也可单击“Help”按钮获取帮助。此处单击“Next”按钮进入下一步设置。

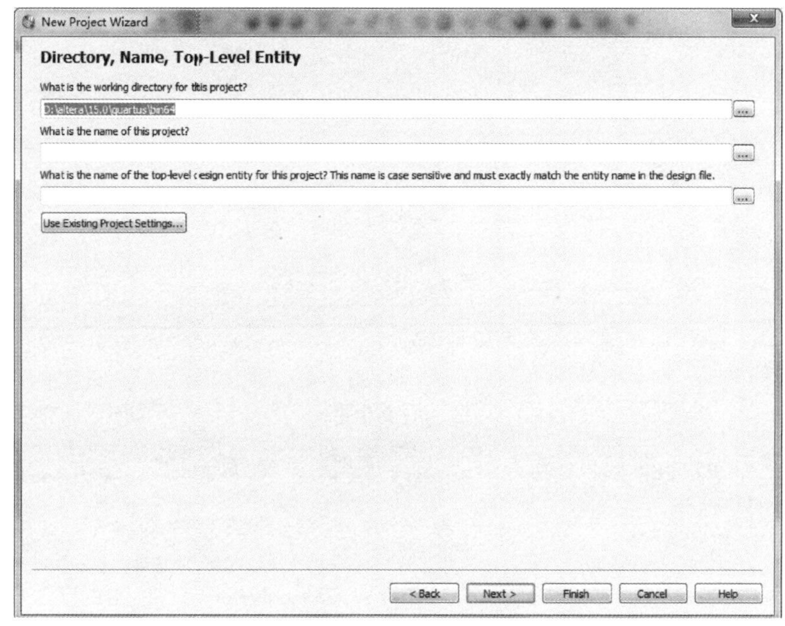

图 3-13　默认工程路径

（2）设置工程类型

可选择空工程或者模板工程，如图 3-15 所示，此处单击“Empty project”单选按钮，再单击“Next”按钮进入下一步即可。

（3）设置工程所包含的文件

通过这一步可将该工程所需的设计文档包含进来，如图 3-16 所示。若此处没有选择任何文件，则可在建立工程后新建设计文件，这些新建的文件就会默认添加到该工程中。此处默认未添加任何设计文件，单击“Next”按钮进入下一步。

一般建议先把文档复制到该工程目录下，再单击“Add All”按钮添加即可。如果单击 ... 按钮，按照路径添加，可能会在工程路径改变后无法正常运行工程。

想一想：

有同学将自己完成的设计通过网络发给老师，结果老师打开工程后编译时报错，提示设计文件不存在。这是怎么回事？

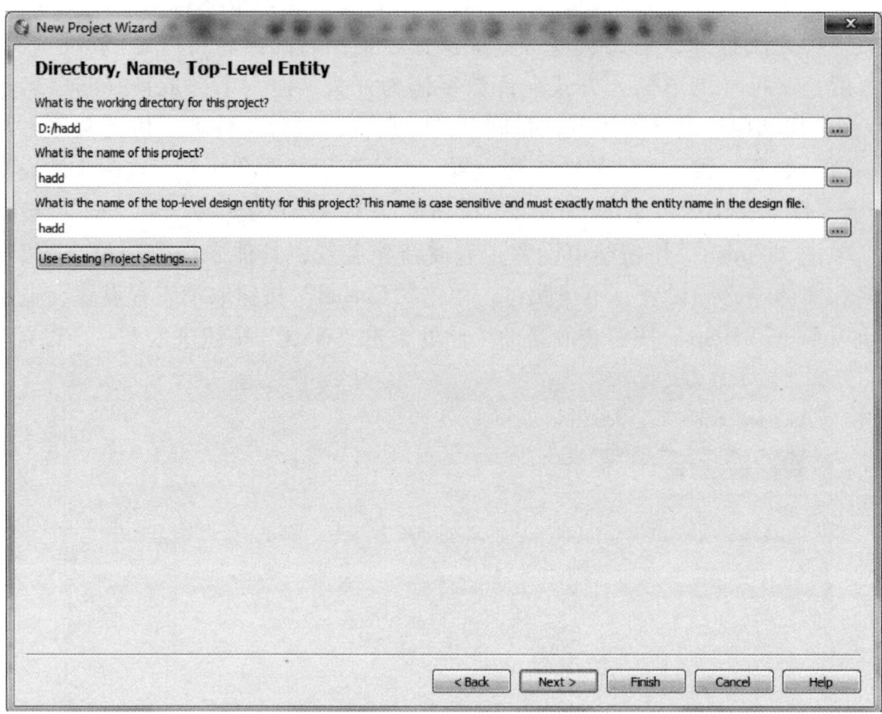

图 3-14 第一步设置实例

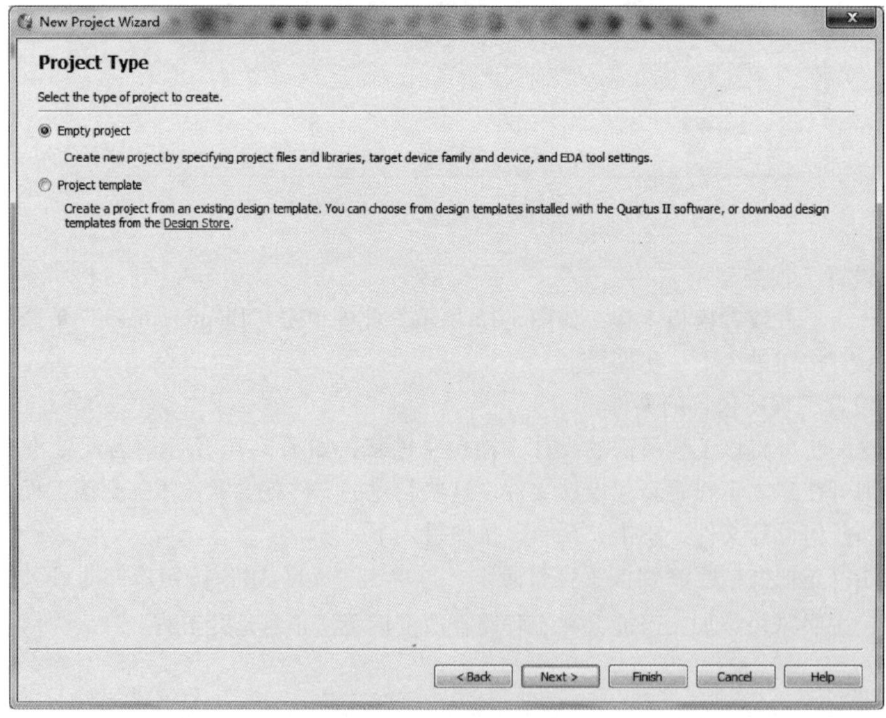

图 3-15 工程类型设置

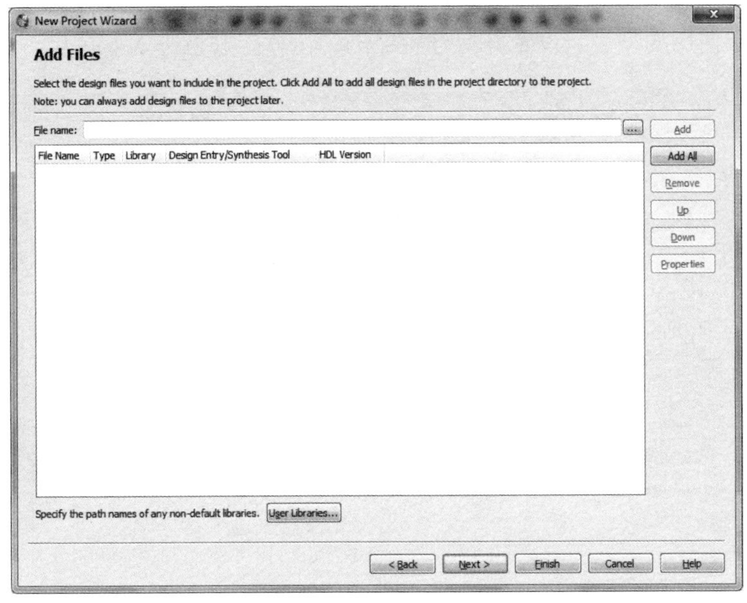

图3-16 设置工程文件

（4）设置工程硬件器件

Quartus Ⅱ支持Altera的大部分型号的FPGA/CPLD开发，根据用户的硬件芯片型号在Available devices下进行选择。如果所使用的器件型号无法找到，说明在软件安装时未安装该器件库，可在Intel官网下载该器件库安装即可。一般情况下，Available devices下所列出的型号较多，如图3-17所示，用户也可根据器件的特点设置Show in ‘Available devices’ list中的筛选项Package、Pin count、Core Speed grade、Name filter，在筛选出的型号中进行选择。如本章使用的FPGA型号为EP4CE10F17C8，属于Cyclone Ⅳ系列，引脚有256个，速度为

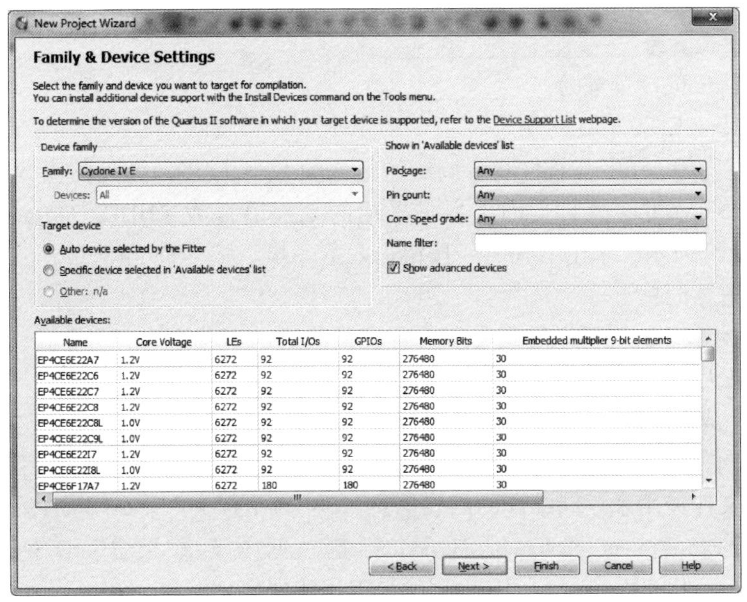

图3-17 型号选择默认界面

8，这里只设置了 Pin count 为 256、Core Speed grade 为 8 两项后，如图 3-18 所示余下 4 项，非常容易选出所使用的型号。设置好型号后单击“Next”按钮进入下一步。

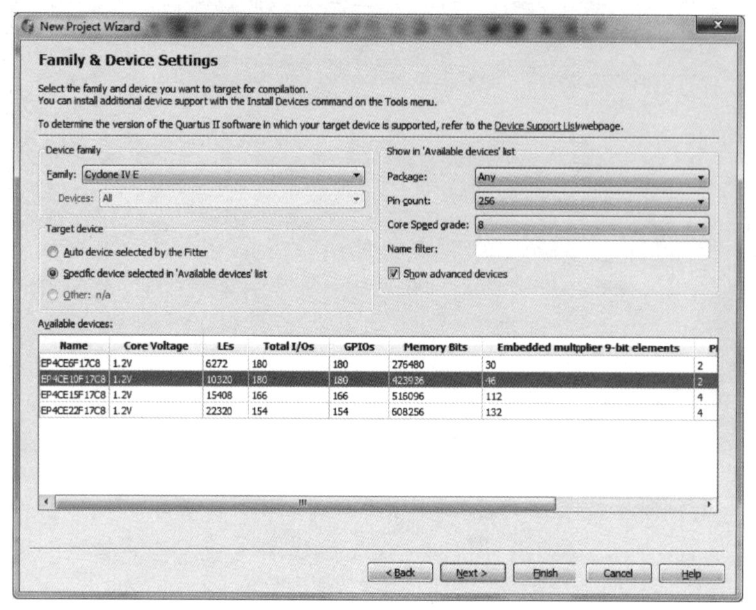

图 3-18 设置 Show in ‘Available devices’ list 后的界面

想一想：

请在此处记录你所使用的硬件信息。

你所使用的硬件是________________系列，

芯片型号为________________。

Package 项设置为________________；

Pin count 项设置为________________；

Core Speed grade 项设置为________________。

（5）设置其他 EDA 工具

此处可设置与 Quartus Ⅱ软件联合调试的其他的 EDA 软件。此处仿真 Simulation 调用之前安装的 ModelSim-Altera 软件，因为本书采用的编程语言为 VHDL，Format(s) 处设置为 VHDL，如图 3-19 所示，单击“Next”按钮进入下一步。

（6）设置信息汇总

如图 3-20 所示，这里可以看到之前所有设置项目，如有错误，可单击“Back”按钮返回修改；如确认无误，可单击“Finish”按钮结束工程设置。

新建工程完成后，如果原来工程文件夹 D:\hadd 为空文件夹，此时产生了一个文件夹和两个文件，如图 3-21 所示。

其中，db 文件夹用来存储编译的网表信息、qpf 为工程文件、qsf 为工程配置文件等。

工程导航窗口 Project Navigator 有五个标签（见图 3-22）：Hierarchy、Files、Design Units、IP Component 和 Revisions；Hierarchy 是工程的层次化结构，在工程通过了分析和综合后，该选项下就会以层次式的方式展现整个工程各个模块之间的关系，同时会展示每个模块

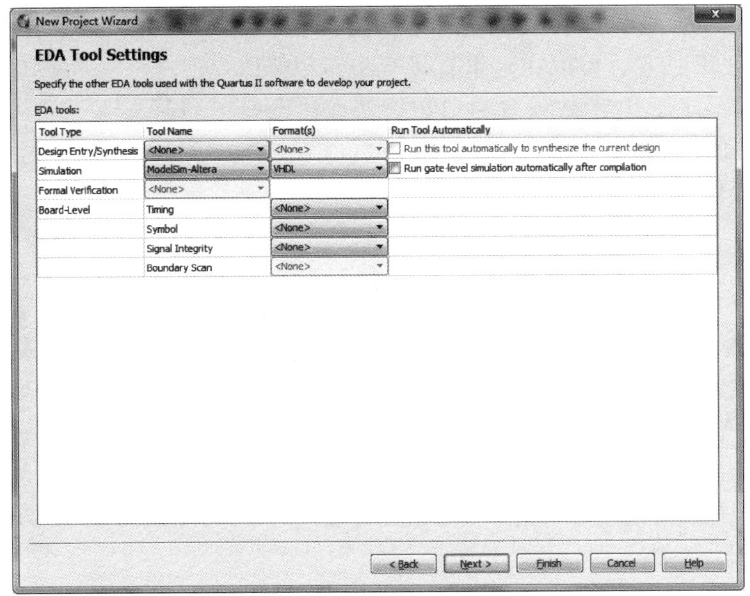

图 3-19　设置其他 EDA 工具

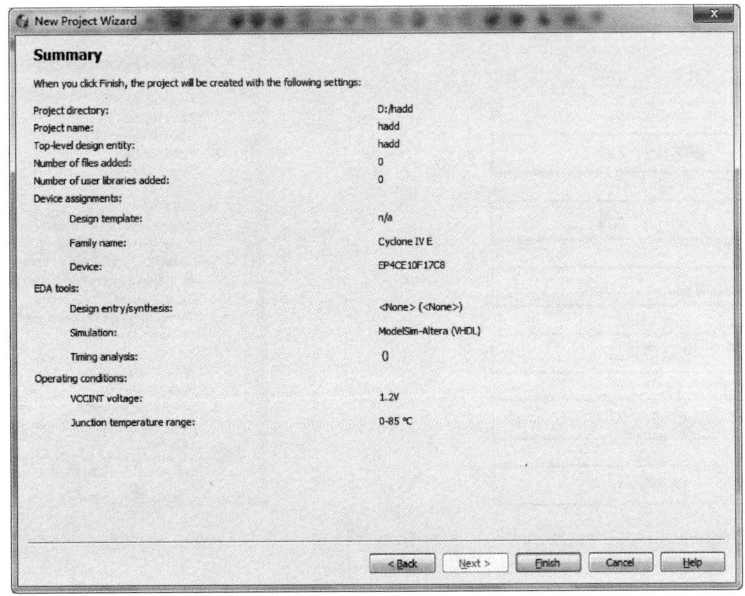

图 3-20　设置信息汇总

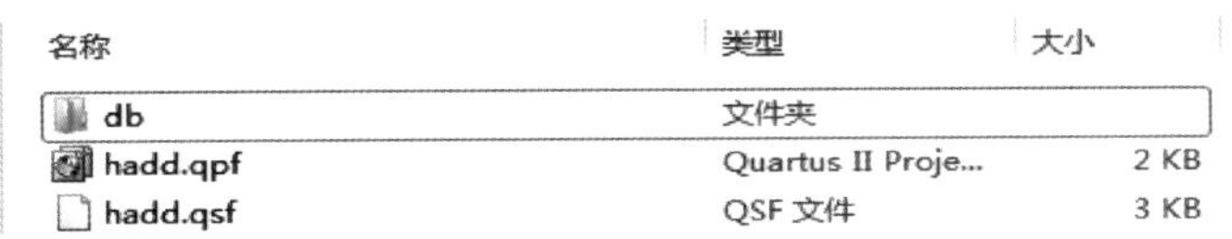

图 3-21　新建工程后产生的文件夹

所耗费的各种片上资源；Files 表示当前工程包含的所有设计文件；Design Units 显示设计单元列表；IP Component 表示设计中用到的 IP 信息，可以在这里直接双击希望修改参数的 IP 名称，打开 IP 参数设置窗口进行修改；Revisions 显示版本信息。此时在 Hierarchy 标签下可以看到工程的顶层设计模块为 hadd，其他标签下基本无信息。

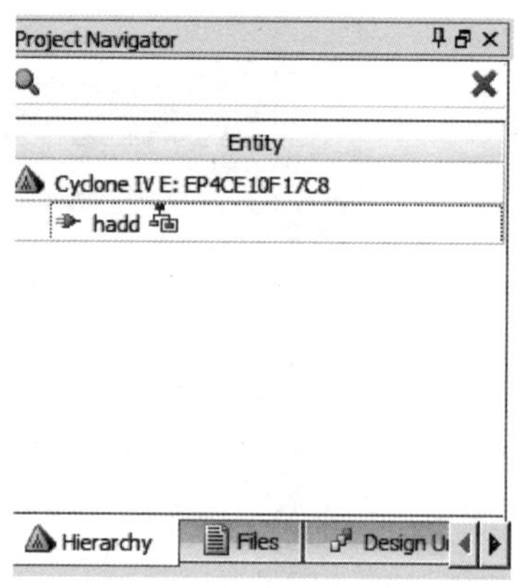

图 3-22 工程导航窗口 Project Navigator 的标签

想一想：

在工程管理窗口，如何找到你的设计文件？

2. 设计输入

此处采用原理图的方式设计半加器。原理图的输入方式简单而直观，但是这种直观的图形后面调用的模块库不兼容导致了这种描述方式的移植性不好。本节按照图 3-23 流程进行设计，这里的步骤不是固定的，熟悉使用该方法后可根据个人习惯或者设计需要，灵活改变部分步骤顺序。

（1）新建设计文件

使用菜单命令“File→New”打开新建文件窗口，如图 3-24 所示。

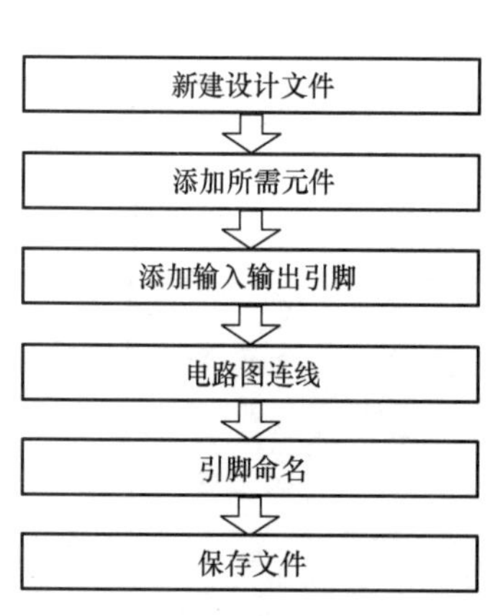

图 3-23 设计输入流程图

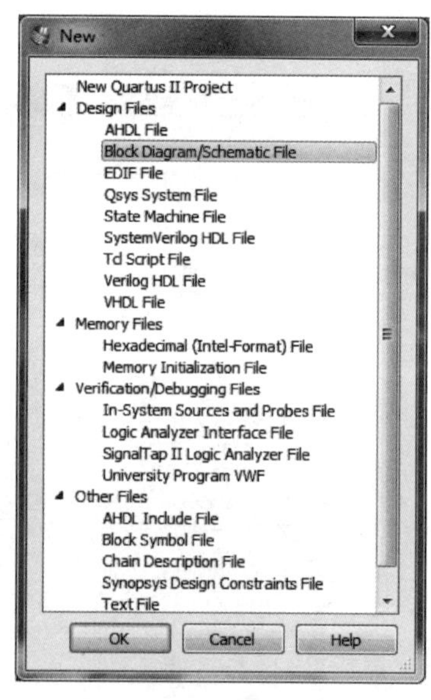

图 3-24 新建文件窗口

采用原理图输入法选择“Block Diagram/Schematic File”类型，单击“OK”按钮即可新建 Block1. bdf 文件，如图 3-25 所示。其中 bdf 为该类型文件扩展名、Block1 为默认的新建文件名，当编辑文件但未保存时，文件名后会出现“＊”号，此时可单击“保存”图标，或按“Ctrl＋S”组合键，对文件改名保存。

在 bdf 文件的编辑区上方出现了绘制原理图所用的工具条，其中，一般默认选中的工具图标是，是选择或绘图工具，单击此图标将会激活选择或者绘图功能。若用鼠标左键单击原理图上的图形符号，该符号的绿色虚线外框会变成蓝色实线高亮框，表示该符号被选中。光标移动到符号的电气端点，光标会变成十字形状，且有直角导线符号，表示可以在该端点开始绘制导线。还有一个常用工具，是手形工具，选中该符号，可用鼠标移动视窗内图像的可见范围。其他工具的作用将在后面画图过程中再分别介绍。

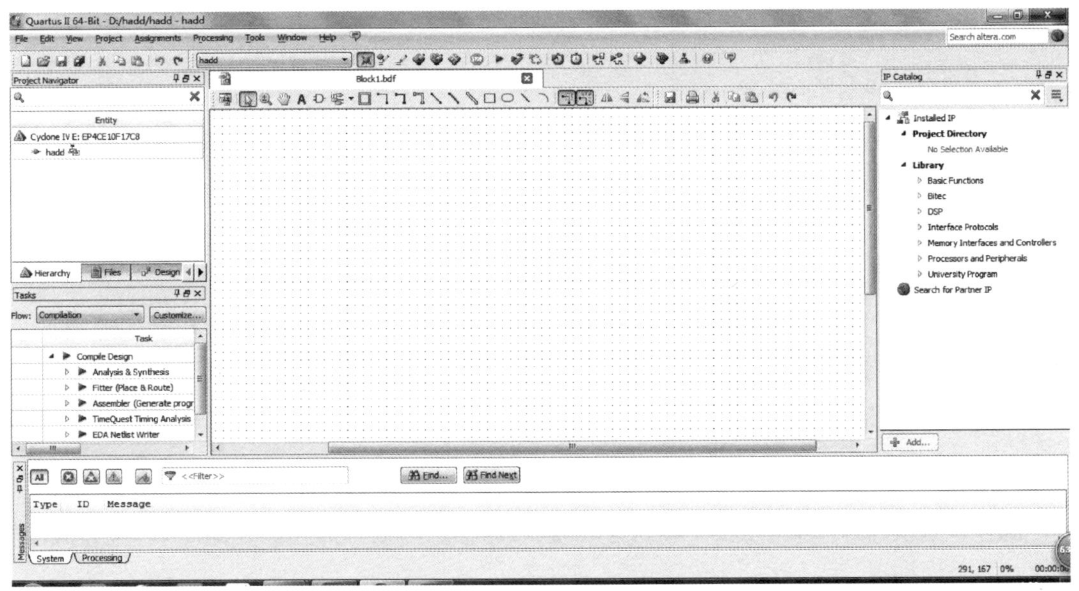

图3-25 新建Block1. bdf文件

（2）添加所需元件

在设计原理部分中确定的半加器设计方案需要使用与门和异或门。Symbol Tool图标是符号工具，用鼠标左键单击该图标，将激活添加元件功能。此时，将打开Symbol窗口，也可通过单击该图标或在bdf文件空白处双击左键，进入Symbol界面，如图3-26所示。在该窗口中，可以选择需要添加的元器件图形符号。可在此界面的Libraries列表框中查找所需元件，也可在Name文本框中直接填入元件名称查找。

此处直接在Name文本框输入xor可查找到异或门，如图3-27所示。如果需要放置多个异或门可以勾选“Repeat-insert mode”复选框，进入重复放置模式，按“Esc”键可退出

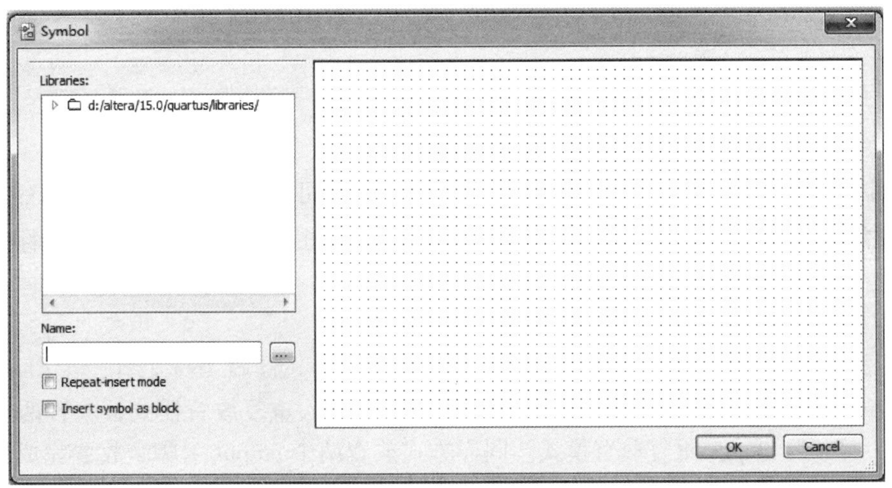

图3-26 Symbol界面

重复放置模式。此处不需要勾选此复选框，单击“OK”按钮放置一个异或门即可。

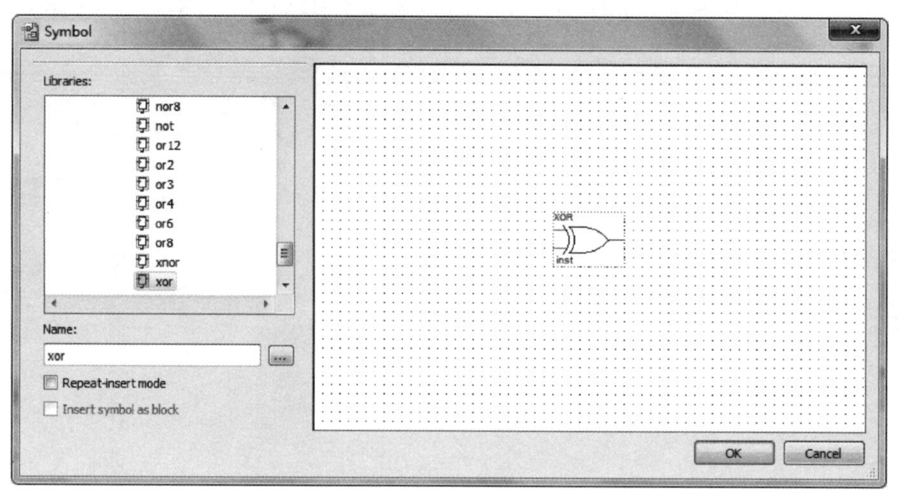

图 3-27 添加异或门

同样，直接在 Name 文本框中输入 and2 就可以找到两输入的与门，如图 3-28 所示，并放置一个与门即可。

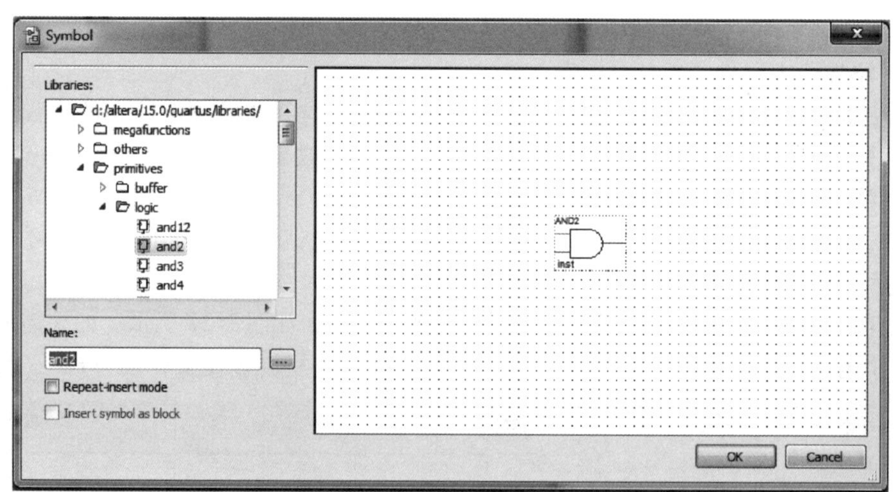

图 3-28 添加与门

图标为缩放工具，选中该图标后，单击鼠标左键可放大图样；单击鼠标右键可缩小图样。放置两个元件后的界面如图 3-29 所示，可通过单击图标或按 Ctrl + 鼠标滚轮上下滚动的方式调节视图缩放到合适比例。

（3）添加输入输出引脚

半加器设计需要两个输入引脚和两个输出引脚。单击 Symbol Tool 工具，在 Name 文本框中输入 input，并勾选“Repeat-insert mode”复选框，进入重复放置模式，放置两个输入引脚后，按“Esc”键退出重复放置模式。同样方式放置两个 output 引脚。放置完成后的界面如图 3-30 所示。

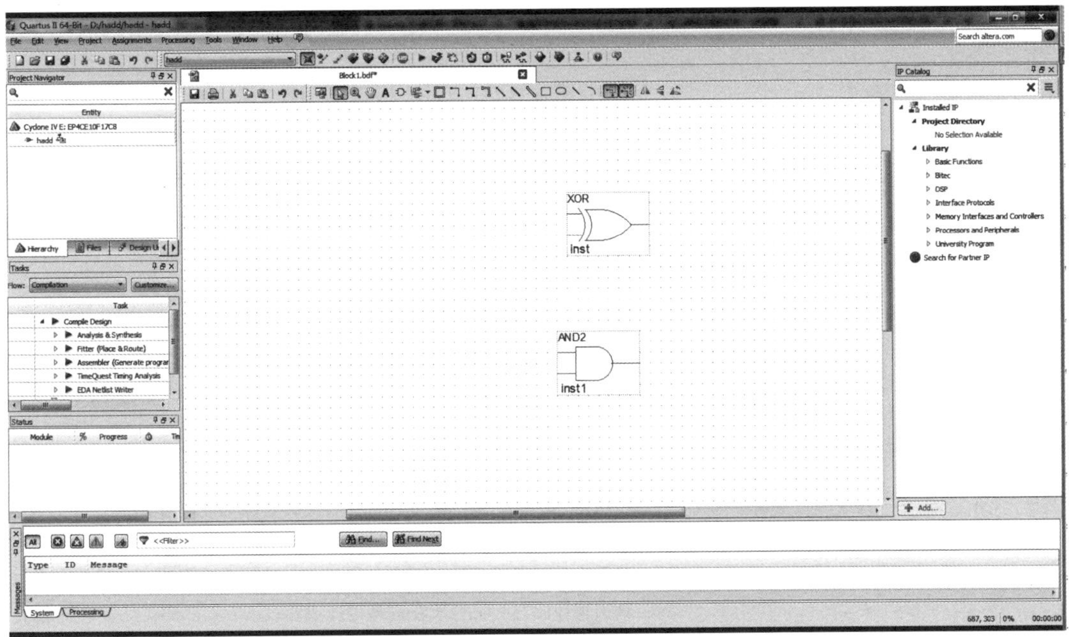

图 3-29　放置元件后的界面

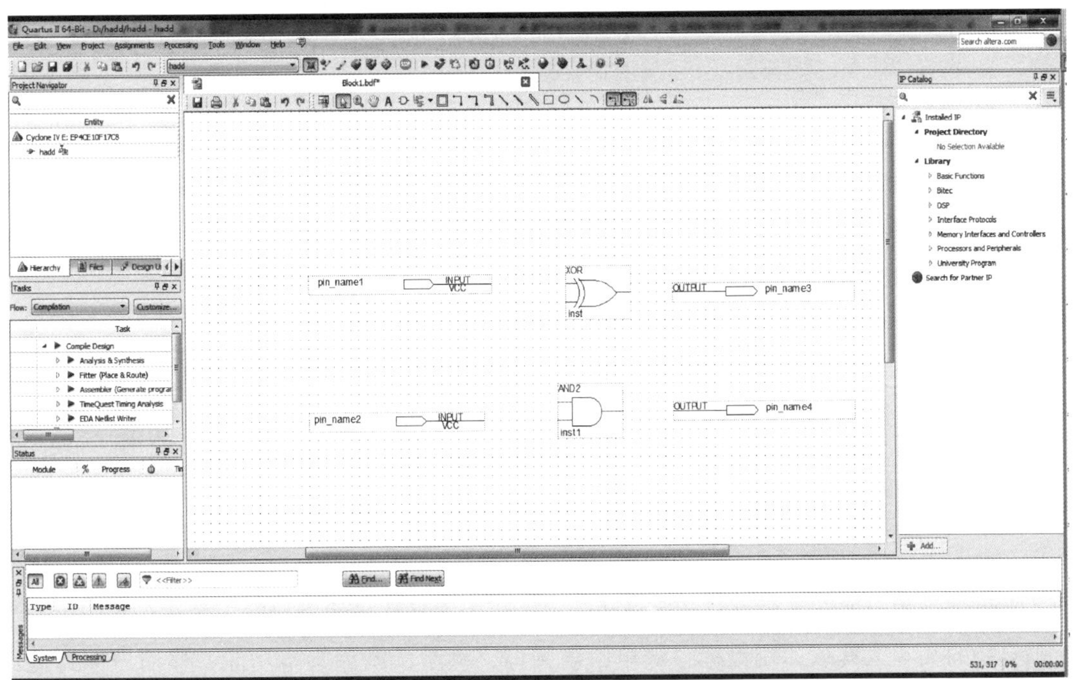

图 3-30　放置元件和输入输出引脚后的界面

（4）电路图连线

在绘制原理图的工具条上，与绘制器件连线相关的工具比较多，设计者可根据需要灵活选择。常用连线工具见表 3-3。

表 3-3 常用连线工具

工具图标	名称	作 用
	使用动态连接 (use rubberbanding)	用鼠标左键单击该图标，将激活动态连接功能。此时，移动图样中的符号或导线，与该符号或导线相连的导线将自动调整长短和方向，保证导线的连通性。未选中该项，移动符号时，导线将与符号分离
	使用部分选择 (use partial line selection)	用鼠标左键单击该图标，将激活部分选择功能。此时，可以选中导线中的某小段，并对这小段进行复制、剪切或粘贴，但不能移动该小段
	绘制导线 (orthogonal node tool)	用鼠标左键单击该图标，将激活绘制导线功能。此时，光标将变为十字形状并附有直角导线符号，表示可在图样中绘制导线。移动光标到适当位置，单击鼠标左键以确定导线起点，按住左键不放拖动鼠标，导线就出现在图样上，释放左键即可完成导线的绘制。导线具有电气特性
	绘制总线 (orthogonal bus tool)	用鼠标左键单击该图标，将激活绘制总线功能。光标将变为十字形状并附有直角总线符号，表示可在图样中绘制总线。移动光标到适当位置，单击鼠标左键以确定总线起点，按住左键不放拖动鼠标，总线就出现在图样上，释放左键即可完成总线的绘制。总线具有电气特性
	绘制管线 (orthogonal conduit tool)	用鼠标左键单击该图标，将激活绘制管线功能。选中该项后，光标将变为十字形状并附有直角管线符号，表示可在图样中绘制管线。移动光标到适当位置，单击鼠标左键以确定管线起点，按住左键不放拖动鼠标，管线就出现在图样上，释放左键即可完成管线的绘制。管线具有电气特性
	绘制斜导线 (diagonal node tool)	与绘制导线类似，只是此工具绘制倾斜的导线
	绘制斜总线 (diagonal bus tool)	与绘制总线类似，只是此工具绘制倾斜的总线
	绘制斜管线 (diagonal conduit tool)	与绘制管线类似，只是此工具绘制倾斜的管线

一般情况下，使用动态连接和使用部分选择这两个工具是默认选中的，方便在绘制电路的时候导线不会断开，修改时可以部分选中。此处可选择绘制导线工具也可使用“selection and smart drawing tool”，将鼠标移动到元件的端点，光标会变成十字形状，且有直角导线符号，表示可以在该端点开始绘制导线。按照设计原理图进行绘制即可，此处连线绘制完毕的界面如图 3-31 所示。

在设计过程中如有必要可对各个导线命名，双击选择该导线直接输入导线名称即可。注意工具条的文本工具 A，用鼠标左键单击该图标，将激活添加文本功能，移动光标到适当位置，并单击鼠标左键，就可在该处输入文字，一般仅支持英文，输入汉字将显示乱码。该工具输入的仅为普通文本，无法对导线、引脚等进行命名。

(5) 引脚命名

此时的电路图已经基本完成，但是作为输入和输出端口的名称都为 pin_name 的形式，这一类名称虽然不会导致后续的设计工作产生错误，但是对于设计者来说很难区分各个引脚

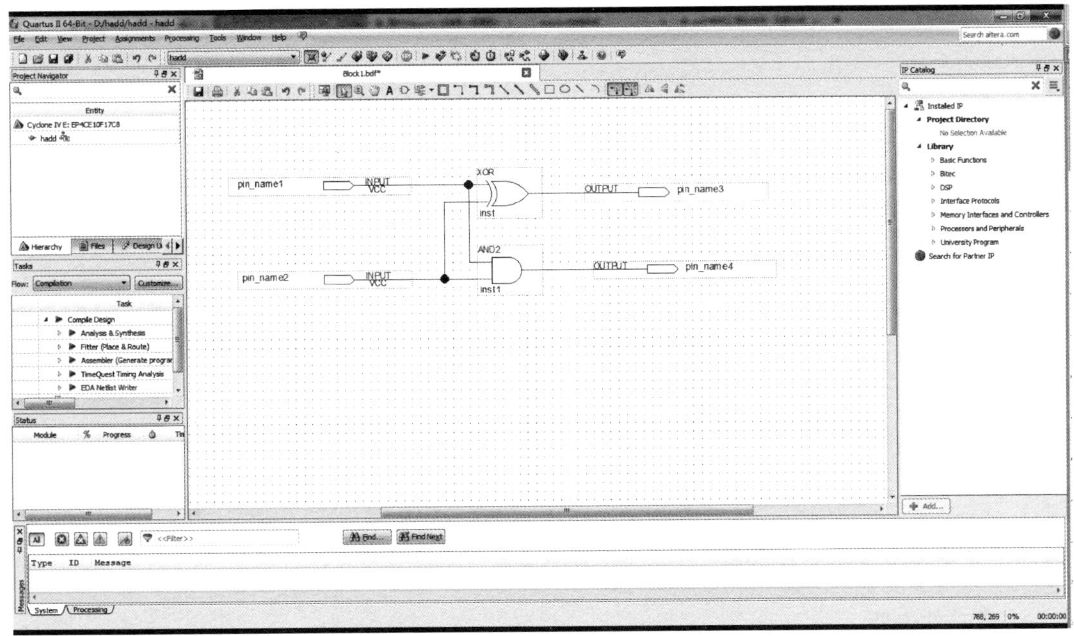

图 3-31　连线绘制完毕的界面

的作用，因此建议修改各个引脚的名称。

常用的修改引脚名称的方法有两种，即双击引脚进入图 3-32a 界面，修改 Pin name(s) 的内容，或者双击引脚的名称，进入选中状态，直接修改，如图 3-32b 所示。

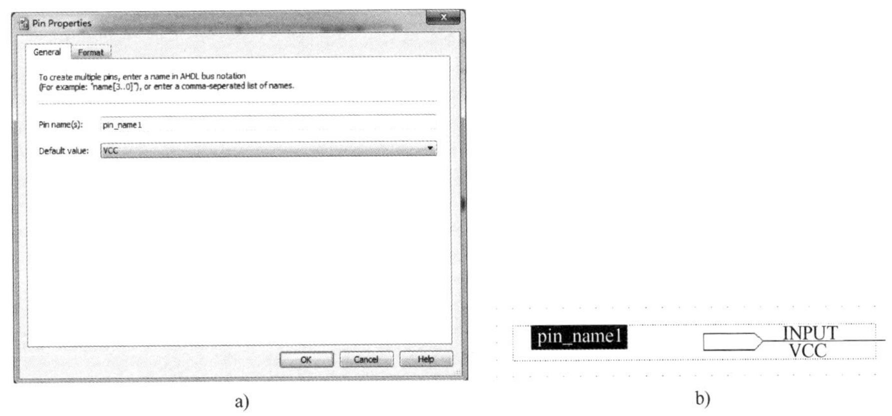

图 3-32　修改引脚名称的方法

修改两输入名称分别为 a、b，两输出中的进位即与门输出为 co，和即异或门输出为 so。修改名称后的界面如图 3-33 所示。

（6）保存文件

单击“保存”按钮，将原文件名 block1. bdf 修改为与设计实体同名即 hadd. bdf 即可。设计文件的输入结束，在工程导航窗口 Project Navigator 中的 Files 标签下可找到此文件。

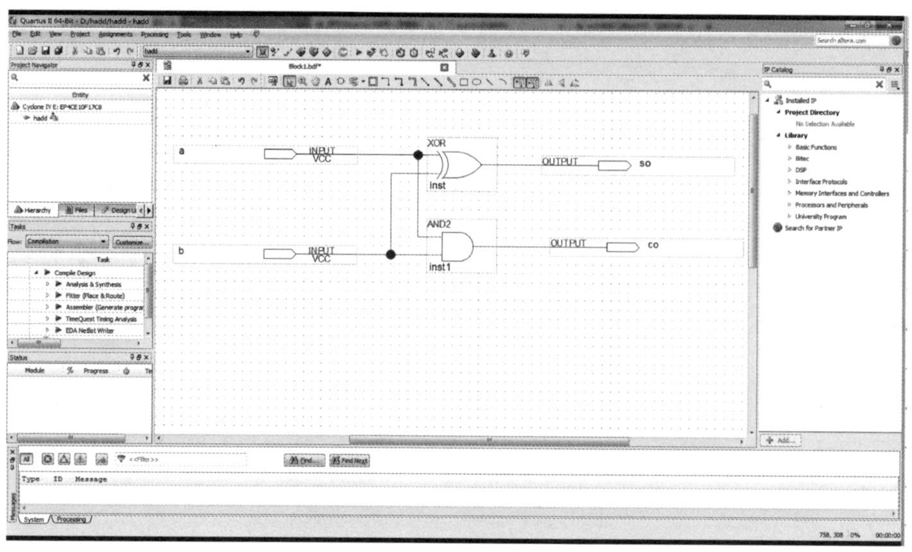

图 3-33 修改名称后的界面

3. 编译前设置

在对工程进行编译前，需要根据设计需求做好必要的设置。设置方式是通过 Assignments→Device…设置器件目标的配置，如未使用的引脚如何配置、复用引脚如何配置等。Assignments→Settings…可设置工程和软件的配置。此处的配置需要结合实际的设计需求而定，此处选择默认设置。

4. 全局编译

单击“全局编译”按钮 ▶ 开始对工程进行编译，如图 3-34 所示，编译的进度可通过 Tasks 窗口查看。如有报错，可在 Messages 窗口出现红色报错信息，参照报错信息修改设计，直到完成编译。

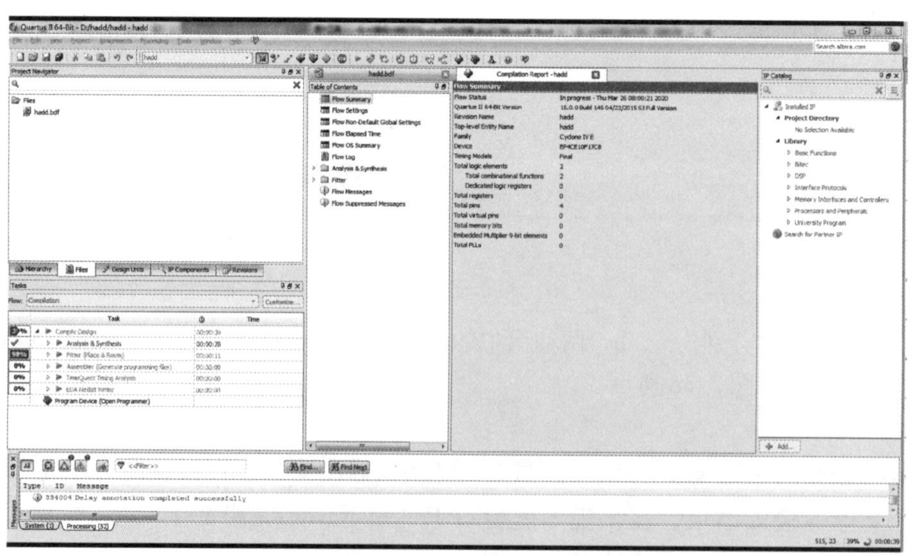

图 3-34 全局编译

想一想：

编译时出现以下错误，分析可能出现的原因。

```
12007 Top-level design entity "hadd" is undefined
      Quartus II 64-Bit Analysis & Synthesis was unsuccessful. 1 error, 0 warnings
293001 Quartus II Full Compilation was unsuccessful. 3 errors, 0 warnings
```

5. 仿真和在线调试

仿真和在线调试都是重要的验证设计功能能否实现的重要工具。其中在线调试使用方法较为复杂，且需要硬件支持，在 3.6 节中再继续讲解其使用方法，本设计不进行在线调试。

Quartus Ⅱ15.0 中没有自带的仿真功能，需要调用其他软件进行仿真，在工程设置阶段已经设置了仿真软件是 Modelsim-Altera，在前期安装和设置正确的前提下，在 Quartus Ⅱ中执行仿真操作，可直接调用该软件，不需自己单独打开。

常用的仿真方法有编写 testbench 和波形仿真两种，此处为了不增加初学者的学习难度，本书采用波形仿真方法。

波形仿真建议采用新建波形文件、添加节点信息、绘制仿真波形、保存仿真文件、功能仿真、时序仿真的步骤进行，如图 3-35 所示。其中功能仿真和时序仿真可只选其一，仿真的步骤也可灵活调整。

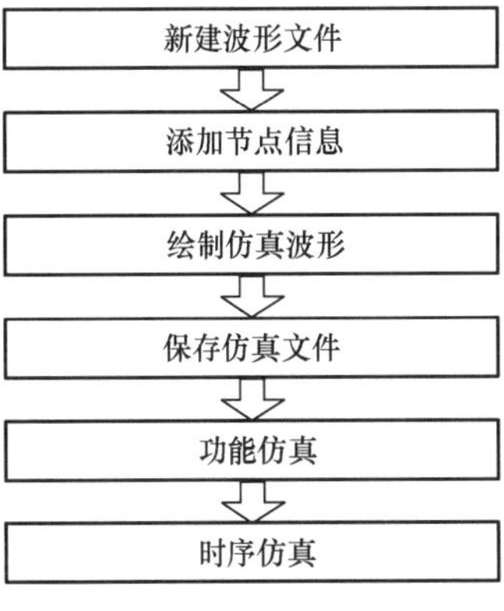

图 3-35　Quartus Ⅱ仿真过程

（1）新建波形文件

波形仿真需要使用“New→University Prpgram VWF”菜单命令，新建 vwf 类型的波形仿真文件，新建的文件界面如图 3-36 所示，默认文件名为 Waveform1. vwf。该文件上方的工具条是绘制波形图的工具，在选中节点信号以后，这些工具将会变为可用，目前是灰色不可用状态。

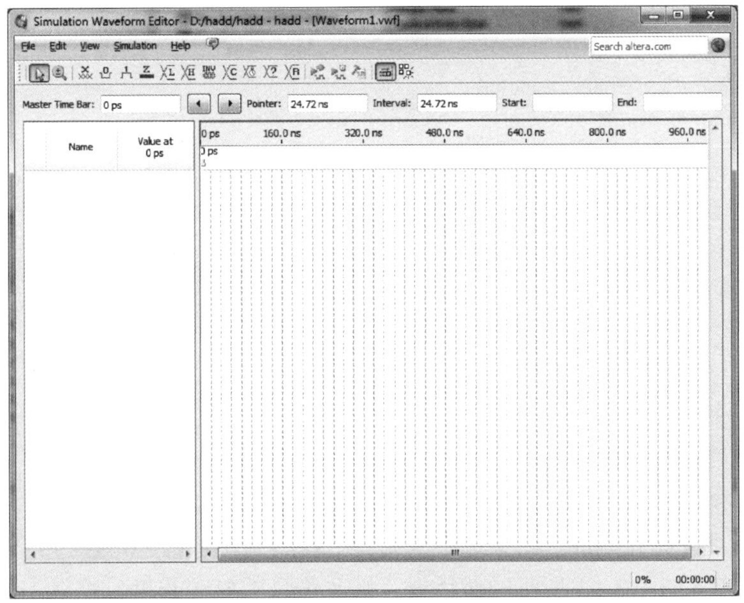

图 3-36　vwf 文件界面

（2）添加节点信息

在 vwf 文件左侧空白框内，即 Name 下方的空白部分，右键单击，在弹出的快捷菜单中，单击“Insert Node or Bus”命令或者直接双击左键，打开“Insert Node or Bus”（插入节点）对话框，如图 3-37 所示。可手动在 Name 文本框中输入节点名称，一般建议单击“Node Finder”按钮进入“Node Finder”（节点查找）对话框，如图 3-38 所示通过查找的方式添加节点。注意 Filter 设置为 Pins：all；Look in 设置为当前的顶层实体名，此处为 hadd，单击“List”按钮即可在 Nodes Found 下查找到该设计所有的节点。

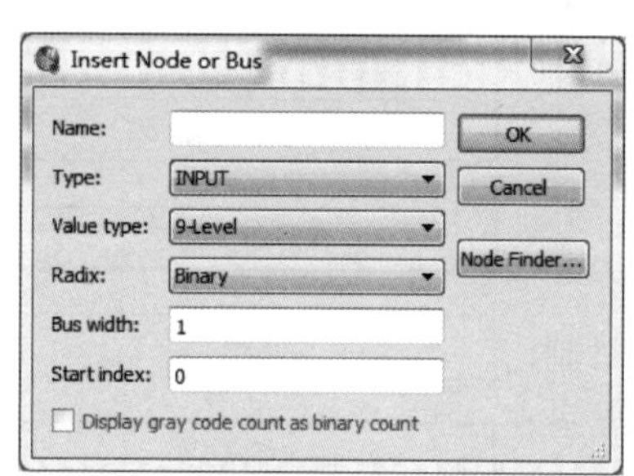

图 3-37 “Insert Node or Bus”对话框

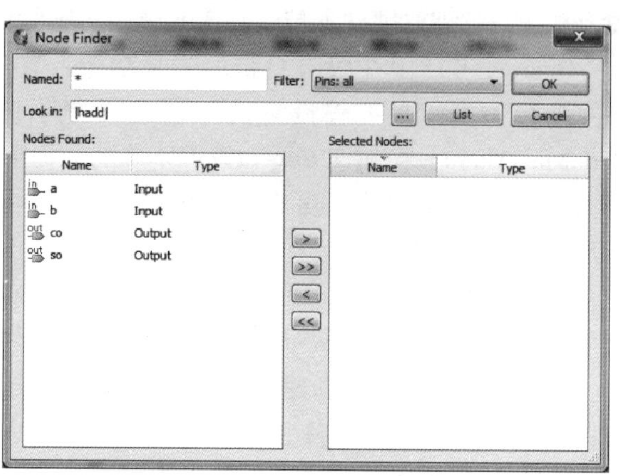

图 3-38 “Node Finder”对话框

可使用以下 4 个工具选择所需要仿真的节点，分别是 > 选择某一节点，>> 选择所有节点，< 删除某一节点，<< 删除所有节点。此处仿真需要加入所有节点，单击 >>，即可将所有节点选择到右侧的 Selected Nodes 框中，如图 3-39 所示。单击“OK”按钮返回插入节点（Insert Node or Bus）对话框，再单击“OK”按钮返回 vwf 文件，如图 3-40 所示，这是添加了所有节点后的波形仿真文件。

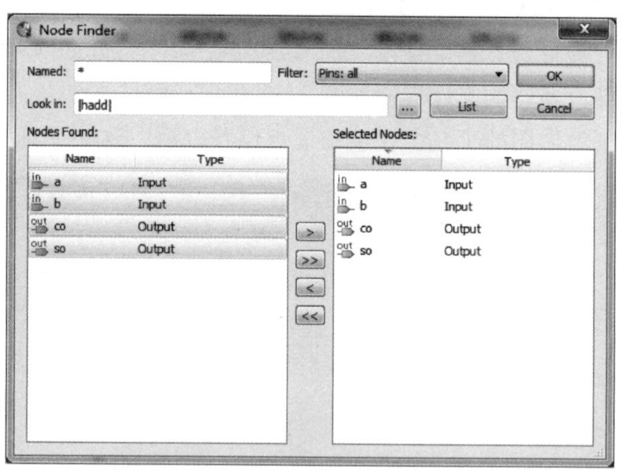

图 3-39 选中所有节点

（3）绘制仿真波形

绘制仿真波形，首先选择合适的输入波形，不需要绘制输出波形。仿真波形的选择是一个重要的步骤，关系到仿真是否能起到验证设计功能的作用。合理地选择仿真波形，需要波形绘制者对设计模块功能非常了解。此处的半加器功能比较简单，直接选择其真值表即可验证其功能是否完成。对于复杂的设计，在绘制波形前还可通过菜单命令“Edit→Set End Time”进入如图 3-41 所示的对话框，修改仿真的时间长度，默认 1us，此处采用默认设置。

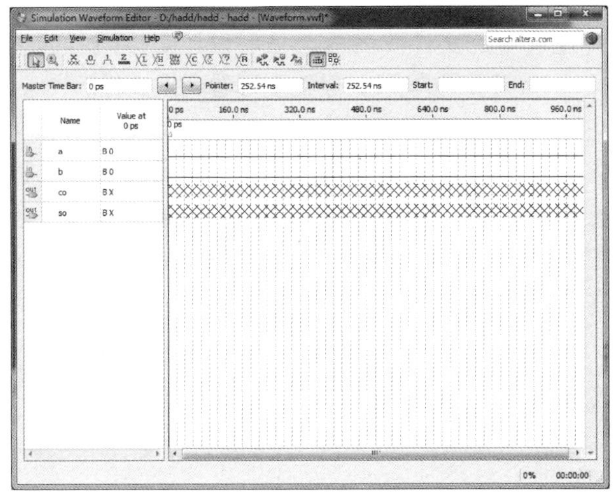

图 3-40　添加节点后的波形仿真文件

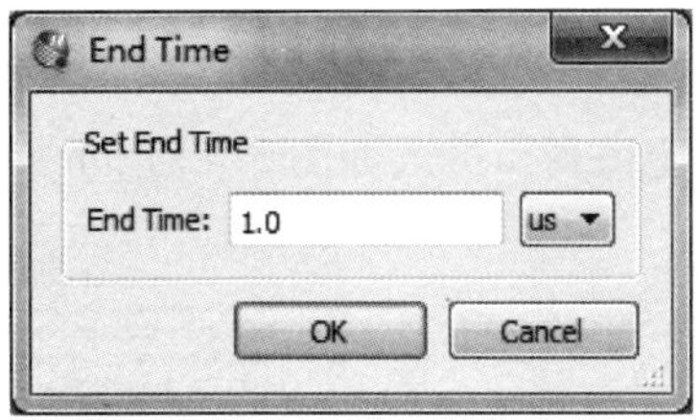

图 3-41　修改仿真的时间长度

波形绘制工具的功能见表 3-4。只需用鼠标左键，将输入波形部分选中，单击相应波形绘制工具，即可绘制出对应的波形。此处采用高电平工具即可绘制出半加器真值表的 4 个逻辑，如图 3-42 所示。依次验证的是两输入端为 00、01、11、10。

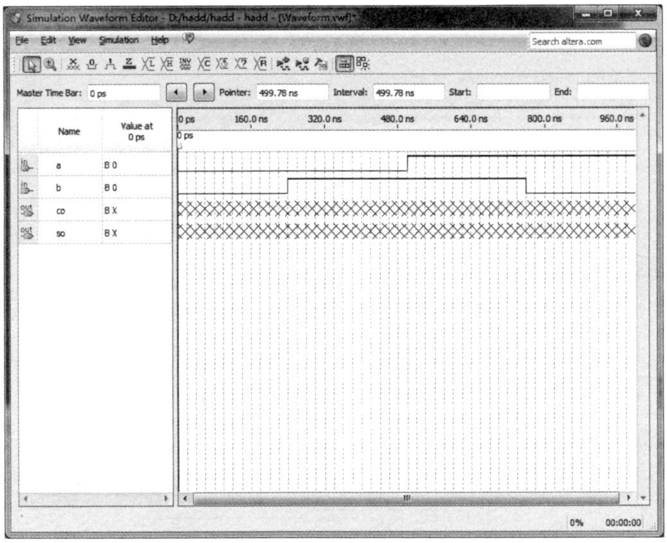

图 3-42　绘制仿真波形后的界面

表 3-4　波形绘制工具的功能

符号	功能	符号	功能	符号	功能
X	未知波形	L	弱低电平		时钟输入
0	低电平	H	弱高电平	?	任意值
1	高电平	INV	反相操作	R	随机值
Z	高阻态	C	计数输入		

(4) 保存仿真文件

单击保存图标即可保存仿真波形文件，建议对此文件改名为与顶层设计实体同名的文件，即 hadd. vwf。此时在工程导航窗口 Project Navigator 的 Files 标签下可看到该文件。

(5) 功能仿真

功能仿真是在设计输入之后、设计综合前进行的 RTL 级仿真，称为综合前仿真，也称为前仿真或功能仿真。前仿真也就是纯粹的功能仿真，主要目的是验证电路的功能是否符合设计要求，不考虑电路门延迟与线延迟。在完成一个设计的代码编写工作之后，可以直接对代码进行仿真，检测源代码是否符合功能要求。单击图标，自动启动 Modelsim-Altera 的功能仿真，进入如图 3-43 所示界面。

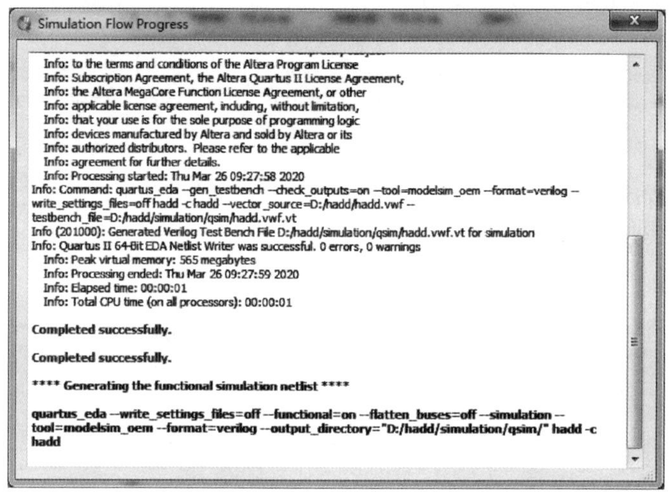

图 3-43 启动 Modelsim-Altera 的功能仿真界面

功能仿真完成后，出现仿真结果，如图 3-44 所示，分析该图，可以看出输出的 co、so 与输入 a、b 间的关系符合半加器的真值表。由此可以验证该设计逻辑正确。

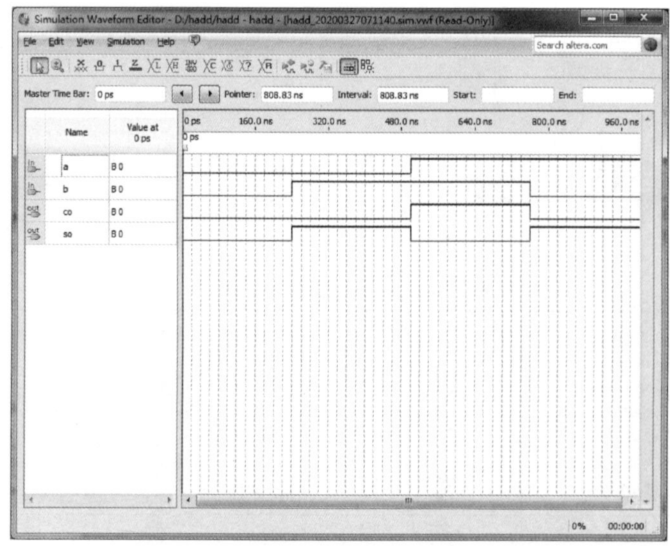

图 3-44 功能仿真结果

（6）时序仿真

在布局布线后进行的仿真，称为布局布线后仿真，也称为后仿真或时序仿真。时序仿真可以真实地反映逻辑的时延与功能，综合考虑电路的路径延迟与门延迟的影响，验证电路能否在一定时序条件下满足设计构想、是否存在时序违规。类似地，单击图标，自动启动 Modelsim-Altera 的时序仿真。仿真完成后，出现时序仿真结果，如图 3-45 所示。与功能仿真的结果大体一致，但是注意此时的输出和输入之间有约 8ns 的延时。

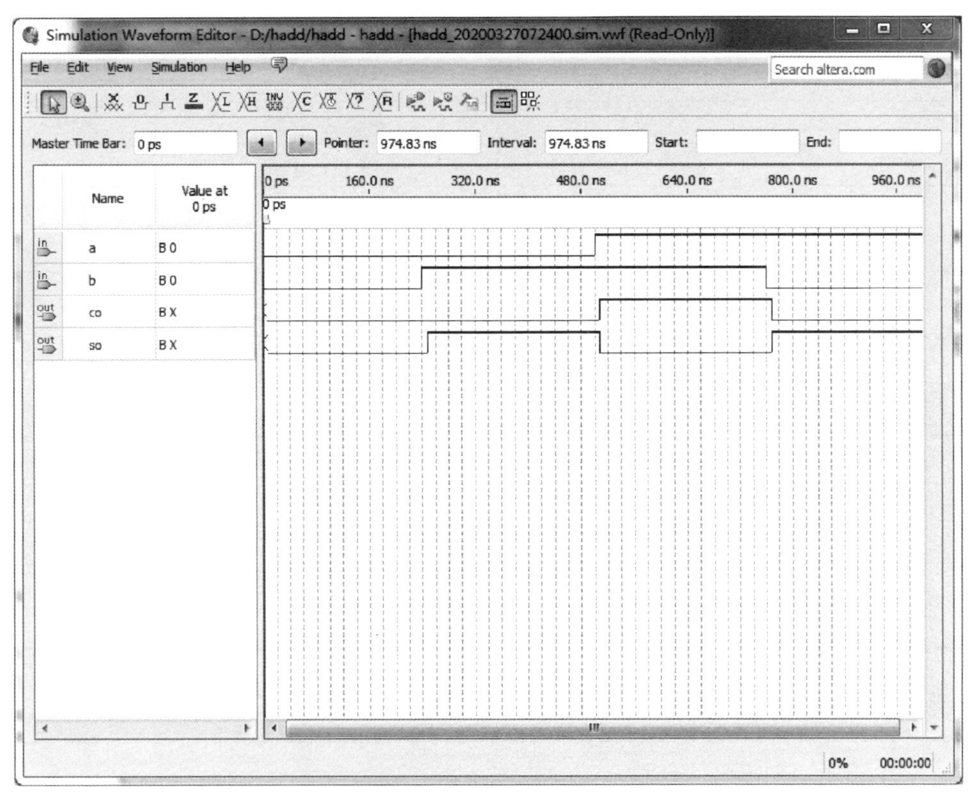

图 3-45　时序仿真结果

6. 引脚锁定及生成配置文件

引脚锁定就是将设计实体的引脚与目标芯片特定的可输入输出引脚建立一一映射的过程。它包括两个方面，一是结合硬件平台确定引脚绑定信息；二是根据需要进行引脚锁定。引脚锁定完成后要更新配置文件。本节按照图 3-46 所示步骤完成此项工作。

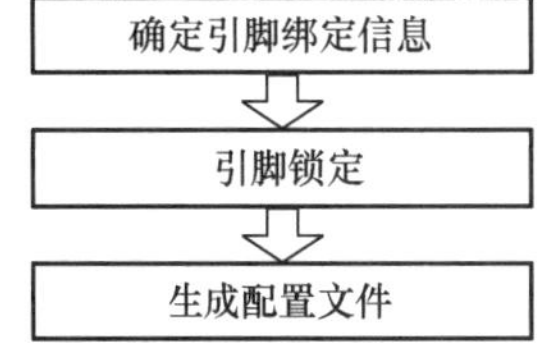

图 3-46　引脚锁定步骤

（1）确定引脚绑定信息

此处需要结合所使用的硬件电路和资料文档中提供的引脚分配表来确定引脚绑定信息。比如在本例所需的两个二进制的输入选择用按键的按下和弹起（或者拨码开关的拨上和拨下等其他方式），表示两种不同输入；两个二进制的输出，可采用简单的 LED 灯的亮灭来表示。查找硬件电路资料文档中提供的电路图和引脚分配表，确定引脚绑定信息，见表 3-5。由此，硬件下载后，所需验证的半加器的真值表就变形为表 3-6 的形式。

表 3-5　引脚绑定信息

信号名	方向	引脚	端口说明	逻辑关系	节点名
Key [0]	input	E16	按键 KEY0	0：按下 1：弹起	a
Key [1]	input	E15	按键 KEY1		b
Led [0]	output	D11	LED0	1：亮 0：灭	so
Led [1]	output	C11	LED1		co

表 3-6　硬件测试的真值表

按键 KEY0	按键 KEY1	LED0	LED1
按下	按下	灭	灭
按下	弹起	亮	灭
弹起	按下	亮	灭
弹起	弹起	灭	亮

想一想：

请在此处记录你的硬件引脚绑定信息。

信号名	方向	引脚	端口说明	逻辑关系	节点名
					a
					b
					so
					co

请在此处写出你的硬件测试的真值。

（2）引脚锁定

引脚锁定的方法有多种，可以使用菜单方式、编写 Tcl 文件、修改 qsf 文件等，此处采用菜单方式。菜单方式进行引脚锁定的常用方法也有两种：Assignments→Assignment Editor 和 Assignments→Pin Planner。此处使用 Assignments→Pin Planner 方法，打开该菜单后，双击 Location 列输入引脚信息，其他信息默认即可。如 a 所对应的 Location 列输入 E16，按 "Enter" 键会自动变为 PIN_E16 的形式。输入完成后的界面如图 3-47 所示。关闭此界面，所设置的引脚锁定信息自动保存在 qsf 文件中。

（3）生成配置文件

单击全局编译图标，重新编译工程，更新下载的配置文件 hadd. sof。

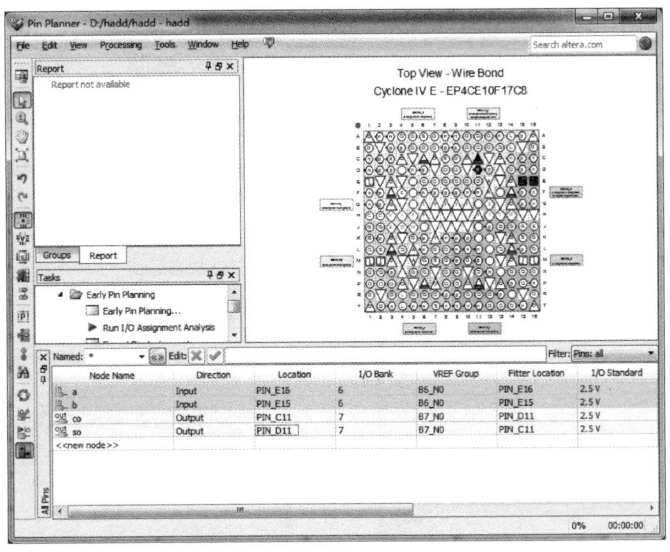

图3-47 输入引脚锁定信息后的界面

7. 编程下载

编程下载是将工程生成的配置文件下载到硬件实验平台上，以验证其功能。按照以下步骤进行。

（1）连接硬件

将USB Blaster下载器一端连接到计算机上，另一端与实验平台的JTAG接口相连，然后连接实验平台的电源线，并打开电源开关。

（2）安装驱动

一般来说，在Quartus Ⅱ15.0的软件安装过程中已经安装了下载器的驱动，但是有的版本需要手动安装驱动。在保证硬件正确连接的前提下，打开我的电脑→设备管理器→通用串行总线控制器→Altera USB-Blaster，如图3-48所示，如果此处有黄色感叹号，说明驱动未正常安装（此图是正常安装的界面）。

图3-48 正常安装驱动的设备管理器界面

如未正常安装驱动，选中图 3-48 中“Altera USB-Blaster”单击右键，在弹出的快捷菜单中单击“更新驱动程序软件”命令，出现如图 3-49 所示界面。

选择“浏览计算机以查找驱动程序软件”选项，出现如图 3-50 所示选择驱动路径界面。

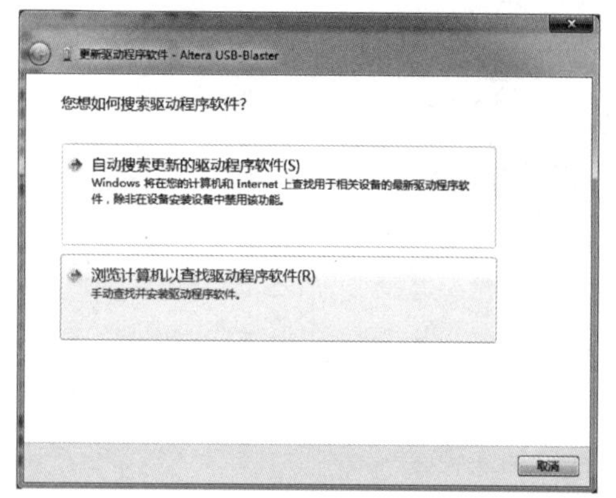

图 3-49 更新 USB-Blaster 驱动界面

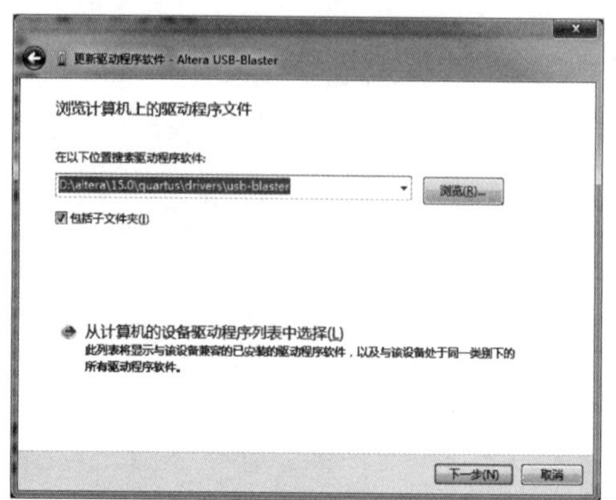

图 3-50 选择驱动路径界面

单击“浏览”按钮，选择驱动所在文件夹，一般在软件安装文件夹 D:\altera\15.0\quartus\drivers\usb-blaster中，如图 3-50 所示。单击“下一步”按钮，出现如图 3-51 所示界面，单击“安装”按钮即可完成 USB-Blaster 驱动的安装。

图 3-51 驱动确认安装界面

（3）配置下载相关项目

下载前需要配置下载所使用的硬件和下载文件。使用菜单命令“Tools→programmer”或直接单击图标，进入下载界面，如图 3-52 所示。

单击“Hardware Setup…”按钮进入硬件设置界面，如图 3-53 所示。

双击 USB-Blaster，出现图 3-54 所示界面，表明已选中下载器。

返回到下载界面，单击“Add File…”按钮，选中工程文件下 output_files 文件夹中的配置文件 hadd. sof，如图 3-55 所示。

单击“Open”按钮，进入如图 3-56 所示界面。

（4）下载并验证功能

在图 3-56 的界面中可以看出，下载器和下载文件都已设置完毕，单击“Start”按钮即可开始下载，当 Progress 进度条达到 100% 时，如图 3-57 所示，表明下载成功。按照“硬件测试的真值表”，在硬件上测试其功能即可。

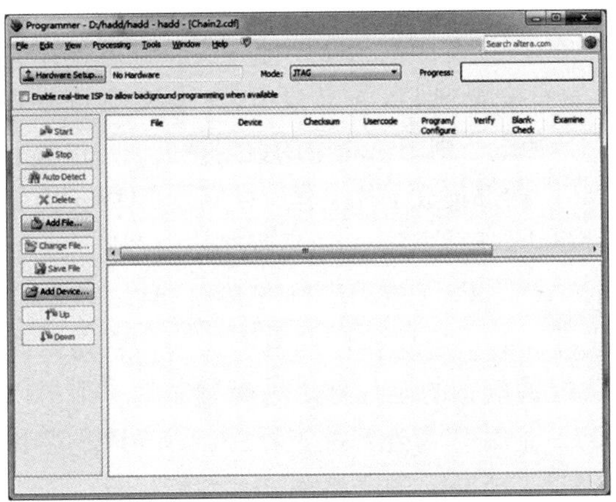

图 3-52　进入下载界面

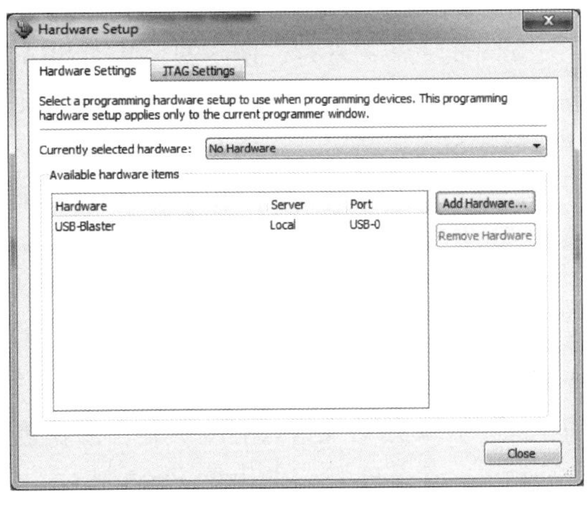

图 3-53　Hardware Setup 界面

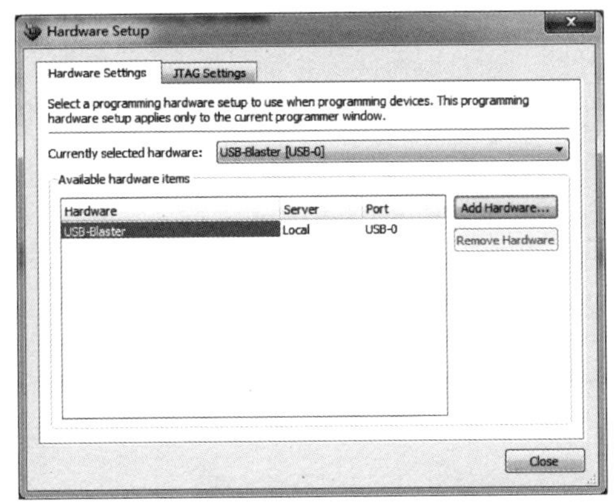

图 3-54　选中 USB-Blaster 界面

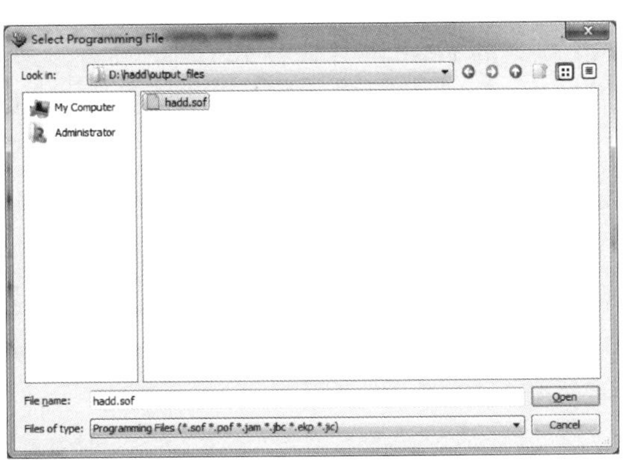

图 3-55　选择编程下载文件

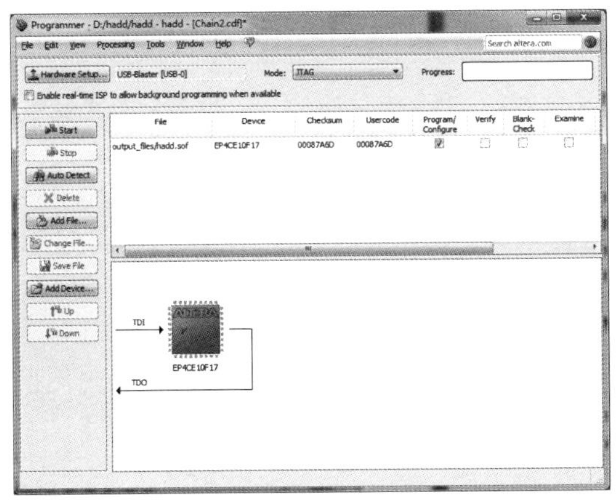

图 3-56　选择好编程下载文件界面

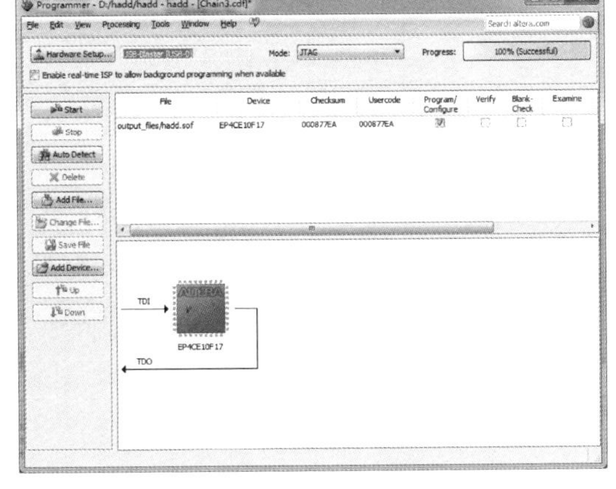

图 3-57　下载成功界面

想一想：

有的同学无法成功下载，试分析产生的原因。

有的同学下载成功后，却没有任何现象。试分析产生的原因。

8. 固化程序

Intel的FPGA芯片，使用的是基于SRAM结构的查找表，而SRAM的一大特性就是掉电数据会丢失，当使用JTAG将SRAM配置文件（.sof）配置到FPGA芯片中后，这些数据是直接存储在SRAM结构的查找表中的，因此，一旦芯片掉电，则SRAM中的数据将丢失，再次上电后，SRAM中将不再有有效的数据。而普通的MCU内部集成了片上程序存储器ROM，即使掉电后也能保存程序。这里下载的程序是.sof文件格式，硬件平台断电后程序将会丢失。

FPGA支持多种配置方式，如AS（主动串行方式）、PS（被动串行方式）、AP（主动并行方式）、FPP（快速被动并行方式）、JTAG方式等。如果想要程序断电不丢失，就需要改变FPGA的编程下载方式。FPGA的外部存储电路配置信息的芯片称之为配置芯片。很早以前，原Altera公司规定只能使用其自己发售的EPCS芯片作为外部配置器件，该EPCS芯片实质就是一个SPI接口的串行Flash芯片，但是经过了Altera的严格测试，性能优异。而近些年，随着芯片生产工艺的不断发展，很多其他厂家生产的SPI接口的Flash芯片也能够达到EPCS的技术标准，因此Altera就放开了该限制，并指出可以使用其他芯片厂家生产的SPI接口的Flash芯片代替EPCS。

现在主流的固化程序方式就是通过JTAG接口，经FPGA芯片间接烧写配置芯片（即通过JTAG下载jic文件）的方式。它可以将程序保存在开发板的片外Flash中，Flash的引脚是和FPGA固定的引脚相连接，FPGA会在上电后自动读取Flash中存储的程序。

需要注意的是，jic文件不是软件自动生成的，而是需要手动将sof文件转换成jic文件。在生成jic文件时需要设置所使用的配置芯片和FPGA芯片。

首先在QuartsuⅡ软件的菜单（File→Convert Programming Files…）打开转换配置文件界面如图3-58所示。

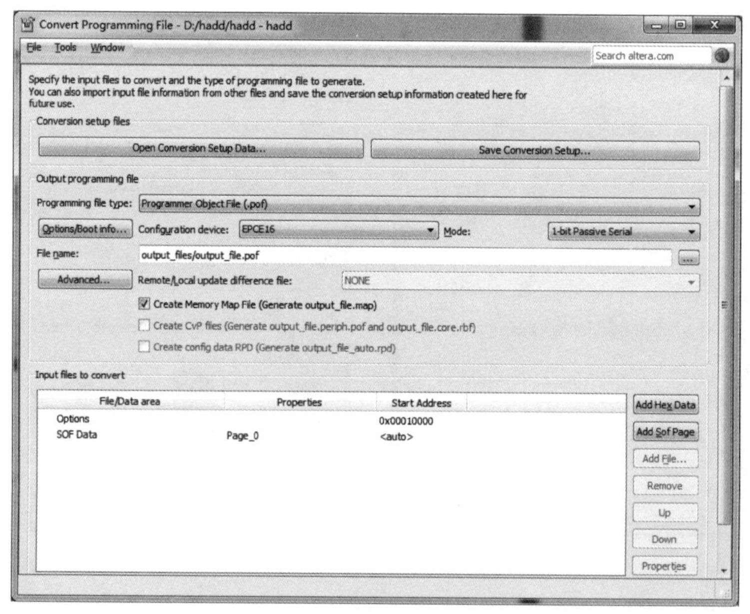

图3-58 转换配置文件界面

然后配置相关转换参数。程序设计文件类型（Programming file type），设置为JATG Indirect Configuration File（.jic）；配置器件（Configuration device），根据实验平台所使用的芯片

型号设置，此处设置为 EPCE16（要根据硬件实际情况选择）；方式（Mode），设置为 Active Serial；文件名称（File name），默认为 output_ file. jic，可修改，此处采用默认名称。设置完毕后的界面如图 3-59 所示。

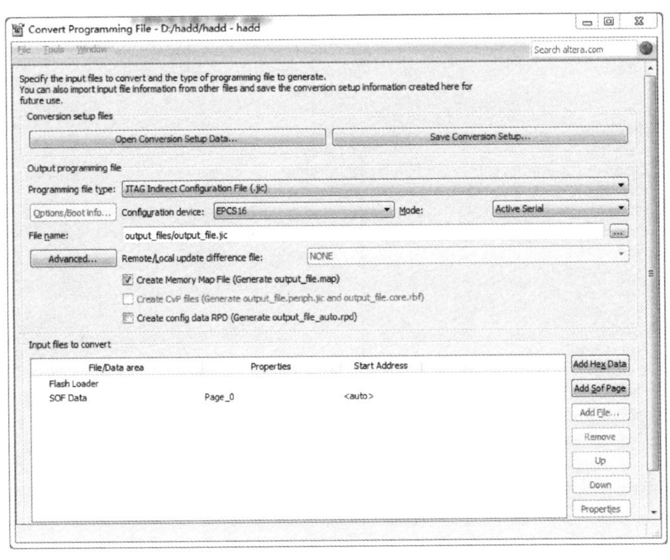

图 3-59 设置相关转换参数

想一想：

请在此处记录你的硬件配置芯片型号为________________。

Configuration device 所选择的项目为________________。

接着设置转换文件（Input files to convert）。选中“Flash Loader”项，如图 3-60 所示，单击“Add Device…”按钮。

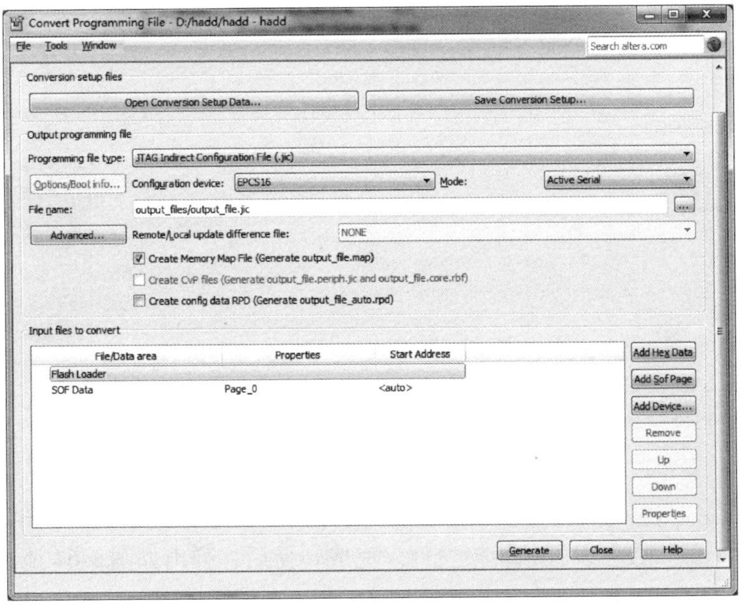

图 3-60 设置“Flash Loader”项

弹出如图 3-61 所示界面，结合硬件平台确定此处选择 Cyclone IV E 下的 EP4CE10（要根据硬件实际情况选择），设置完毕单击“OK”按钮返回原来界面。

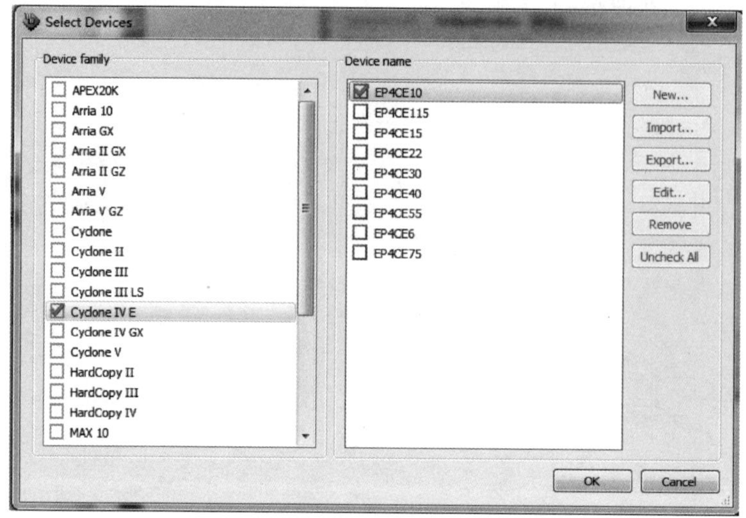

图 3-61 选择器件界面

选中“SOF Data”项后单击“Add File…”按钮，如图 3-62 所示。

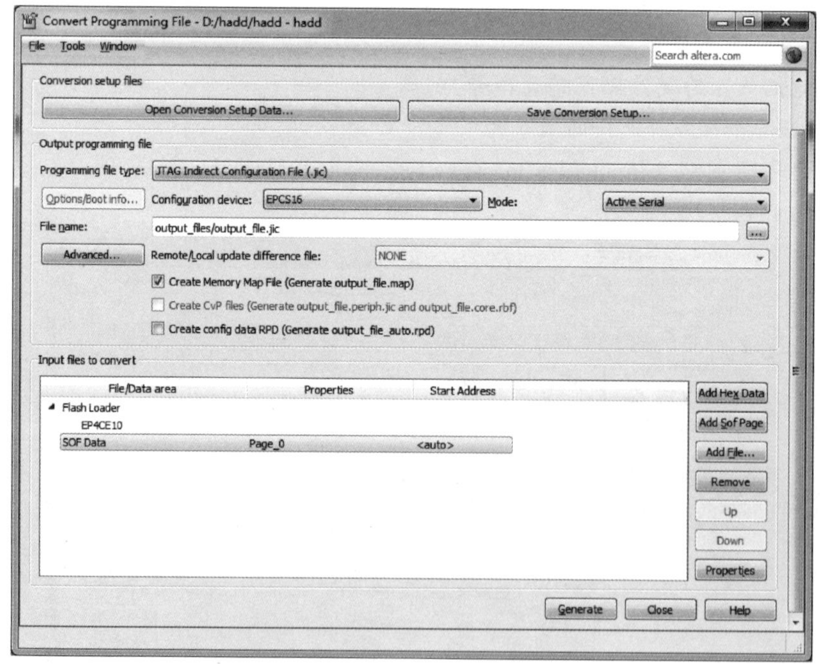

图 3-62 设置“SOF Data”项

选择之前成功下载并测试功能的 hadd. sof 文件，设置完毕后的界面如图 3-63 所示。

单击“Generate”按钮，开始转换文件。完成转换后，弹出如图 3-64 所示界面，说明转换已成功。

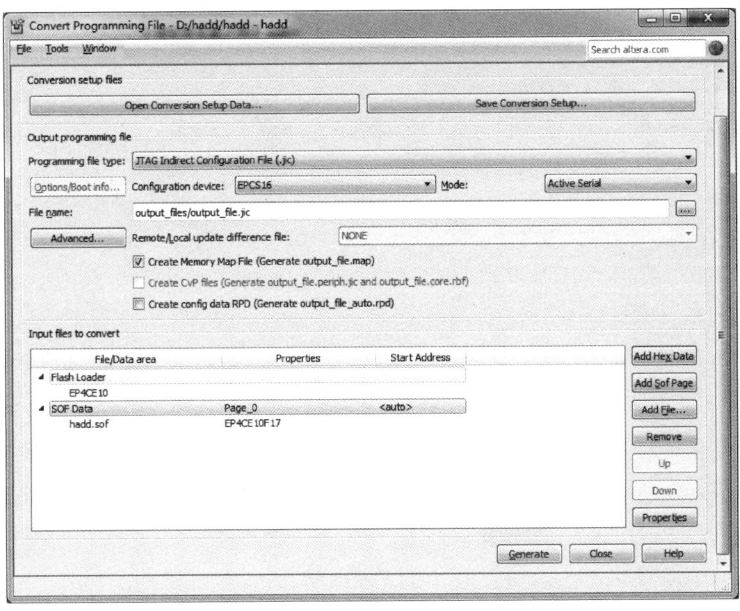

图 3-63　输入文件设置完毕界面

想一想：

此处你成功转换文件了吗？如果没有，请分析并记录原因。

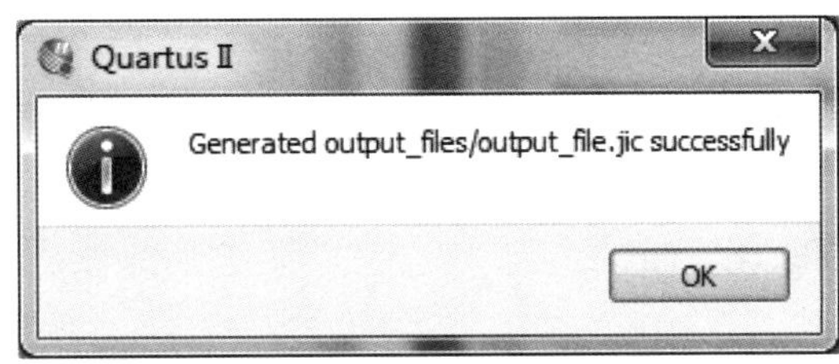

图 3-64　“转换完成”对话框

最后重新下载新的配置文件 output_file. jic 即可固化代码到 FPGA 中。注意选中 jic 文件后的下载配置界面如图 3-65 所示。

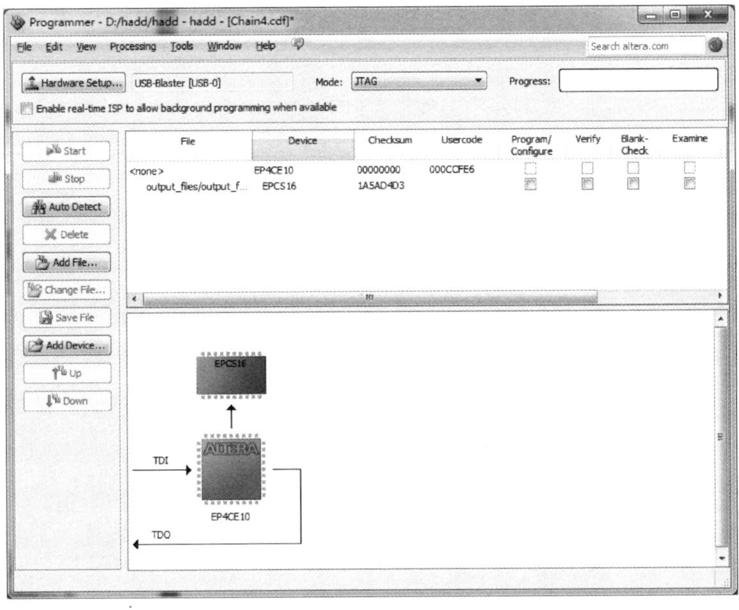

图 3-65　选中 jic 文件后的下载配置界面

要手动勾选“Program/Configure”复选框，如图 3-66 所示。

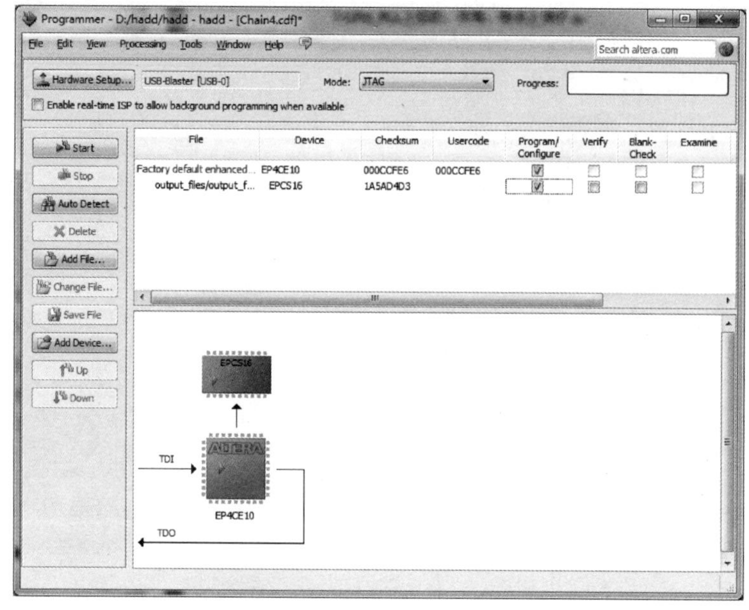

图 3-66 手动勾选“Program/Configure”复选框

设置完毕后，单击“Start”按钮下载配置文件，直到 Progress 进度条达到 100%，固化成功。硬件断电后重启即可完成固化。

想一想：

有同学固化后没有任何现象，试分析其产生的原因。

如果要将固化的配置文件擦除，可勾选 EPCS16 对应的“Erase”复选框，自动会勾选 EP4CE10 所对应的“Program/Configure”复选框，如图 3-67 所示，单击“Start”按钮即可擦除固化程序。

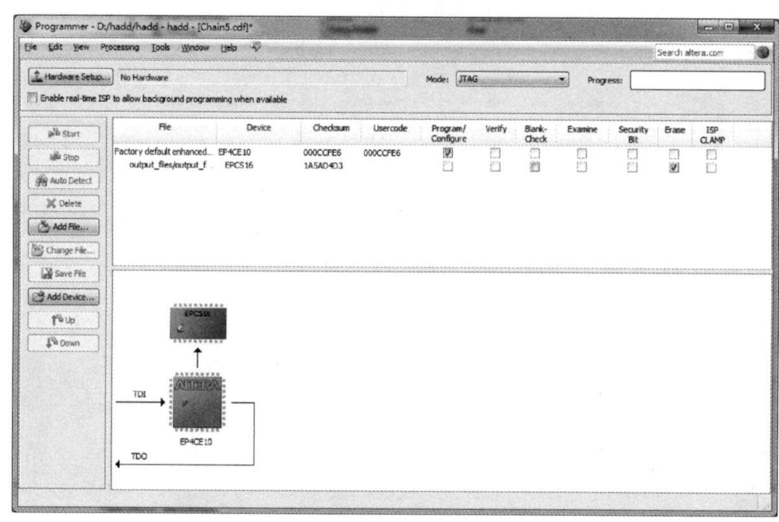

图 3-67 擦除固化程序

3.4　全加器设计

全加器与半加器的功能区别在于全加器的输入端多了一个来自低位的进位。全加器可由两个半加器加上一个或门构成，如图3-68所示。此设计可参照3.3节所讲的步骤。但是需要增加两个步骤，一是把之前设计成功的半加器文件加入本工程，二是把自己做的设计，变为其他工程可调用的模块。此处只介绍与半加器不同的步骤，其他步骤参照3.3节内容。

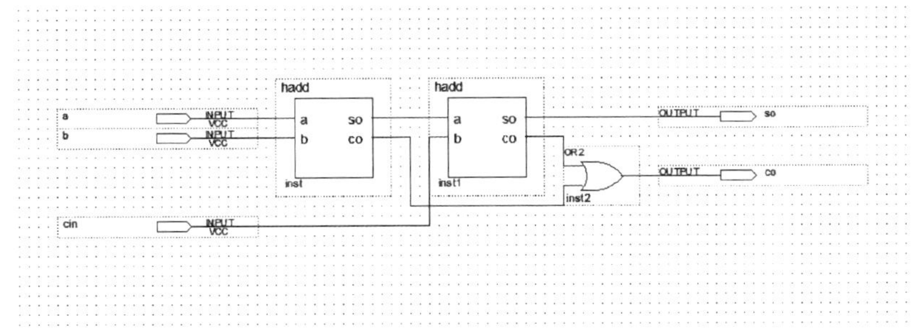

图3-68　全加器原理图

新建的工程为fadd，具体设置如图3-69所示。

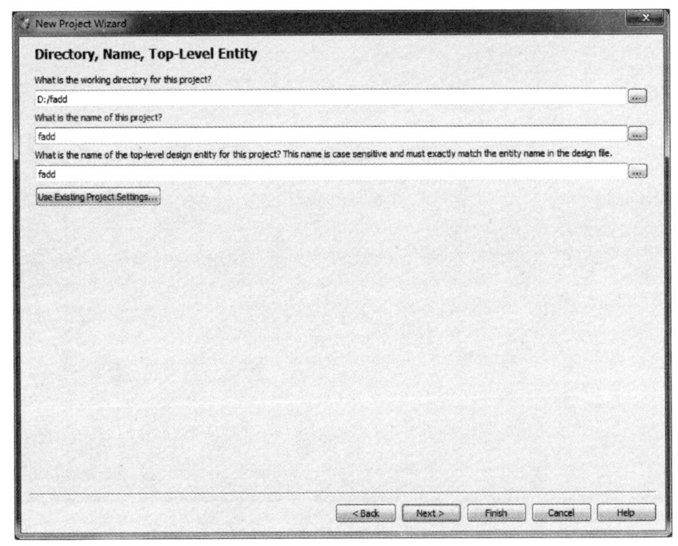

图3-69　全加器工程路径和名称设置

将hadd. bdf复制到本工程文件夹下，即D:/fadd文件夹下，单击“Add All”按钮，将其加入到本工程中，如图3-70所示。

 **想一想：**

如果此处没有复制hadd. bdf到本工程路径下，而是按照路径添加至本工程，将会有什么后果？

其他设置参照3.3节内容。完成新建工程后，可在工程导航窗口Project Navigator的File

标签下看到 hadd. bdf 文件，双击文件名可打开该文件，如图 3-71 所示。

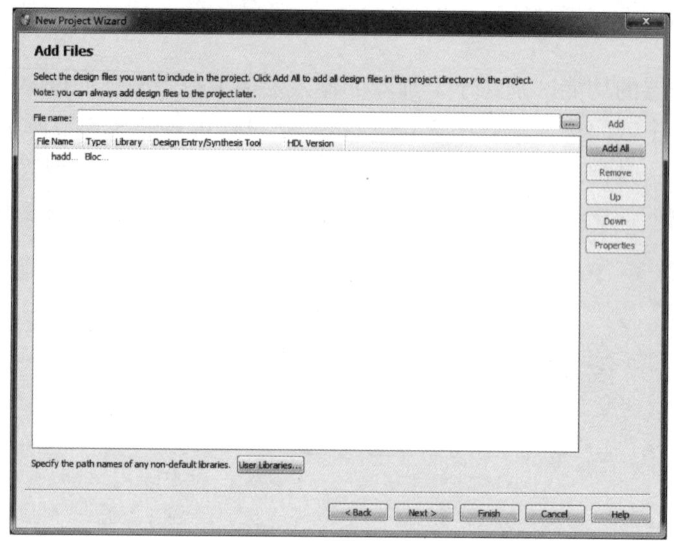

图 3-70 添加半加器设计文件

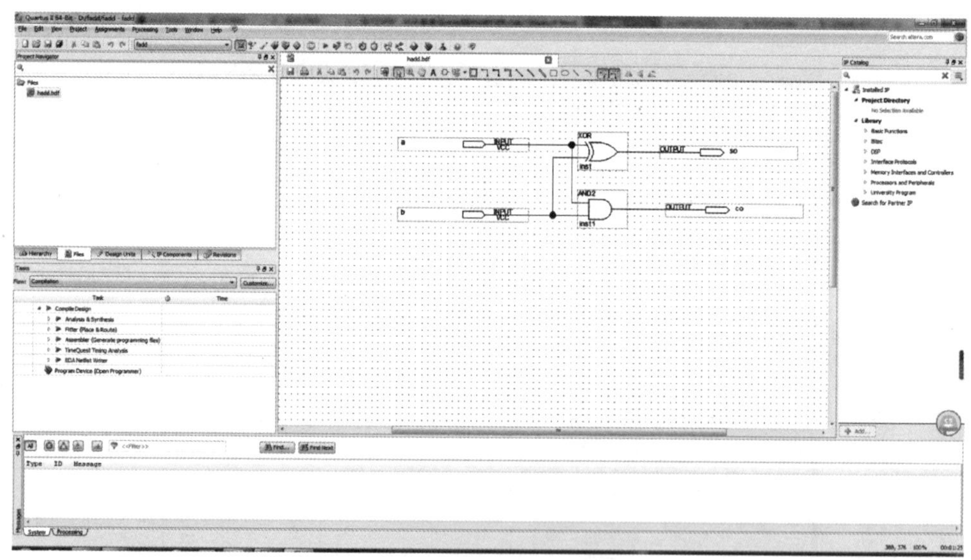

图 3-71 打开已添加的半加器设计文件

选中 hadd. bdf 文件后，使用菜单命令“File→Create/Update→Create Symbol Files for Current File”，为当前文件创建符号文件，如图 3-72 所示。

自动命名为 hadd. bsf，单击“保存”图标。符号文件创建成功后出现“Created Block Symbol File D:/fadd/had. bsf”对话框，单击“OK”按钮完成符号创建。

新建设计文档 bdf 文件，单击“Symbol”工具，可查看到在“Libraries”下多出一个 Project 文件夹，且有一个新的可调用的 hadd 模块，如图 3-73 所示。调用该模块完成前面图片所示的原理图即可。

其他步骤请参照 3. 3 节自行设计。

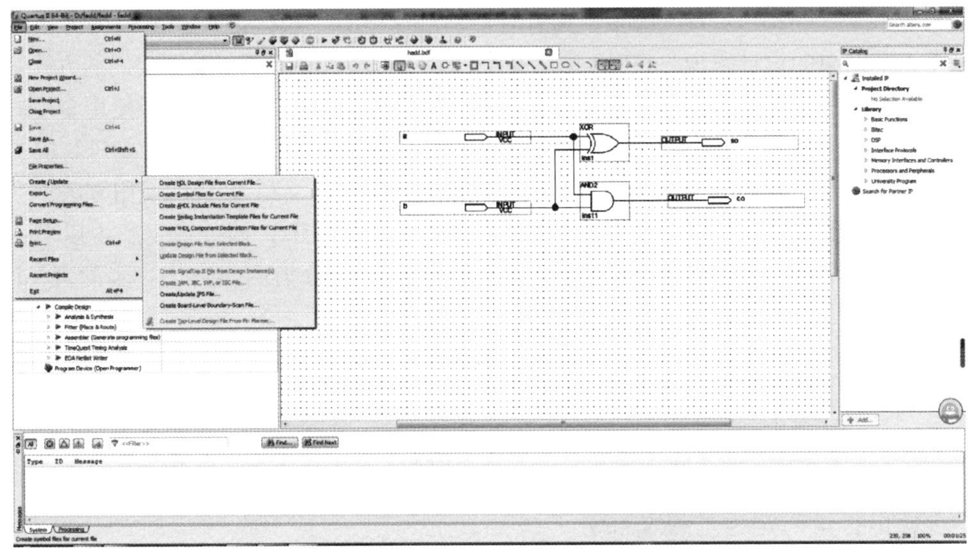

图 3-72　创建符号文件

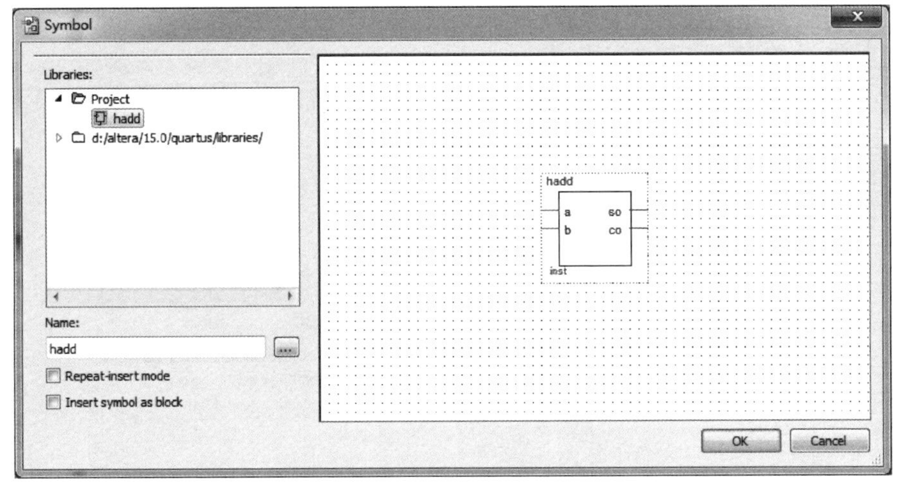

图 3-73　Symbol 中调用自定义模块

想一想：

如果借助一位全加器完成多位全加器设计，如八位全加器，应该如何做？尝试用总线的方式完成此设计。

3.5　原理图输入法之 IP 核的使用方法

在 Quartus Ⅱ 15.0 的 IP Catalog 窗口可以显示目标器件能够使用的 IP 内核。Altera IP 核既包括了诸如逻辑和算术运算等简单的 IP 核，也包括了如数字信号处理器、以太网 MAC、PCI/PCIE 等接口比较复杂的系统模块。在 IP Catalog 中可以创建、定制和例化 Altera IP 核以及参数化模型库（LPM）。

锁相环 PLL（Phase-Locked Loop）具有时钟倍频、分频、相位偏移和可编程占空比的功能。对于一个简单的设计来说，FPGA 整个系统使用一个时钟或者通过编写代码的方式对时钟进行分频是可以完成的，但是对于稍微复杂一点的系统来说，系统中往往需要使用多个时钟和时钟相位的偏移，且通过编写代码输出的时钟无法实现时钟的倍频，因此 Altera PLL IP 核是一个非常有用的 IP 核。本节以使用 PLL 产生 4 个不同时钟为例，介绍 IP 核的使用方法。

本节所使用的硬件平台的系统时钟为 E1 引脚输入的 50MHz，因此设定产生以下 4 个时钟：100MHz；50MHz，相移 180°；25MHz；30MHz。本设计分为两步，第一步配置 ALTPLL 核；第二步调用配置的核完成设计。

1. 配置 ALTPLL 核

在 D 盘 pll_test 文件夹下新建 pll_test 工程后，在 IP Catalog 下选择 Basic Functions 中 PLL 下的 ALTPLL，如图 3-74 所示；并将输出目录确定为工程文件夹下，以 pll0 名称保存，单击“OK”按钮。

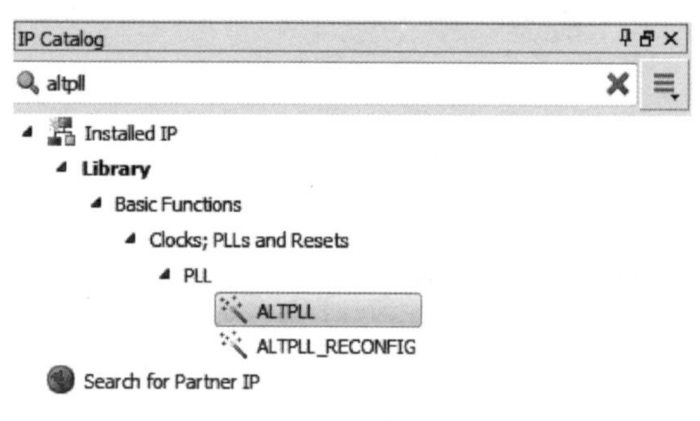

图 3-74 选择 ALTPLL 模块

进入 ALTPLL 的参数设置的一般设置页面，如图 3-75 所示。结合所使用的 FPGA 芯片参数设置速度，“Which device speed grade will you be using?”设置为 8；由于硬件的系统时钟电路提供的是 50MHz，所以“What is the frequency of the inclk0 input?”设置为 50MHz；其他均为默认设置。单击“Next”按钮进入下一步。

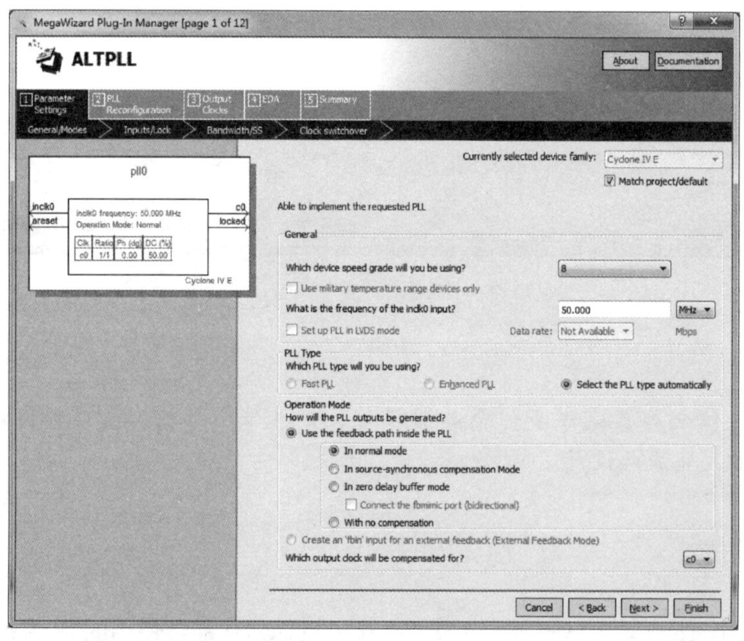

图 3-75 ALTPLL 的参数设置的一般设置页面

接着进入输入和锁定（Inputs/Lock）信号设置页面，如图 3-76 所示。areset 有效时将所有计数器的值复位到初始值；pfdena 为使能相位频率检测器；locked 标志着 PLL 实现了相位锁定，在 PLL 锁定后保持为高电平，失锁时保持为低电平。此处采用默认设置。单击“Next”按钮进入下一步。

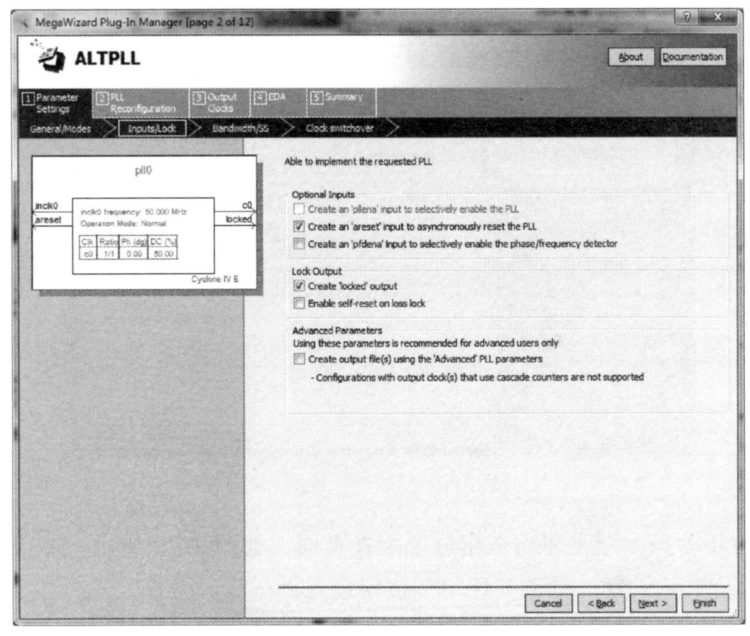

图 3-76　输入和锁定（Inputs/Lock）信号设置页面

接着设置带宽（Bandwidth/SS）页面，如图 3-77 所示。PLL 的带宽也支持可编程。这里使用默认设置，如有特殊需求可对应修改。单击“Next”进入下一步。

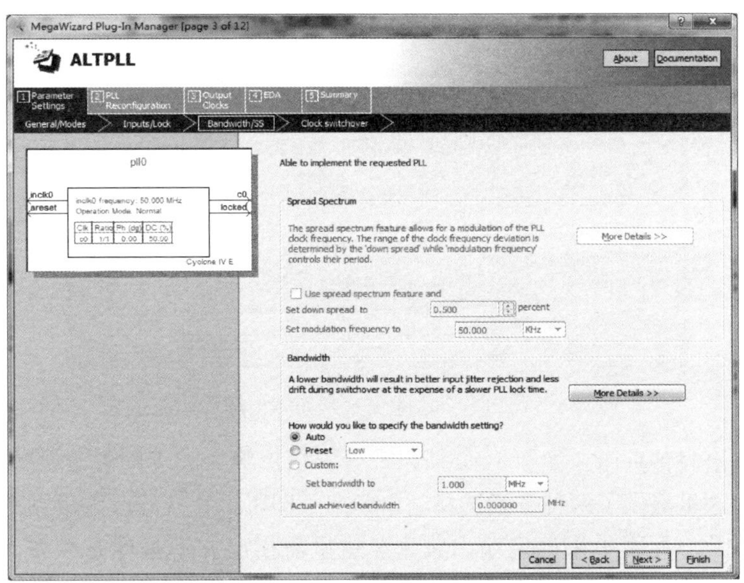

图 3-77　设置带宽（Bandwidth/SS）页面

接着设置时钟切换（Clock switchover）页面，如图 3-78 所示。时钟切换模式支持 PLL 在两个输入参考时钟之间进行切换。切换模式可以选择自动切换和手动切换，此处选择默认设置。单击“Next”按钮进入下一步。

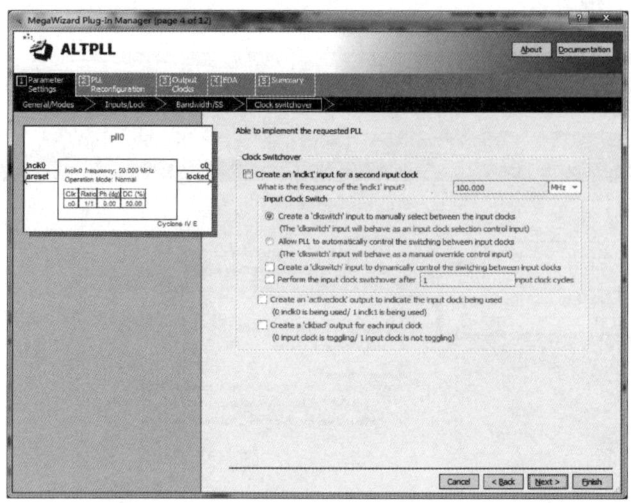

图 3-78 设置时钟切换（Clock switchover）页面

接着设置 PLL 动态重配置和动态相位重配置页面，如图 3-79 所示。相关应用请参看其他资料，这里保持默认设置。单击“Next”按钮进入下一步。

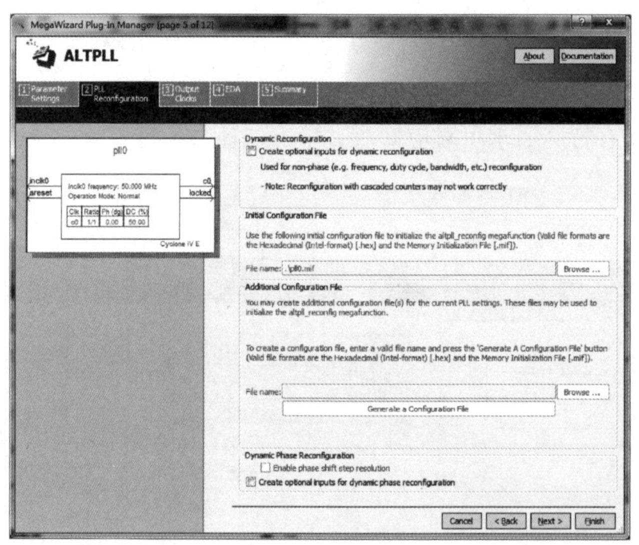

图 3-79 设置 PLL 动态重配置和动态相位重配置页面

接着设置输出时钟页面，如图 3-80 所示。设置输出频率大小的参数是整个 PLL 设置中最主要的部分。这里提供了两种方式选择输出频率，即可以直接修改输出频率，也可以通过修改倍频因子以及分频因子来确定输出频率。这里需指出并不是任意频率 PLL 均能输出，当指定的频率 PLL 实现不了，其会生成一个与该预期频率最接近的输出频率。本节所使用的 FPGA 芯片的 PLL 支持 5 个输出时钟：c0、c1、c2、c3、c4。此处使用前 4 个，分别配置 PLL 输出为 c0：100MHz；c1：50MHz，相移 180°；c2：25MHz；c3：30MHz。

c0 的配置方式如图 3-80 所示，选择“Enter output clock frequency”单选按钮，输入

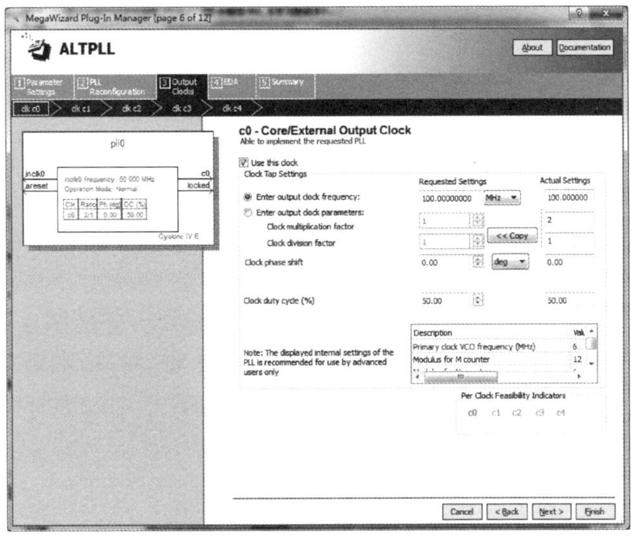

图 3-80　设置输出时钟页面

100，其他默认即可。c1 配置页面下选择“Enter output clock frequency”单选按钮，输入 50，Clock phase shift 输入 180deg，其他默认即可；c2 配置页面下选择“Enter output clock parameters”单选按钮，输入 Clock multiplication factor 为 1，Clock devising factor 为 2，其他默认即可；c3 配置页面下选择“Enter output clock parameters”单选按钮，输入 Clock multiplication factor 为 3，Clock devising factor 为 5，其他默认即可。除了 c0 是默认使用的，其他输出时钟都需要勾选“Use this clock”复选框后再进行设置，设置页面类似，此处不再一一附图。

一路单击“Next”按钮直到 Summary 页面，如图 3-81 所示。为了能够在原理图中调用刚才设置的 IP 核，需要选中生成的 pll0. bsf 文件，如需要用代码的方式调用，则需要勾选与设计相关的其他文件。单击“Finish”按钮结束设置。

Summary 页面此处跳出询问对话框，询问是否将设置的 IP 核添加到本工程中，选择

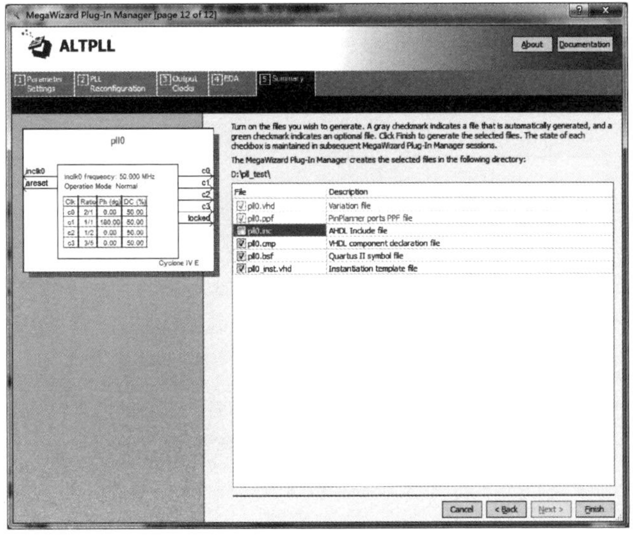

图 3-81　Summary 页面

“YES”选项加入本工程即可。

想一想：

如果 Summary 页面没有勾选“pll0. bsf”复选框，会有什么后果？

如果用硬件描述语言代码调用自己配置的 IP 核，应该勾选哪些选项？

如需修改已创建的 IP 核，可在工程导航栏 Project Navigator 窗口的 IP Components 标签下选中该 IP 核，双击或者右键→Edit in Parameter Editor 菜单命令，修改参数即可。

2. 调用配置的核完成设计

新建 bdf 文件，并在 Symbol 页面添加已设置的 pll0 模块，完成图 3-82 所示的原理图设计，保存文件为 pll_test. bdf；并将选择合适的输入输出引脚进行引脚锁定，此处按照表 3-7 所示方式分配引脚。注意此处给 PLL 的时钟输入 inclk0 分配的引脚为时钟专用输入引脚，而且 FPGA 内部产生的信号不能驱动 PLL。

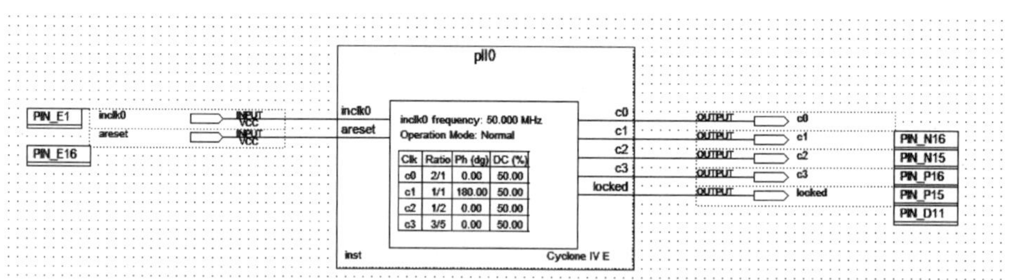

图 3-82 pll_test 的设计原理图

表 3-7 pll_test 引脚分配信息

信号名	方向	引脚	端口说明	逻辑关系	节点名
sys_clk	input	E1	系统时钟，频率：50MHz	—	inclk0
key [0]	input	E16	按键 KEY0	0：按下，1：弹起	areset
Led [0]	output	D11	LED0	1：亮，0：灭	locked
sel [0]	output	N16	—	—	c0
sel [1]	output	N15	—	—	c1
sel [2]	output	P16	—	—	c2
sel [3]	output	P15	—	—	c3

想一想：

你所使用的硬件系统中，系统时钟是接在了__________引脚，频率为__________。

请在自己的硬件系统中选择一个输入端__________，五个输出端__________、__________、__________、__________、__________，并按照表 3-7 的方式分配引脚。

系统仿真结果如图 3-83 所示，可以看出在系统工作一段时间后锁相环可以稳定地输出所需要的四个波形，与输入波形对比可以看出输出波形符合设计要求。

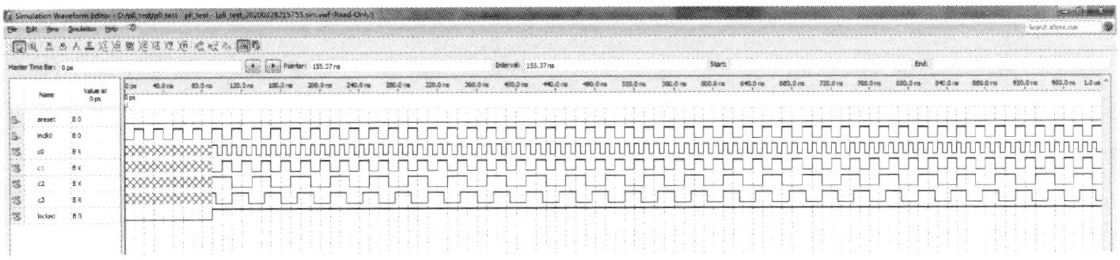

图3-83　系统仿真结果

3.6 Signal Tap Ⅱ使用方法

Signal Tap Ⅱ是一款功能强大且极具实用性的FPGA片上debug工具软件，它集成在altera的Quartus Ⅱ软件中。Signal Tap Ⅱ全称为Signal Tap Ⅱ Logic Analyzer，Signal Tap Ⅱ逻辑分析仪，与外部的逻辑分析仪功能类似，也是分析数据的变化。但Signal Tap Ⅱ是利用FPGA内部的逻辑单元以及RAM资源实时地捕捉和显示实时信号，所以需要消耗一定的FPGA内部资源。与Modelsim仿真不同之处在于，Signal Tap Ⅱ要与硬件结合，程序在FPGA中运行，实时显示真实的数据。可以选择要捕捉的内部信号、触发条件、捕捉的时间、捕捉多少数据样本等，帮助设计者查看实时数据进行debug。本节在3.5节设计的pll_test基础上，介绍Signal Tap Ⅱ的使用方法。

打开3.5节所设计的pll_test工程。单击“new→SignalTap Ⅱ Logic Analyzer File”菜单命令，新建stp1.stp文件，如图3-84所示。在右侧Signal Configuration窗口设置时钟、RAM深度、存储方式、触发方式等，此处设置时钟为inclk0。在左侧窗口选中setup标签，双击进入节点选择node finder界面，选中设置其他输入输出引脚。单击“保存”按钮出现询问是否将此文件保存至当前工程的对话框，单击“YES”按钮，重新编译工程，并连接硬件、上电、下载，然后就可以使用stp调试工具了。

打开stp1.stp文件，配置右上方的Hardware为usb-blaster；单击“单次运行”按钮 或

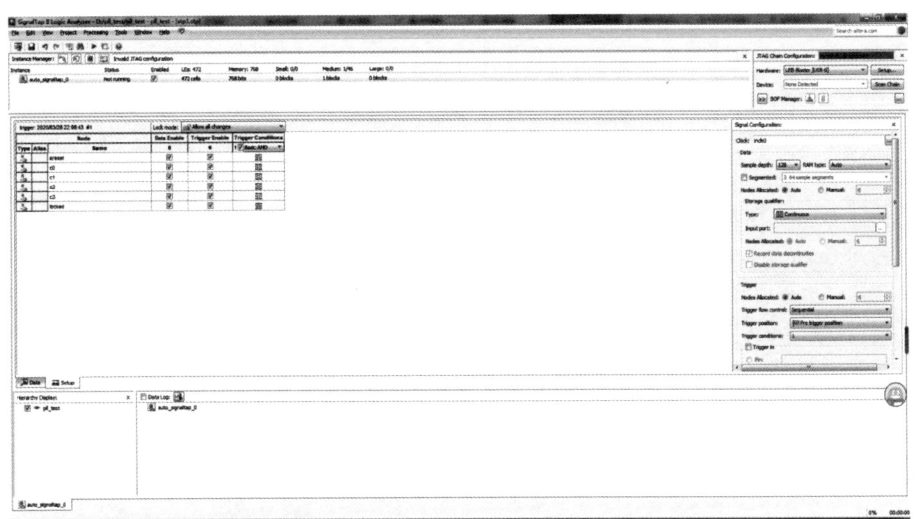

图3-84　stp1.stp文件界面

者“循环运行”按钮 即可在 data 标签页下查看各个节点的波形，如图 3-85 所示，单击“停止”按钮 可结束循环运行。注意，此设计中应该按下“key0”按钮才会出现图 3-85 中的波形，由于 c0 和 c1 的频率大于或者等于扫描时钟，所以此处无法显示波形。

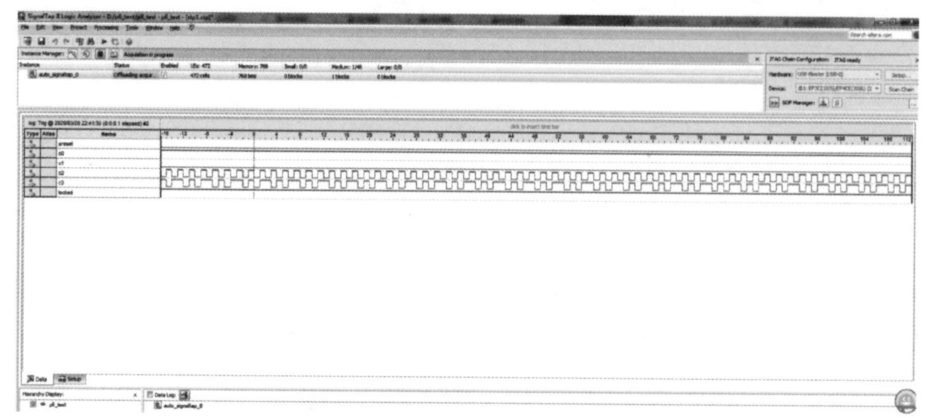

图 3-85 stp 显示波形界面

想一想：

如果选用 c0 作为采样频率可以吗？会有什么后果？

本 章 小 结

Quartus Ⅱ是 Altera 公司推出的功能强大的 CPLD/FPGA 开发工具，它提供了 EDA 设计的综合开发环境，是 EDA 设计的基础。

1）介绍了 Quartus Ⅱ软件的特点，以及 Quartus Ⅱ15.0 软件的安装方法。

2）详细介绍了使用 Quartus Ⅱ进行设计的基本方法。

3）介绍了 Quartus Ⅱ自定义模块方法、调用 IP 核的方法和使用 Signal Tap Ⅱ进行在线调试的方法。

通过本章的学习，读者能迅速地掌握 EDA 工具软件的使用。

习 题

3-1 简述 Quartus Ⅱ软件的几次重大变化。

3-2 简述 Quartus Ⅱ软件开发流程。

3-3 利用一位全加器设计多位全加器，如四位全加器，并将设计仿真、在线调试后固化在 FPGA 中。

3-4 请设计一个时钟模块，输入为 40MHz，输出 300MHz、30MHz、5MHz 等不同频率的时钟信号。

3-5 请利用 IP 核（LPM_COUNTER 模块）设计一个十进制计数器。

第4章 VHDL入门基础

VHDL是电子设计的主流硬件描述语言之一，可以用来描述从抽象层次直到具体层次的硬件电路。本章将通过简单易懂的实例，使读者快速掌握VHDL的基本结构和描述风格。

4.1 VHDL基本结构

一个完整的VHDL程序称为设计实体，是指能为VHDL综合器接受，并能作为一个独立的设计单元，即以元件形式存在的VHDL程序。一个VHDL程序既可以作为一个电路功能模块独立存在，也可以被其他数字系统调用。例4-1是一个实现半加器的VHDL程序，图4-1所示为经过综合后得到的RTL电路。

例4-1 半加器电路

```
LIBRARY  IEEE;                                   --库的声明
USE  IEEE.STD_LOGIC_1164.ALL;
ENTITY  h_adder  IS                              --实体声明
PORT (a,b: IN  STD_LOGIC;
        so,co: OUT  STD_LOGIC);
END  ENTITY  h_adder;
ARCHITECTURE  dataflow  OF  h_adder  IS          --结构体描述
    BEGIN
    so <= a  XOR  b;
    co <= a  AND  b;
END  ARCHITECTURE  dataflow;
```

通过菜单命令可查看所做设计的RTL电路：Tools→Netlist Viewers→RTL Viewer。

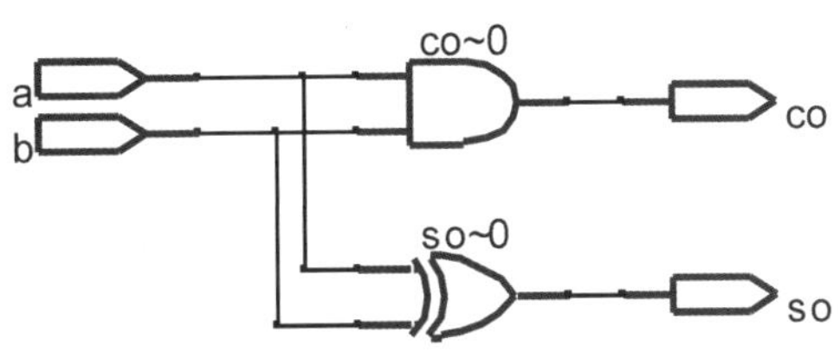

图4-1 半加器的RTL电路

VHDL设计实体的基本结构有以下五部分组成：库（LIBRARY）、程序包（PACKAGE）、实体（ENTITY）、结构体（ARCHITECTURE）和配置（CONFIGURATION），其中实体和结构体是设计实体的基本组成部分，可以构成基本的VHDL程序，是本章的主要内容。在例4-1中，“--”后面的内容是对程序代码的注释，在综合编译的时候忽略。

如果将此设计作为工程输入到 Quartus Ⅱ，请参照前面的半加器设计，只要把新建文件类型改为 vhd，其他步骤都是类似的。

另外，提醒读者，千万别被上面的这段代码吓到，其实代码很简单，吃透这段代码，VHDL 就入门了，是不是很简单？

想一想：

用原理图输入法完成此设计，对比两种输入法的异同和各自的优缺点。

4.1.1 实体

实体是 VHDL 程序的基本组成部分，主要用来描述设计实体与外部电路的接口，从外观上描述了设计实体，即描述了设计实体的可视部分（如端口、参数传递等）。实体相当于电路图中的一个器件符号，只描述设计实体的可视部分，不涉及设计实体的内部逻辑功能，所以具有相同实体描述的设计实体不一定具有相同的逻辑功能。设计实体实现的逻辑功能是由结构体决定的。

实体说明部分的语句结构如下：

```
ENTITY 实体名 IS
      [GENERIC (类属表)];                    --类属参数声明
      [PORT (端口表)];                       --端口声明
END  ENTITY 实体名;
```

实体名由设计者自己命名，必须是符合 VHDL 命名规则的标识符，要便于理解，但是不能使用 VHDL 中的关键字和保留字。有些 EDA 软件要求 VHDL 程序的文件名必须和实体名一致，否则在综合器中综合编译的时候无法通过，将提示出错。

[ ] 中的语句不是必需的，可根据电路的结构和功能进行选择。类属参数（GENERIC）声明部分在程序中是可选项，如果程序中包含类属参数声明，必须放在端口（PORT）声明之前，用于设计实体和外部电路的信号交换，传递静态信息，如规定一个实体的端口大小、矢量的位数及器件延迟时间等。例如：

```
GENERIC (m: TIME: =1ns);
```

声明了一个值为 1ns 的时间参数，在后面的程序中可以引用 m，如

```
q0 <= d0  AFTER  m;                --将 d0 经过 1ns 的延时后送给信号 q0
```

端口声明（PORT）语句用来描述设计实体与外部电路的接口，为设计实体与外部环境的动态通信提供通道，相当于器件的引脚声明。端口声明的格式如下：

```
PORT (端口名: 端口模式 数据类型;
          ⋮
      端口名: 端口模式 数据类型);
```

如在例 4-1 的半加器设计中

```
PORT (a, b: IN  STD_LOGIC ;
      so, co: OUT  STD_LOGIC);
```

其中端口名 a、b、so、co 是用户自己定义的设计实体的端口名称，端口模式说明数据通过该端口的流动方向，数据类型说明该端口的数据格式，VHDL 是强类型语言，只有在端

口信号和操作数具有相同的数据类型时才可以相互作用，数据类型的种类在后面会介绍。

IEEE 定义了 4 种端口模式：

IN——输入端口，单向只读模式，即数据经该端口从外部流入设计实体。

OUT——输出端口，单向输出模式，即数据从该端口流出设计实体。

INOUT——输入输出双向端口，既可以作为输入端口，也可以作为输出端口，即数据既可以从该端口读入，也可以从该端口流出。

BUFFER——缓冲端口，功能与 INOUT 类似，既可以读入数据，也可以输出数据，但是它只允许一个驱动源，即在数据读入时，是对内部输出信号的回读（反馈），而不是外部输入的信号。在设计计数器时，一般要用到 BUFFER 类型的端口作为输出端口。

想一想：

你可以写出一位全加器设计的实体吗？八位全加器呢？

4.1.2　结构体

结构体是设计实体的另一个基本组成部分，放在实体说明语句的后面，主要描述设计实体的结构或设计实体的行为，从功能上描述了设计实体。一个实体可以有多个结构体，即采用不同的实现方案和结构来实现一个功能模块或器件。若采用多个结构体，则在仿真和综合时，必须使用配置语句指定该设计实体中用于仿真和综合的结构体，即采用哪一种描述方式来实现电路的逻辑功能。

结构体的语法格式如下：

```
ARCHITECTURE   结构体名   OF   实体名   IS
      [说明语句]
BEGIN
      [功能描述语句]
END   ARCHITECTURE   结构体名;
```

结构体包括说明语句和功能描述语句两个部分。在结构体描述中要遵循以下原则：

1）结构体名原则上可以是任意合法的标识符，要便于阅读和理解，通常依据结构体所采用的描述方式，可以用相应的英文单词如 behavior（行为）、dataflow（数据流）、structure（结构）或它们的缩写来命名。在有些 VHDL 程序中，一个实体若具有多个结构体，则这些结构体名不能重复。

2）在结构体的开始语句“ARCHITECTURE 结构体名 OF 实体名 IS”中，实体名必须与实体说明部分的实体名一致。

3）说明语句是可选项，用于对该结构体内部使用的信号、常数、数据类型、函数等进行定义，这些信号、常数、函数只能用在该结构体内部。结构体中定义的信号为设计实体的内部信号，相当于电路内部的连接导线，所以不需要声明内部信号的端口模式，而实体说明中定义的 I/O 信号为外部信号，相当于电路的外部引脚说明，必须说明其端口模式。

4）并行处理语句是结构体功能描述的主要语句，并行语句之间是相互独立地同步执行，与可编程逻辑器件的硬件结构特点相适应，可以是赋值语句、进程语句、块语句、元件例化语句以及子程序调用语句等。

想一想：

你可以将 VHDL 代码设计的半加器作为自定义模块，然后调用这个模块能完成一位全加器设计吗？

VHDL 中有 4 种结构体的描述方式，即行为描述、数据流描述、结构化描述和混合描述。

1. 行为描述

结构体的行为描述是对设计实体按算法的路径来描述，描述该设计单元的功能，即电路输入与输出之间的关系，而不包含任何实现这些电路功能的硬件结构信息。行为描述是一种高层次的描述方式，设计者只需要关注设计实体，即功能单元正确的行为即可，无须把过多的精力放在器件的具体硬件结构或门级电路的实现上。

行为描述方式非常适合于自顶向下的设计流程，是进行系统设计时最重要的描述方式。行为描述主要使用函数、过程和进程语句，以算法形式描述数据的变换和传递。

例 4-2 是一个 4 位数据比较器的设计，采用了进程语句进行描述。

例 4-2 4 位数据比较器的行为描述

```
LIBRARY  IEEE;
USE  IEEE.STD_LOGIC_1164.ALL;
ENTITY  comp4  IS
PORT (a,b: IN  STD_LOGIC_VECTOR( 3  DOWNTO  0);
          y: OUT  STD_LOGIC);
END;
ARCHITECTURE  behave  OF  comp4  IS
    BEGIN
    PROCESS(a,b)
        BEGIN
        IF  a=b  THEN
        y<='1';
        ELSE
        y<='0';
        END  IF;
    END  PROCESS;
END  ARCHITECTURE  behave;
```

进程（PROCESS）语句是并行描述语句，是 VHDL 中用于描述硬件电路并发行为的最基本的语句。在结构体中可以包含多个进程语句，多个进程并发执行。但是在进程结构中的语句是顺序语句。进程语句 PROCESS（a，b）中的 a、b 称为敏感信号，用来触发进程，当 a、b 中的任何一个发生变化的时候都将激活进程，启动进程中的顺序语句，PROCESS 到 END PROCESS 之间的语句被执行一遍，然后返回进程的起始端，进入等待状态，等待下一次敏感信号的变化。图 4-2 是经过综合后得到的 4 位比较器 RTL 电路图。

2. 数据流描述

数据流描述也称为 RTL（寄存器传输级）描述，主要描述数据流的运动路径、方向和结果。数据流描述一般采用非结构化的并行信号赋值语句，如 CASE-WHEN、WITH-SELECT-WHEN 等语句。

例4-3是4位数据比较器的数据流描述方式，采用了并行信号赋值语句。

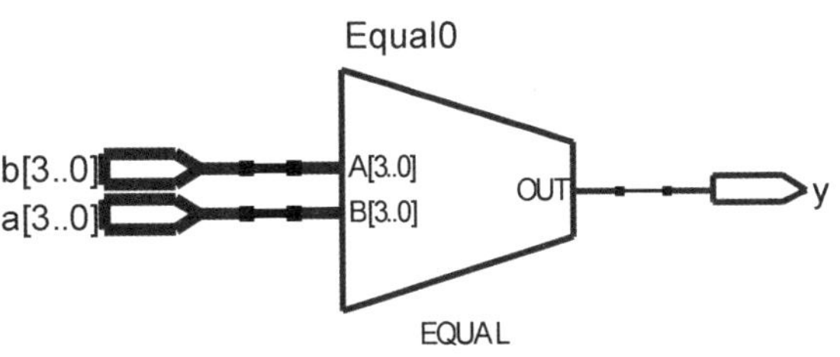

图4-2 4位比较器RTL电路图

例4-3 4位数据比较器的数据流描述

```
LIBRARY  IEEE;
USE  IEEE.STD_LOGIC_1164.ALL;
ENTITY  comp4  IS
PORT (a,b:IN  STD_LOGIC_VECTOR(3  DOWNTO  0);
         y:OUT  STD_LOGIC);
END  ENTITY  comp4;
ARCHITECTURE  dataflow  OF  comp4  IS
         BEGIN
         y <= '1'  WHEN  a = b  ELSE
           '0';
END  ARCHITECTURE  dataflow;
```

例4-2和例4-3中都使用了信号赋值语句 y <= '1'，但是在例4-2中，信号赋值语句在进程中是顺序语句，而例4-3中的信号赋值语句是并行赋值语句，采用的是条件信号赋值语句，当条件表达式“a = b”成立时，把‘1’赋给 y；条件表达式不成立时，则把‘0’赋给 y。并行信号赋值语句就是一个简化的进程。

3. 结构化描述

结构化描述以元件或已完成的功能模块为基础，描述设计单元的硬件结构，使用元件例化语句和配置语句描述元件的类型及元件之间的互连关系。

例4-4 4位数据比较器的结构化描述

```
LIBRARY  IEEE;                                  --2输入“同或”门电路描述
USE  IEEE.STD_LOGIC_1164.ALL;
ENTITY  xnor2  IS
PORT (in1,in2:IN STD_LOGIC;
             c:OUT  STD_LOGIC);
END  ENTITY  xnor2;
ARCHITECTURE  behave  OF  xnor2  IS
     BEGIN
       c <= in1  xnor  in2;
END  ARCHITECTURE  behave;

LIBRARY  IEEE;                                  --4输入“与”门电路描述
USE  IEEE.STD_LOGIC_1164.ALL;
```

```
ENTITY   and41   IS
PORT(in1,in2,in3,in 4:IN STD_LOGIC;
                    c:OUT   STD_LOGIC);
END   ENTITY   and41;
ARCHITECTURE   behave   OF   and41   IS
    BEGIN
      c <= in1   AND   in2   AND   in3   AND   in4;
END   ARCHITECTURE   behave;

LIBRARY   IEEE;                                    --4 位数据比较器的顶层设计描述
USE   IEEE. STD_LOGIC_1164. ALL;
ENTITY   comp4   IS
PORT (a,b:IN   STD_LOGIC_VECTOR(3   DOWNTO   0);
        y:OUT   STD_LOGIC);
END   ENTITY   comp4;
ARCHITECTURE   structure   OF   comp4   IS
    COMPONENT   xnor2                              --2 输入"同或"门元件声明
          PORT (in1,in 2:IN STD_LOGIC;
                        c:OUT   STD_LOGIC);
    END   COMPONENT;
    COMPONENT   and41                              --4 输入"与"门元件声明
      PORT(in1,in2,in3,in 4:IN STD_LOGIC;
                          c:OUT   STD_LOGIC);
    END   COMPONENT;
SIGNAL   s:STD_LOGIC_VECTOR (0   TO   3);
BEGIN
    u0:xnor2   PORT MAP (a(0),b(0),s(0)); --元件例化语句
    u1:xnor2   PORT MAP (a(1),b(1),s(1));
    u2:xnor2   PORT MAP (a(2),b(2),s(2));
    u3:xnor2   PORT MAP (a(3),b(3),s(3));
    u4:and41   PORT MAP (s(0), s(1), s(2),s(3),y);
END   ARCHITECTURE   structure;
```

例 4-4 中实体 xnor2 和 and41 分别设计了 2 输入的"同或"门电路和 4 输入的"与"门电路，然后用元件例化（PORT MAP）语句将预先设计好的这两个设计实体作为顶层电路的一个元件，连接到当前设计实体中的指定端口，即调用两个已经完成设计的元件 xnor2 和 and41。

想一想：

你可以将例 4-4 改为用原理图输入法的方式进行设计吗？对比两种设计，认真体会原理图设计与代码设计两种方法各自的优缺点。

4. 混合描述

在实际应用中，通常根据设计实体的资源及性能要求，灵活地选用上述三种描述方式的组合，称为混合描述。

4.1.3 GENERIC 参数传递

类属（GENERIC）参数传递常常用于不同层次设计模块之间的信息传递和参数传递，可以用于诸如位矢量的宽度、数组的长度、器件的延时时间等参数的传递。参数传递所涉及的均为整数类型，其他数据类型不能使用，也不能进行逻辑综合。

类属参数传递包括类属参数说明语句（GENERIC 语句）和参数映射语句（GENERIC MAP）。参数传递说明语句是一种常数参数的端口界面，一般放在实体说明部分，为所说明的环境提供静态信息通道。GENERIC 语句中的类属参数与常量相似，但是常量只能在设计实体内部得到赋值，而类属参数可以从设计实体外部动态地接受赋值。

参数传递说明语句格式如下：

GENERIC（参数名：数据类型）；

例4-5 是一个“或非”门电路，上升（t_rise）和下降（t_fall）时间由类属参数给出，由于类属参数没有赋予默认值，所以它们的值必须在实体被配置或元件例化时由参数传递映射语句给出。

例 4-5 利用 GENERIC 语句定义 2 输入“或非”门的上升沿和下降沿时间参数

```
LIBRARY   IEEE;
USE   IEEE. STD_LOGIC_1164. ALL;
ENTITY   nor_2   IS
GENERIC (t_rise, t_fall:TIME);
PORT (a,b:IN   STD_LOGIC;
          c:OUT   STD_LOGIC);
END   ENTITY   nor_2;
ARCHITECTURE   dataflow   OF nor_2 IS
SIGNAL   ctemp:STD_LOGIC;
BEGIN
    ctemp <= a   NOR   b;
    c <= ctemp   AFTER   t_rise   WHEN   ctemp = '1'   ELSE
         ctemp   AFTER   t_fall;
END   ARCHITECTURE   dataflow;
```

参数传递映射语句 GENERIC MAP（）用来描述相应元件类属参数间的连接和传送方式，可以从外部端口改变元件内部参数，一般和端口映射语句 PORT MAP（）配合使用。语句格式如下：

GENERIC MAP（类属表）

例 4-6 利用类属参数传递映射语句实现类属参数的传递

```
LIBRARY   IEEE;
USE   IEEE. STD_LOGIC_1164. ALL;
```

```
ENTITY  nor_21  IS
PORT (in1,in2:IN  STD_LOGIC;
      in3,in 4:IN  STD_LOGIC;
           y:OUT  STD_LOGIC);
END  ENTITY  nor_21;
ARCHITECTURE  stru  OF  nor_21  IS
COMPONENT  nor_2
    GENERIC(t_rise, t_fall:TIME);
    PORT (a,b:IN  STD_LOGIC;
             c:OUT  STD_LOGIC);
END  COMPONENT;
SIGNAL  temp1,temp2:STD_LOGIC;
BEGIN
    u1:nor_2  GENERIC  MAP (5ns,6ns)
              PORT  MAP(in1,in2,temp1);
    u2:nor_2  GENERIC  MAP (3ns,6ns)
              PORT  MAP(in3,in4,temp2);
    u3:nor_2  GENERIC  MAP (5ns,7ns)
              PORT  MAP(temp1,temp2,y);
END  ARCHITECTURE  stru;
```

例4-6 的设计实体 nor_2 中用元件例化语句调用了三个“或非”门 nor_2，利用 GENERIC 和 GENERIC MAP（）语句使 u1、u2、u3 三个“或非”门的上升时间和下降时间分别具有不同的值。图 4-3 所示为例 4-6 经过综合后得到的 RTL 电路。

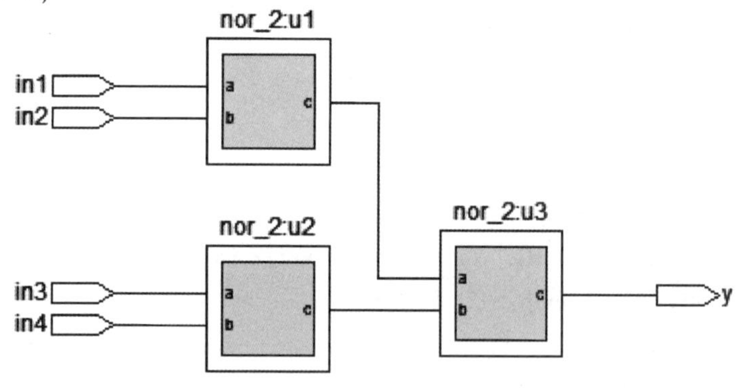

图 4-3 例 4-6 经过综合后得到的 RTL 电路

4.2 VHDL 文字规则

VHDL 除了具有与计算机高级语言类似的一般文字规则外，还有很多特有的文字规则，VHDL 的文字包括数值和标识符。

4.2.1 数字型文字

数字型文字有多种表达方式，包括整数、实数、以数制基数表示的文字以及物理量文字等。

1）整数：整数都是十进制数，由数字和下划线组成，如 12，456，15e2，12_345_678（相当于 12 345 678），数字间的下划线只是为了提高文字的可读性，没有实际意义，相当于一个空的间隔符。

2）实数：实数也是十进制数，但必须带有小数点，由数字、小数点和下划线组成，如 3.14159，27.86_97。

3）以数制基数表示的文字：由五个部分组成，第一部分是用进制数标明数制进位的基数；第二部分是数制隔离符号“#”；第三部分是表达的数值；第四部分是指数隔离符号“#”；第五部分是用进制表示的指数部分，如果为0，可以省略不写。例如：

```
2#1011#          --二进制数1011
10#538#2         --十进制数53800
16#fe9#          --十六进制数fe9
```

4）物理量文字：物理量文字用来表示时间、长度等物理量，如 1μs、10A 等，VHDL 综合器不接受此类文字。

4.2.2　字符串文字

字符串文字包括字符和字符串。

（1）字符

字符是用单引号括起的 ASCII 字符，可以是数值，也可以是字符或字母，如'a''A''Z''U''H''L''0''1'。

（2）字符串

字符串是一维的字符数组，放在双引号中，可以是文字的，也可以是数位的。

文字字符串如"ERROR" "WARNING" "VHDL"。

数位字符串也称为位矢量，是预定义的数据类型 BIT（即二进制的位）的一维数组。基数用字母 B、X、O 表示，放在数值前面，分别表示二进制、十六进制和八进制。例如：

B"11010011"表示二进制数组，数组长度是 8；

X"F8"表示十六进制数数组，数组长度是 8，一个十六进制数是 4 位二进制数；

O"735"表示八进制数数组，数组长度是 9，一个八进制数是 3 位二进制数。

4.2.3　标识符

标识符是用户给常量、变量、信号、端口、实体、结构体、子程序或参数等定义的名字。VHDL 标识符的命名必须符合 VHDL 关于标识符的命名语法规则，IEEE 分别在 1987 年和 1993 年公布了 VHDL 的标准版本：VHDL'87 版和 VHDL'93 版。这两个版本对 VHDL 标识符的命名规则有所区别，其中 VHDL'87 版规定的 VHDL 标识符称为基本标识符或短标识符；VHDL'93 版在 VHDL'87 版的基础上进行了扩展，称为扩展标识符。基本标识符的命名规则如下：

1）有效字符，包括 26 个大小写英文字母，数字 0 ~ 9 以及下划线“_”；

2）必须以英文字母开头；

3）使用下划线的时候只能是单一下划线，并且前后必须要有英文字母或数字；

4）标识符中的英文字母不区分大小写；

5）允许包含图形符号（如回车符、换行符等），也允许包含空格符。

如 and21、beh、dataflow、h_adder 等都是合法的标识符，而 f__adder、_and21、123 等是非法的标识符。

用户自己定义的标识符不能和 VHDL 中的保留字相同。VHDL 中一般不区分字母的大小写，但是为了使程序易读，对于 VHDL 中的保留字，一般采用大写字母，用户自己添加的标识符一般采用小写字母。

扩展标识符是在基本标识符的基础上进行了扩展，现在大多数集成开发软件都支持这两个版本的标识符。

想一想：

结合之前的练习，回顾一下你在取工程名、实体名、端口名等标识符时犯过哪些错误？分析其错误原因。

4.2.4 下标

下标用于指示数组型变量或信号的某一个元素。下标的语句格式如下：

标识符（表达式）

如 a(3)、b(2)、m(7)等都是合法的下标。

下标表达式中，标识符必须是数组型的变量或信号的名字，表达式所代表的值必须是数组下标范围中的某个值，这个值对应数组中的一个元素。例如

```
SIGNAL  a：STD_LOGIC_VECTOR(0  TO  7)；
SIGNAL  m：INTEGER  RANGE  0  TO  5；
SIGNAL  x,y:STD_LOGIC；
x <= a(5)；                    --可计算的下标
y <= a(m)；                    --不可计算的下标
```

如果下标表达式是可计算的，则很容易进行综合，如果是不可计算的，只可能在特定的情况下综合，且耗费的资源较大。

4.3 VHDL 数据对象

VHDL 具有多种数据对象和数据类型，而且 VHDL 是一种强类型语言，对操作数和操作符的类型的一致性要求比较严格，因此用户必须很好地掌握 VHDL 的数据对象和数据类型。

数据对象类似于一个容器，用来存放各种类型数据，VHDL 中主要有 4 类基本的数据对象：常量（CONSTANT）、变量（VARIABLE）、信号（SIGNAL）和文件（FILES）。常量、变量和信号可以接受不同数据类型的赋值，常量和变量与高级语言中的常量、变量类似。信号是一种比较特殊的数据类型，具有更多的硬件特征，类似于电路中的连接导线。文件是用来传输大量数据的数据对象，是变量对象的一些集合，不能通过赋值来改变内容。数据对象在使用之前必须先定义说明。

4.3.1 常量

常量的定义是为了使程序更容易阅读和修改。在模块中需要多次使用的某一个固定值，可以定义成常量，当需要修改这个固定值时，只需要修改常量定义，然后重新编译就可以方便地修改设计实体的硬件结构。例如，将逻辑位的宽度定义为一个常量，只要修改这个常量

就可以改变逻辑位的宽度。

常量定义的格式为

```
CONSTANT  常量名: 数据类型: = 表达式;
```

例如:

```
CONSTANT  delay:TIME:=2 ns;        --定义 TIME 类型常量 delay, 值为 2ns
CONSTANT  pi:REAL:=3.14159;        --定义实数类型的常量 pi, 值为 3.14159
```

VHDL 要求所定义的常量数据类型与表达式的数据类型一致。常量是一个不变的值，只能在说明的时候赋值，一旦作了数据类型和赋值定义之后，在程序中就不能再改变，具有全局量的特点。

常量定义语句可以出现在设计实体的实体、结构体、块、进程、子程序和程序包中，所以常量的可视性，即常量的使用范围取决于其定义的位置。如果常量在程序包中定义，则具有最大的全局特征，可以用在调用该程序包的所有设计实体中；如果定义在实体中，使用范围为这个实体定义的所有结构体；在设计实体的某一结构体中定义的常量只能用于该结构体；在结构体的某一个子结构（如进程、函数等）中定义的常量只能用于这个子结构中。

4.3.2 变量

变量是数值可以在程序中改变的数据对象，只能在进程和子程序中使用，是一个局部量，用于暂时存储数据。变量的赋值是一种理想化的数据传输，赋值是立即生效的，不存在任何的赋值延时。变量主要使用在进程中作为临时的数据存储单元。

变量定义语句格式如下:

```
VARIABLE  变量名: 数据类型:=初始值;
```

举例如下:

```
VARIABLE  pi:REAL:=3.14159;              --定义实数类型的变量 pi, 初始值为 3.14159
VARIABLE  a:STD_LOGIC;                   --定义 STD_LOGIC 类型的变量 a
VARIABLE  b:BOOLEAN;                     --定义 BOOLEAN 类型的变量 b
VARIABLE  c:INTEGER range 0 TO 7;        --定义整数类型的变量, 取值范围为 0~7
```

初始值是一个与变量具有相同数据类型的常数值，只在仿真中有效，在综合时，综合器会忽略所有的初始值。定义变量时可以不赋初始值，在后面需要的时候用变量赋值语句进行赋值。没有设定初始值的变量在仿真的时候，系统会取默认值作为变量的初始值，默认值为变量数据类型的左值（即 T'LEFT），如在上面定义的变量中，b 的初始赋值为 FALSE，c 的初始赋值为 0。

变量数值的改变是通过变量赋值语句实现的，变量的赋值语句的格式如下:

```
目标变量名:=表达式;
```

赋值语句右边的表达式必须是与目标变量名具有相同数据类型的数值。变量的赋值是立即生效的，不存在延时，所以“:=”也称为立即赋值符。在进程和子程序中对同一变量可以多次赋值，由于进程和子程序中采用的是顺序语句结构，所以对变量的赋值也是按赋值语句前后顺序的运算而改变的，这点类似于高级语言中变量的赋值操作。

例 4-7　变量赋值举例

```
VARIABLE  x,y: INTEGER  RANGE  0  TO  15;
```

```
VARIABLE  a,b: STD_LOGIC_VECTOR(0  TO  7);
x: =5;
y: =2 +x;
a: ="10110101";
b(1  TO  3): =a(4  TO  6);
y: =2;
```

运算的结果 x=5、y=9、a="10110101"、b 的 1~3 位是"010"。

变量一般是作为临时的数据存储单元存在的，所占用的资源较少。在不完整的 IF 语句中，变量赋值语句最后也能综合出时序电路，如在例 4-8 的进程中定义了变量 q1，最后综合出的电路是 D 触发器，如图 4-4 所示。

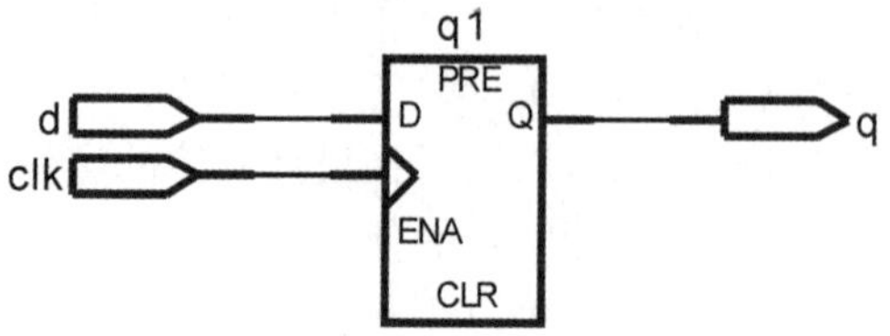

图 4-4 D 触发器电路图

例 4-8 变量赋值举例

```
LIBRARY  IEEE;
USE  IEEE. STD_LOGIC_1164. ALL;
ENTITY  dff1  IS
PORT(d,clk:IN  STD_LOGIC;
         q:OUT  STD_LOGIC);
END  ENTITY  dff1;
ARCHITECTURE  behave  OF  dff1  IS
BEGIN
PROCESS(clk)
    VARIABLE  q1: STD_LOGIC;
    BEGIN
        IF clk'EVENT  AND  clk ='1'  THEN  q1: =d;
        END  IF;
q <=q1;
END  PROCESS;
END  ARCHITECTURE  behave;
```

想一想:

如果把例 4-8 的代码“q< =q1;”与“END PROCESS;”交换位置，请问可以吗？为什么？

4.3.3 信号

信号是 VHDL 所特有的数据对象类型，具有更多的硬件特性，主要用于实体、结构体或设计实体之间的信息交流，相当于电路图或电路板上连接元件的导线。信号定义可以在实体、结构体和程序包中，但是不允许在进程和子程序中定义信号。信号定义格式为

SIGNAL 信号名：数据类型：=初始值；

信号的初始值和变量类似，不是必须在信号定义的时候赋值的，而且信号的初始值也只能在仿真中生效，综合器在综合时忽略所有的初始值。

```
SIGNAL  a：INTEGER： =10；          --定义整数类型的信号 a，赋初始值为 10
SIGNAL  q，temp：STD_LOGIC；        --定义类型为 STD_LOGIC 的变量 q 和 temp
```

对信号赋初值使用符号“： =”，与变量的赋初值类似，信号赋初值也是立即生效没有延时的。

信号值的改变要用到信号赋值语句，信号赋值使用延时赋值符“ <=”，这种赋值方式会产生延时。信号赋值语句格式为

信号名 <= 表达式　AFTER　时间量；

在上式中，表达式可以是一个运算表达式，也可以是数据对象（如变量、信号或常量）。数据信息的传入可以设置延时量，如 AFTER 2ns，即目标信号获得传入的数据不是立即生效的，要经过 2ns 的延时。即使是零延时，也要经历一个最小延时时间，这个特定的延时称为 δ 延时，这是为了使信号的传输符合硬件电路实际的逻辑特性。

信号作为数据容器，具有记忆特性，不但可以容纳当前值，还可以保持历史值，这一特性正好和触发器的记忆功能相对应，所以在时序逻辑电路中信号得到广泛使用。

想一想：

对比变量、常量、信号的定义格式的异同。

对比变量、常量、信号的定义位置的异同。

例 4-9　信号使用举例

```
LIBRARY  IEEE;
USE  IEEE. STD_LOGIC_1164. ALL;
ENTITY  dff1  IS
PORT(d,clk:IN  STD_LOGIC;
          q:OUT  STD_LOGIC);
END  ENTITY  dff1;
ARCHITECTURE  behave  OF  dff1  IS
SIGNAL  q1: STD_LOGIC;
BEGIN
    PROCESS(clk)
        BEGIN
        IF  clk'EVENT  AND  clk ='1'  THEN  q1 <=d;
        END  IF;
    END  PROCESS;
q <=q1;
END  ARCHITECTURE  behave;
```

想一想：

如果把例 4-9 的代码“END　PROCESS;”与“q< =q1;”交换位置，请问可以吗？为什么？

通过例4-8和例4-9的比较可以看出，信号与变量既有相似的地方，也有很多差别。变量一般是在进程中作为数据暂存单元，而信号相当于电路中的信号连线，具有明显的硬件特征。

变量是局部量，只能在所定义的进程和子程序中定义和使用。而信号具有全局性的特征，不能在进程和子程序中定义，但是可以在进程和子程序中使用。在实体中定义的信号，对于此实体对应的所有的结构体中都是可视的；在结构体中定义的信号，对于整个结构体的所有的子结构是可视的；在程序包中定义的信号对于所有调用该程序包的设计实体是有效的。

变量的赋值是立即赋值没有延时的，而信号的赋值是有延时的，另外信号的赋值有并行赋值和顺序赋值，在进程中使用的信号赋值语句是顺序赋值，在进程启动的瞬间，立即顺序启动各自的延时为δ的定时器。

例4-10 变量的定义和使用举例

```
LIBRARY  IEEE;
USE  IEEE.STD_LOGIC_1164.ALL;
ENTITY  dff1  IS
PORT(d,clk:IN  STD_LOGIC;
          q:OUT  STD_LOGIC);
END  ENTITY  dff1;
ARCHITECTURE  behave  OF  dff1  IS
BEGIN
    PROCESS(clk)
    VARIABLE  a,b:STD_LOGIC;
    BEGIN
        IF clk'EVENT  AND  clk='1'  THEN
        a:=d; b:=a; q<=b;
        END  IF;
    END  PROCESS;
END  ARCHITECTURE  behave;
```

例4-11 信号的定义和使用举例

```
LIBRARY  IEEE;
USE  IEEE.STD_LOGIC_1164.ALL;
ENTITY  dff1  IS
PORT (d,clk:IN  STD_LOGIC;
          q:OUT  STD_LOGIC);
END;
ARCHITECTURE  behave  OF  dff1  IS
SIGNAL  a,b:STD_LOGIC;
BEGIN
    PROCESS(clk)
        BEGIN
        IF clk'EVENT  AND  clk='1'  THEN
```

```
          a <= d; b <= a; q <= b;
          END  IF;
      END  PROCESS;
  END  behave;
```

在例 4-10 的进程中定义了两个变量 a 和 b，由于变量赋值是立即赋值的，变量 a 和 b 相当于两个临时的数据存储单元，所以综合出来的结果是一个 D 触发器，如图 4-5 所示。在例 4-11 的结构体中定义的是两个信号 a 和 b，在 d 赋值给 a 时，启动一个时间为 δ 的定时器，a 的值并没有得到刷新，要经过 δ 时间后，a 才能获得 d 的值。同样，a 赋值给 b 以及 b 赋值给 q 也要分别启动时间为 δ 的定时器，所以 q 要经过 3δ 时间后才能获得 d 的值，综合的结果如图 4-6 所示，是三个 D 触发器的级联电路。

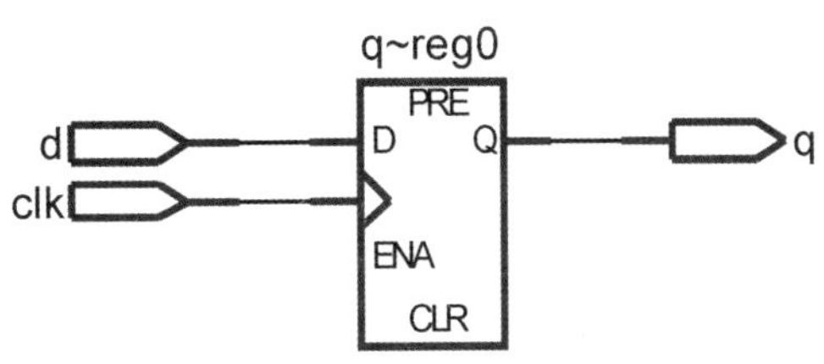

图 4-5　例 4-10 综合的 RTL 电路

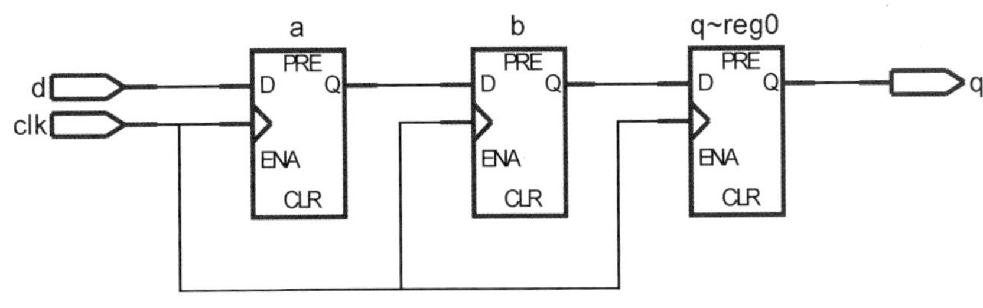

图 4-6　例 4-11 综合的 RTL 电路

在进程中可以对同一个信号进行多次赋值，但是在进程结束完成赋值的时候，信号获得的赋值是最后一次（即最接近 END PROCESS 语句）的赋值。

4.4　VHDL 数据类型

在 VHDL 中，数据对象在使用前必须先定义，要指定数据对象的数据类型，另外在设计实体中设定的各种参量也必须具有确定的数据类型。VHDL 是一种强类型语言，要求每一个数据对象必须具有确定的唯一的数据类型，而且只有数据类型相同的量之间才能相互传递和作用。

VHDL 中的数据类型可以分成 4 类：

1）标量类型（Scalar Type）：主要用于描述单个数值或枚举状况下的枚举值，是能代表某个数值的数据类型，包括实数类型、整数类型、布尔类型和物理类型。

2）复合类型（Composite Type）：提供一个组合值，是由一个或多个基本数据类型复合而成的数据类型。复合类型有两种：包含相同数据类型元素的数组类型和包含不同数据类型元素的记录类型。

3）存取类型（Access Type）：即指针类型，为给定的数据类型的数据对象提供存取方式。

4）文件类型（File Type）：用于提供多值存取类型。

4.4.1 VHDL 预定义数据类型

VHDL 的预定义数据类型都是预先定义好的，并存放在 VHDL 标准程序包 STANDARD 中，程序设计时可以直接调用。

1. 整数（INTEGER）类型

整数类型的对象与普通代数中的算术整数类似，可以使用预先定义的运算操作符进行加、减、乘、除等算术运算。在 VHDL 中整数用 32 位的有符号二进制数表示，它的取值范围为 -2147483647 ~ +2147483647。整数不能看成矢量进行按位操作。例如：

```
CONSTANT  length: INTEGER: =8;        --定义整数型常量 length，其值为 8
VARIABLE  b: INTEGER: =27;            --定义整数型变量 b，赋初值为 27
```

实际使用中，VHDL 仿真器通常将 INTEGER 类型作为有符号数处理，而 VHDL 综合器将 INTEGER 作为无符号数处理。由于预定义的整数类型取值范围太大，综合器会耗费过多的芯片资源甚至无法综合，所以使用整数时，设计者应根据实际需要对整数的范围作一个限定。

整数类型取值范围限定一般采用关键字 RANGE 实现，或者使用关键字 SUBTYPE，由用户自己定义一个含有约束范围的整数类型的子类型。例如：

```
VARIABLE  a: INTEGER  RANGE  0  TO  255;
SUBTYPE  b  IS  INTEGER  RANGE  0  TO  15;
```

数据 b 是自定义的整数类型的一个子类型，取值范围为 0 ~ 15。另外，在 VHDL 的标准程序包（STANDARD）中还定义了两个子类型：自然数（NATURAL）类型和正整数（POSITIVE）类型。

2. 实数（REAL）类型

实数类型也称为浮点类型，定义的数据对象与普通代数中的实数类似，预定义的实数取值范围为 -1.0E38 ~ +1.0E38。实数类型一般只能用在 VHDL 仿真器中，作为有符号数处理，VHDL 综合器不支持实数类型。实数类型定义举例如下：

```
VARIABLE  a: REAL: =3.14159;          --定义实数型变量 a，初值为 3.14159
```

3. 位（BIT）类型

位类型实际上是一个二值枚举型数据类型，只有两个可能的取值：'0'和'1'，用于表示逻辑 0 和逻辑 1。位类型支持逻辑运算，运算结果仍然是位类型。综合器用一位二进制来表示一个位类型的变量或信号。

位类型在 STANDARD 程序包中预定义的源代码为

```
TYPE  BIT  IS ('0', '1')
```

下面是位类型数据对象的定义及其运算：

```
SIGNAL  a, b: BIT;
SIGNAL  c: BIT;
   ⋮
c <= a  AND  b;
```

4. 位矢量（BIT_VECTOR）类型

位矢量是基于位类型的数据类型，是一个由位类型数据元素构成的数组，使用时要注明数组长度（即位矢量的宽度）和方向。

位矢量在 STANDARD 程序包中预定义的源代码为

TYPE BIT_VECTOR IS ARRAY (Natural Range <>) OF BIT;

下面的例子中定义了一个常量 length，是 8 位的标准逻辑位矢量：

CONSTANT length: BIT_VECTOR (0 TO 7);

5. 字符（CHARACTER）类型

字符类型也是一种枚举值，一般用单引号括起来。字符类型区分大小写，如'A'和'a'不同。与其他大多数计算机语言不同，VHDL 中的字符没有显示的值，不能简单映射为数字类型或直接指定为数组。在 VHDL 程序设计中，标识符的大小写一般是不区分的，但用了单引号的字符的大小写是区分的。

VARIABLE temp :CHARACTER: = 'a'; --'a'与'A'是两个不同的字符

6. 字符串（STRING）类型

字符串类型是由字符类型构成的数组，一般用双引号括起来标明。

VARIABLE str1:STRING (0 TO 5): ="Thanks";

7. 布尔（BOOLEAN）类型

布尔类型也是一个二值枚举型数据类型，只有两种取值：TRUE（真）和 FALSE（假）。布尔量不属于数值，因此不能用于算术运算，只能通过关系运算获得，表示逻辑结果或逻辑状态。

布尔类型数据在 STANDARD 程序包中预定义的源代码为

TYPE BOOLEAN IS (FALSE, TRUE);

8. 时间类型

时间类型是 VHDL 中唯一预定义的物理类型。物理类型常用于测量，由数值和相应的物理量单位组成。完整的时间类型包括整数和物理量单位两部分，在整数和单位之间至少要有一个空格，如 2 ms、10 ns 等。预定义的时间类型有：fs、ps、ns、μs、ms、s、min、h。定义时间类型的格式为

CONSTANT t1: TIME: =20 ns;

VHDL 综合器不支持包括时间类型在内的所有物理类型。

9. 文件（FILE）类型

文件类型声明的对象是一个文件，文件是传输大量数据的载体，包括各种数据类型的数据。文件类型由特定类型的顺序语句构成，声明格式如下：

TYPE 文件名 IS FILE 行为描述语句;

文件对象不能直接赋值，只能通过子程序操作来改变内容。VHDL'93 标准中定义的文件操作函数有：FILE_OPEN（f, fame, fmode）、FILE_OPEN（status, f, fname, fmode）、FILE_CLOSE（f）、READ（f, object）、WRITE（f, object）、ENDFILE（f）等。

10. 错误等级（Severity Level）类型

错误等级类型是一种特殊的数据类型，有 4 种可能的取值：NOTE（注意）、WARNING（警告）、ERROR（错误）和 FAILURE（失败），常用于断言语句的报告中用来指示系统的工作状态，或者在编译源程序时作为出错提示。

11. 标准逻辑位（STD_LOGIC）类型

实际的数字电路中，逻辑状态可能不只是逻辑 0 和逻辑 1 两种状态，这时 BIT 类型数据不能精确模拟和表述电路逻辑状态。标准逻辑位是对标准位数据类型的扩展，为了与实际数字系统可能出现的逻辑状态相对应，定义了 9 种取值：'U'（未初始化的）、'X'（强未知的）、'0'（强 0）、'1'（强 1）、'Z'（高阻）、'W'（弱未知的）、'L'（弱 0）、'H'（弱 1）、'-'（忽略）。

标准逻辑位类型是对标准位的扩展，是在 IEEE 库中的 STD_LOGIC_1164 程序包中定义的，因此在使用时必须在程序的开头声明这个程序包。在使用标准逻辑位的时候要特别注意其多值性特征，尤其是在条件语句中，如果考虑不完全，综合器可能会插入不希望的锁存器。VHDL 仿真器支持所有 9 种取值，但是综合器一般只能支持“0”“1”“-”和“Z”4种取值。

12. 标准逻辑位矢量（STD_LOGIC_VECTOR）类型

标准逻辑位矢量是一个由标准逻辑位类型数据元素构成的数组，也是定义在 IEEE 库的 STD_LOGIC_1164 程序包中，因此使用时要先声明这个程序包，另外还要注明数组长度和方向。

下面定义了一个信号 b，是 8 位的标准逻辑位矢量：

```
SIGNAL  b：STD_LOGIC_VECTOR（0  TO  7）;
```

4.4.2 用户自定义数据类型

除了在 VHDL 库和 IEEE 库中预定义的数据类型外，VHDL 还允许用户自定义新的数据类型。用户自定义的数据类型有基本数据类型定义和子类型数据类型定义两种格式。

基本数据类型定义的语句格式为

```
TYPE  数据类型名  IS  数据类型定义;
TYPE  数据类型名  IS  数据类型定义  OF 基本数据类型;
```

子类型数据类型定义的语句格式为

```
SUBTYPE  子类型名  IS  数据类型名  RANGE  低值  TO  高值;
```

用户自定义的数据类型可以有多种，如整数类型、时间类型、数组类型、枚举类型以及记录类型等。例如：在前面整数类型介绍中的 a、b 就是用户自定义的数据类型。

1. 数组类型

数组类型属于复合类型，是将一组具有相同数据类型的元素集合在一起，作为一个数据对象来处理的数据类型。数组可以是一维数组，如数字和字符列表，也可以是多维数组，如数值表格。VHDL 仿真器支持多维数组，但是 VHDL 综合器只支持一维数组，不支持多维数组。

数组类型是用户自定义的数据类型，使用前需要先定义，语句格式如下：

```
TYPE  数组类型名  IS  ARRAY  （数组范围）  OF  基本类型;
```

其中数组范围限定了数组中元素的个数，以及元素的排序方向，可以用增量或减量的方式给定，分别使用关键字 TO 和 DOWNTO。基本类型是 VHDL 和 IEEE 库中预定义的数据类型，或者是用户已经自定义了的数据类型。

```
TYPE  array1  IS  ARRAY  （0  TO  7）  OF  STD_LOGIC;
```

```
TYPE array2 IS ARRAY （7 DOWNTO 0） OF STD_LOGIC；
```

上面定义了两个数组 array1 和 array2，在 array1 中，8 个元素按由低到高排序，分别为 array1（0）、array1（1）……array1（7），在 array2 中，8 个元素按由高到低排序，分别为 array2（7）、array2（6）……array2（0）。

数组的每个元素可以通过描述数组名及数组范围内的下标来访问，对超出数组范围的元素进行读写操作将引起错误，每个数组元素都有唯一的索引下标与之相对应。

2. 记录类型

记录类型是将不同类型的数据集合在一起构成的新的复合数据类型。记录中的各元素的数据类型可以是基本类型，也可以是其他复合类型或已定义好的记录类型。

记录类型也是用户自定义的数据类型，因此使用前要先定义，定义记录类型的语句格式为

```
TYPE 记录类型名 IS RECORD
        元素名：数据类型名；
        元素名：数据类型名；
        ⋮
END RECORD；
```

4.4.3 其他类型

除了以上在 VHDL 标准库及 IEEE 库中预定义的数据类型外，在 IEEE 库的程序包 STD_LOGIC_SIGNED、STD_LOGIC_UNSIGNED 和 STD_LOGIC_ARITH 中还预定义了有符号数、无符号数、小整型等数据类型以及与这些数据类型相对应的算术运算操作符。由于这些预定义的数据类型不在标准程序包中，所以在使用这些数据类型之前必须在程序的开头声明其所在的程序包，如

```
LIBRARY IEEE；
USE IEEE. STD_LOGIC_UNSIGNED. ALL；
USE IEEE. STD_LOGIC_ARITH. ALL；
```

4.5 数据类型转换

VHDL 是强类型语言，对于数据类型的要求非常严格，不同数据类型的数据对象之间不能直接进行运算或赋值等操作，即使相同的数据类型，如果数据长度不同也不能直接进行运算。在程序设计的时候，有时需要对数据对象的数据类型进行转换。VHDL 对于关系密切的数据类型之间的转换可以采用类型标记直接实现转换，对于非关系密切的数据类型转换需要用到转换函数。

4.5.1 使用转换函数

非关系密切的数据类型转换不能直接使用类型标记法，在 IEEE 库中的 STD_LOGIC_1164、STD_LOGIC_UNSIGNED、STD_LOGIC_ARITH 等程序包中预定义了类型转换函数，另外也可以由用户自己编写类型转换函数，实现不同数据类型的转换。表 4-1 列出了在 STD_LOGIC_1164 程序包中提供的类型转换函数及其功能。

表 4-1 STD_LOGIC_1164 程序包提供的类型转换函数及其功能

函 数 名	函 数 功 能
TO_STDLOGICVECTOR（A）	把位矢量类型转换成标准逻辑位矢量类型
TO_BITVECTOR（A）	把标准逻辑位矢量类型转换成位矢量类型
TO_STDLOGIC（A）	把位类型转换成标准逻辑位类型
TO_BIT（A）	把标准逻辑位类型转换成位类型

STD_LOGIC_UNSIGNED 程序包提供的类型转换函数 CONV_INTEGER（A）用来把标准逻辑位矢量类型转换成整数类型。

STD_LOGIC_ARITH 程序包提供了两个类型转换函数，其中函数 CONV_STD_LOGIC_VECTOR（A）把整数、有符号数、无符号数类型转换成标准逻辑位矢量类型；函数 CONV_INTEGER（A）把有符号数、无符号数类型转换成整数类型。

由于类型转换函数是在 IEEE 库的程序包中预定义的，所以必须在程序开头声明相应的程序包。

4.5.2 使用类型标记法转换数据类型

类型标记就是数据类型的名称，只能用于关系密切的数据类型之间进行类型转换，如用标记 REAL 将整数类型的数据对象转换成实数类型，标记 INTEGER 能将实数类型的数据对象转换成整数类型。例如：

```
VARIABLE  a：INTEGER;
VARIABLE  b：REAL;
a：=INTEGER（b）;
b：=REAL（a）;
```

采用类型标记法进行数据类型转换要注意以下几点：

1）实数类型和整数类型相互转换时，如果将实数转换成整数，会产生误差，结果是一个最接近的整数。

2）类型和其子类型之间不需要类型转换。

3）枚举类型不能用类型标记法进行转换。

4）数组类型之间采用标记法进行类型转换时，要求数组的维数相同，而且数组元素的数据类型也相同。

4.6 VHDL 操作符

VHDL 中的表达式是由运算符和各种运算对象连接而成的式子，其中运算符也称为操作符，运算对象称为操作数。在 VHDL 中主要有 3 类操作符：

逻辑操作符（LOGIC OPERATOR）

关系操作符（RELATION OPERATOR）

算术操作符（CONCATENATION OPERATOR）

在 VHDL 的表达式中，操作符决定了运算的方式，操作符和操作数的类型要相匹配。

1. 逻辑操作符

逻辑操作符用来对操作数进行逻辑运算，VHDL 中共有 7 种逻辑操作符：逻辑“与”（AND）、逻辑“或”（OR）、逻辑“与非”（NAND）、逻辑“或非”（NOR）、逻辑“异或”（XOR）、逻辑“同或”（XNOR）和逻辑“非”（NOT）。

逻辑运算的操作数必须具有相同的数据类型，VHDL 标准逻辑操作符允许的操作数类型有位类型（BIT）、布尔类型（BOOLEAN）和位矢量类型（BIT_VECTOR）。在 IEEE 库的 STD_LOGIC_1164 程序包中对逻辑操作符进行了重新定义（即操作符的重载），使逻辑操作符也可以用于标准逻辑位类型（STD_LOGIC）和标准逻辑位矢量类型（STD_LOGIC_VECTOR）数据的逻辑运算，但是要在使用之前先声明 STD_LOGIC_1164 程序包。

如果在逻辑表达式中有两个以上除了 AND、OR 和 XOR 以外的逻辑操作符，需要使用括号对运算分组，先做括号内的运算，再做括号外的运算。以下都是符合规则的逻辑表达式：

```
SIGNAL  a,b,c,d,e:BIT;
SIGNAL  f,g,h,i:STD_LOGIC;
SIGNAL  j,k,l,m,n:BOOLEAN;
a<=b  AND  c  AND  d;
e<=b  AND (c  OR  d);
n<=(j  NOR  k) XOR (l  AND  m);
```

2. 关系操作符

关系操作符用于对具有相同数据类型的数据对象进行数值比较或排序判断，结果以布尔（BOOLEAN）类型的数据表示，即 TRUE 或 FALSE。VHDL 提供了六种关系操作符：“=”（等于）、“/=”（不等于）、“>”（大于）、“<”（小于）、“>=”（大于等于）、“<=”（小于等于）。

“=”和“/=”可以对所有的数据类型的操作数进行比较，对于标量型数据 a 和 b，如果它们的数据类型相同，且数值相等，则 a=b 的运算结果是 TRUE，a/=b 的运算结果是 FALSE。对于数组或记录类型的数据，则比较两个操作数对应元素是否相等。

“>”“<”“>=”“<=”称为排序操作符，可以用于整数、实数、枚举及由这些类型元素构成的一维数组类型，运算时，要求左右操作数的数据类型相同，但是长度可以不同。两个数组的排序判断是通过从左至右逐一对元素进行比较得到的，比较过程中，不管数据方向是向上（TO）还是向下（DOWNTO），都从最左边的位开始比较，并将自左向右的比较结果作为关系运算的结果。如果两个数组长度不同，且较短的数组数据与较长的数组数据前面的部分相同，则认为较短的数组数据小于较长的数组数据。例如：

```
'1'='1';
"1011"="1011";
"1011">"1010";
"111011">"1011";
"1101"<"1101001";
```

3. 算术操作符

VHDL 中算术操作符分为四类：求和操作符（ADDING OPERATOR）、求积操作符

（MULTIPLYING OPERATOR）、符号操作符（SIGN OPERATOR）和其他操作符。

（1）求和操作符

求和操作符包括加（+）减（-）操作符和并置（&）操作符。加减操作符的运算规则和普通代数的加减法运算规则相同，操作数可以是任意类型的数值型数据，运算结果的数据类型与操作数相同。下面是整型变量之间的加减运算：

```
VARIABLE  a,b,c,d,e,f:INTEGER  RANGE  0  TO  31;
a:=b+c;
d:=e-f;
```

并置操作符“&”用于将操作数或数组连接起来构成新的数组，操作数的类型是一维数组。例如：

'1'&'0'&'1'&'1'的结果是"1011"

'a'&'b'&'c'的结果是"abc"

（2）求积操作符

求积操作符包括乘（*）、除（/）、取模（MOD）和取余（REM）4 种操作符。乘、除运算的操作数数据类型是整数和实数，结果的数据类型与操作数相同。在一定的条件下，也可以对物理类型的数据对象进行乘除运算操作。取模和取余的操作数只能是整数类型，运算结果也是整数。下面例子中的都是合法的算术运算：

```
SIGNAL  a,b,c,d,e,f:INTEGER  RANGE  0  TO  31;
a<=b/2;
c<=b*3;
d<=f  MOD  5;
e<=f  REM  5;
```

（3）符号操作符

符号操作符包括正号（+）和负号（-）操作符，它们的操作数只有一个，操作数的数据类型为整数类型。“+”操作符不改变操作数，“-”操作符作用于操作数后的返回值是对操作数取反，使用时需加括号。例如：

```
SIGNAL  a,b,c:INTEGER  RANGE  0  TO  31;
a<=b+(-c);
```

4. 其他操作符

在 VHDL 中还有用于指数运算的指数操作符（**）、用于绝对值运算的绝对值操作符（ABS）以及一些移位操作符。指数操作符和绝对值操作符的操作数类型为整数，但是有的公司 VHDL 开发工具不支持指数和绝对值运算。

在 VHDL'93 版本中增加了 6 种移位操作符：逻辑左移（SLL）、逻辑右移（SRL）、算术左移（SLA）、算术右移（SRA）、循环左移（ROL）和循环右移（ROR）。移位操作符的操作数可以是由位类型或布尔类型的数据对象构成的一维数组，右操作数必须是整数类型数据，返回值的数据类型与左操作数相同。表 4-2 列出了 VHDL 中的各种操作符的类型、功能及其操作数数据类型。

表 4-2 VHDL 中的操作符

类型	操作符	功能	操作数数据类型
逻辑操作符	AND	“与”	BIT,BOOLEAN,STD_LOGIC
	OR	“或”	BIT,BOOLEAN,STD_LOGIC
	NAND	“与非”	BIT,BOOLEAN,STD_LOGIC
	NOR	“或非”	BIT,BOOLEAN,STD_LOGIC
	XOR	“异或”	BIT,BOOLEAN,STD_LOGIC
	XNOR	“同或”	BIT,BOOLEAN,STD_LOGIC
	NOT	“非”	BIT,BOOLEAN,STD_LOGIC
关系操作符	=	等于	任何数据类型
	/=	不等于	任何数据类型
	<	小于	整数与枚举类型，及对应的一维数组
	<=	小于等于	整数与枚举类型，及对应的一维数组
	>	大于	整数与枚举类型，及对应的一维数组
	>=	大于等于	整数与枚举类型，及对应的一维数组
算术操作符	+	加	整数
	-	减	整数
	&	并置	一维数组
	*	乘	整数和实数（包括浮点数）
	/	除	整数和实数（包括浮点数）
	MOD	取模	整数
	REM	取余	整数
	+	正	整数
	-	负	整数
其他操作符	**	乘方	整数
	ABS	取绝对值	整数
	SLL	逻辑左移	BIT 或布尔型一维数组
	SRL	逻辑右移	BIT 或布尔型一维数组
	SLA	算术左移	BIT 或布尔型一维数组
	SRA	算术右移	BIT 或布尔型一维数组
	ROL	循环左移	BIT 或布尔型一维数组
	ROR	循环右移	BIT 或布尔型一维数组

5. 操作符的优先级

VHDL 中的操作符也有优先级顺序，一般来说，优先级别由低到高依次为：逻辑操作符→关系操作符→移位操作符→算术操作符，同一类型的操作符具有相同的优先级，当一个表达式中出现多个同级别的操作符时，按从左到右的顺序依次运算，用括号可以改变操作符的优先级。在算术操作符中，求和操作符（+、-、&）的优先级别要低于求积操作符和符号操作符。

4.7 VHDL 预定义属性

VHDL 预定义属性就是从信号、数据类型、子类型或数据块等项目中获取的数据信息，可用于对信号或其他项目的多种属性检测或统计，例如可以用来检测时钟边沿，完成与断言语句有关的时序检查，返回未约束数据类型的数据范围信息等。VHDL 中具有属性的项目有数据类型、子类型、常量、变量、信号、实体、结构体、配置、程序包、函数、过程、元件和语句标号等，属性是这些项目的特性。

VHDL 预定义属性可以归纳为 5 种类型：

数值类属性——获取一个简单的数值；

函数类属性——执行函数调用，获取一个数值；

信号类属性——从一个信号得出另一个信号，并获取这个新的信号；

数据类型类属性——获取一个数据类型标识；

数据范围类属性——获取一个范围值。

1. 数值类属性

数值类属性通常用于返回一个有关数据类型、数组和块的特定值，也可以用于返回数组的长度或一个类型的最低边界，有三种子类属性：

1）数据类型的数值属性：获取类型的边界值；

2）数组的数值属性：获取数组的长度；

3）数据块的数值属性：获取数据块的信息。

2. 函数类属性

函数类属性以函数的形式表示，可以为用户提供关于数据类型、数组、信号的信息，返回值可以是数据的位置序号、数组的边界值、信号的变化情况及历史信息等。函数类属性有三种子属性：

1）数据类型的属性函数：返回数据类型值；

2）数组的属性函数：返回数组边界信息；

3）信号的属性函数：返回信号的历史信息。

3. 信号类属性

信号类属性可以根据一个信号产生一个特定的新的信号，并提供属性描述的相关信息。信号类属性的返回值包括：信号稳定时间是否超过指定的时间、信号的事务何时产生的、产生一个信号的延时时间等。信号类属性不能用在子程序中。

4. 数据类型类属性

数据类型类属性可以返回原数据的数据类型，必须使用数值类属性描述语句或函数类属性描述语句的返回值来表示。

5. 数据范围类属性

数据范围类属性返回数据的取值范围值，仅使用于受限的数组类型，并返回输入参数项指定的取值范围值。

表 4-3 列出了各种预定义属性的名称、功能以及适用范围。

表 4-3　VHDL 常用的预定义属性函数

类型	属性名称	功能与含义	适用范围
数值类属性	LEFT	返回类型或子类型的左边界值	类型、子程序
	RIGHT	返回类型或子类型的右边界值	类型、子程序
	HIGH	返回类型或子类型的上限值	类型、子程序
	LOW	返回类型或子类型的下限值	类型、子程序
	LENGTH[(n)]	返回类型或子类型的总长度，用于数组时，n 表示二维数组行序号	数组
	STRUCTURE	如果块或结构体只含有元件例化语句或被动进程时，返回 TRUE	块、结构体
	BEHAVIOR	如果有块标号说明或构造体有构造体名，又不含有元件例化语句，返回 TRUE	块、结构体
函数类属性	POS（value）	返回参数 value 的位置序号	枚举类型
	VAL（value）	返回参数 value 的位置值	枚举类型
	SUCC（value）	返回比 value 的位置序号大的一个相邻位置值	枚举类型
	PRED（value）	返回比 value 的位置序号小的一个相邻位置值	枚举类型
	LEFTOF（value）	返回 value 左边位置的相邻值	枚举类型
	RIGHTOF（value）	返回 value 右边位置的相邻值	枚举类型
	EVENT	如果当前的 Δ 期间内发生了事件，则返回 TRUE，否则返回 FALSE	信号
	ACTIVE	如果当前的 Δ 期间内信号发生变化，则返回 TRUE，否则返回 FALSE	信号
	LAST_EVENT	从信号最后一次变化到当前时刻所经历的时间	信号
	LAST_VALUE	信号最后一次变化前的值	信号
	LAST_ACTIVE	从前一次变化到当前所经历的时间	信号
信号类属性	DELAYED[(time)]	在参考信号 time 时间后产生一个与参考信号同类型的新信号，并返回该信号	信号
	STABLE[(time)]	当参考信号在规定的 time 时间内没有事件发生，则信号是稳定的，返回 TRUE	信号
	QUIET[(time)]	当参考信号在规定的 time 时间内没有事务和事件发生，则信号是静止的，返回 TRUE	信号
	TRANSACTION	每当参考信号发生一个事务或发生一次事件，该位类型的值变化一次	信号
数据类型类属性	BASE	返回原数据的数据类型，在 VHDL 程序中不能单独使用，只能作为其他数值类属性或函数类属性的前缀使用	类型、子类型
数据范围类属性	RANGE[(n)]	返回按指定顺序的范围值，参数 n 指定二维数组的第 n 行	数组
	REVERSE_RANGE[(n)]	返回按指定逆序的范围值，参数 n 指定二维数组的第 n 行	数组

注意：属性的特征是一个单引号（'），不是成对出现的。

预定义属性的描述格式：

属性测试项目名'属性标识符

其中属性测试项目名即属性对象，可以用相应的标识符（即属性名）表示，通过下面预定义属性的例子，可以使读者进一步认识预定义属性的用法。

例 4-12 获取数值型枚举类型的数值属性

```
ARCHITECTURE  behave  OF  data BUS  IS
TYPE  data_BUS  is  0  TO  7;
BEGIN
    PROCESS  (clk)
    VARIABLE  q0,q1: integer range  0  to  7;
    BEGIN
        q0: = data_BUS'LEFT;            --返回 data_BUS 的左边界的值 0
        q1: = data_BUS'RIGHT;           --返回 data_BUS 的右边界的值 7
    END  PROCESS;
END  behave;
```

在时序逻辑电路描述中，会用到语句“clock'EVENT AND clock = 1”检测时钟上升沿，属性函数'EVENT 用来检测在当前一个相当小的时间间隔 Δ 内 clock 是否发生变化，发生变化则类属函数将返回布尔量“真”值，否则返回布尔量“假”值。

本章小结

VHDL 是 EDA 技术的重要组成部分，本章主要讲述了 VHDL 的基本语法知识，它是利用 VHDL 进行 EDA 设计的基础。

一个完整的 VHDL 程序称为设计实体。基本结构有以下五部分组成：库（LIBRARY）、程序包（PACKAGE）、实体（ENTITY）、结构体（ARCHITECTURE）和配置（CONFIGURATION）。其中实体和结构体是设计实体的基本组成部分，可以构成基本的 VHDL 程序，是本章的主要内容。

实体定义了设计的实体与外部电路的接口，结构体实现了电路的具体描述。

VHDL 的语法要素包括 VHDL 文字规则、VHDL 常用的数据对象、数据类型、各种操作符及其运算规则。掌握这些语法要素，可使编程更加严谨，程序更加规范。

VHDL 预定义属性可以归纳为“数值类”“函数类”“信号类”“数据类型类”和“数据范围类”5 种类型。表 4-3 列出了各种预定义属性的名称、功能以及适用范围。

习题

4-1 简述 VHDL 程序的基本结构。

4-2 VHDL 主要有几种描述风格，各有什么特点？

4-3 简述 VHDL 中的数据对象信号与变量的异同。

4-4 用 VHDL 设计一个基本 RS 触发器

4-5　用 VHDL 设计一个 4 位串入/串出寄存器。

4-6　以下代码有哪些错误，请指出并改正。

```
LIBRARY ieee;
use ieee. std_logic_1164. all;
use ieee. std_logic_unsigned. all;
ENTITY and IS
    PORT( num: IN std_logic_vector( 3 downto 0);
        led: OUT   std_logic_vector(6 downto 0));
END and;
ARCHITECTURE 1 OF and IS

BEGIN
process( num)
begin
case num is
when "0000" = >led  < = B"111_1110";
when "0001" = >led < = B"011_0000";
when "0010" = >led < = B"1101101";
when "0011" = >led < = B"1111001"  ;
when "0100" = >led < =2#0110011#;
when "0101" = >led < =2#1011011#;
when "0110" = >led < =1011111;
when "0111" = >led < =111_0000;
when "1000" = >led < =2#111_1111#;
when "1001" = >led < =2#111_1011#;
when others = >led < ="0000000";
end case;
end process;
END fun;
```

第 5 章 VHDL的语句

在 VHDL 中实体的行为和结构是通过在结构体中的描述实现的，结构体中的基本描述语句有两种：顺序语句（Sequential Statement）和并行语句（Concurrent Statement）。进程语句是一个特殊的并行语句，结构体中要使用顺序语句，必须写在进程中。本章除介绍以上内容外，还对设计库和程序包以及需要自行设计的某些元件、子程序、数据类型等做出了介绍。

5.1 进程语句

进程语句本身是并行语句，但进程语句内部的描述性语句必须是顺序语句，因此，进程语句具有双重性，是最重要、最能体现硬件描述语言特点、使用频率最高的语句，是将顺序语句和并行语句联系在一个设计实体中的纽带。进程语句的有两种格式：

格式一：

```
[进程标号:] PROCESS (敏感信号列表) [IS]
[进程说明性语句部分;]
BEGIN
    顺序描述语句;
END PROCESS [进程标号];
```

格式二：

```
[进程标号:] PROCESS [IS]
[进程说明性语句部分;]
BEGIN
    顺序描述语句;          --必须至少有一个 wait 语句;
END PROCESS [进程标号];
```

进程标号是标识符的一种，相当于单个进程的名字，可用于区分多个进程，多进程不可重名。进程标号可以省略。

PROCESS 是进程语句的关键字。

在进程说明性语句部分可以定义局部量，如常量、变量、数据类型、子程序、属性等，但不可以定义信号和共享变量等全局量。通过局部量的定义为进程语句的描述提供所需的局部数据环境。这些局部量仅在该进程内有效，在该进程外变量无效，因此在进程间进行通信必须使用信号等全局量，不可以使用变量等局部量。

BEGIN 是表明进程描述语句开始的关键字。

主要的语句部分必须是顺序语句，其中格式一必须在关键字 PROCESS 后的括号内填写敏感信号列表，并且在描述部分不可以出现 wait 语句；格式二中必须要有至少一个 wait 语句。在进程语句中，敏感信号列表和 wait 语句不可同时出现，但必须两者具备其一。否则，程序将不能通过编译。敏感信号列表中应包括所有可能引起该电路模块输出发生变化的输入量，否则仿真和硬件验证的结果将会出现错误，但是敏感信号列表中不可包含该电路模块的输出量。一般常用格式一。

END PROCESS 是进程结束的标志。

进程语句是一个无限循环的语句，它有两种状态，即运行和挂起。当敏感信号列表中的任一信号发生变化，比如从高电平跳变成低电平，或是 wait 语句的条件满足时，进程语句从起始语句开始运行，遇到 END PROCESS 返回到起始语句，结束运行，进入挂起状态。

时序电路必须用不完全条件的顺序语句来描述，但一般在一个进程中只能含有一个时钟边沿检测语句。多个时钟信号的时序电路即异步时序电路要用多进程描述。

例 5-1　单进程实例（二选一多路选择器的设计）

```
ENTITY mux21a IS
  PORT(   a, b: IN BIT;
               s: IN BIT;
               y: OUT BIT );
END ENTITY mux21a;
ARCHITECTURE one OF mux21a IS
BEGIN
  PROCESS(a, b,s)
  BEGIN
        IF s = '0' THEN y <= a ; ELSE y <= b;
        END IF;
  END PROCESS;
END ARCHITECTURE one;
```

查看以上设计的 rtl viewer 结果如图 5-1 所示。

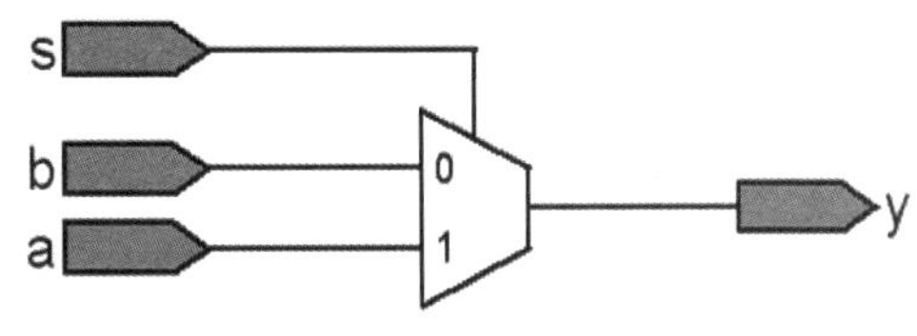

图 5-1　二选一多路选择器 rtl viewer 结果

例 5-1 波形仿真结果如图 5-2 所示。

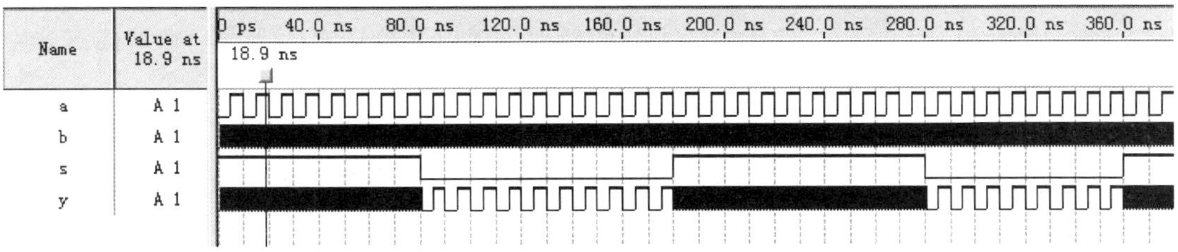

图 5-2　二选一多路选择器仿真波形图

 **想一想：**

仿真波形的选择是一个重要的环节，选择合适的仿真波形的基础是对设计系统的深刻理解。之前的实例中多是选择真值表的方式，这里的仿真波形图对你有什么启发吗?

从仿真波形图中可以看出，当 s ='1'时，输出 y 的波形和 b 相同，即 y = b；当 s ='0'时，输出 y 的波形与 a 相同，即 y = a；所以实现了二选一多路选择器的功能要求。

对于多进程设计来说，多个进程可以用不同的进程名进行区分。多进程是同时并行执行的，不区分书写的先后顺序。

例 5-2 多进程举例

```
⋮
⋮
CNT: PROCESS(CLK, RST, EN)              -- CNT 进程
    BEGIN
     ⋮
    END PROCESS;
SEG: PROCESS(CQ )                       -- SEG 进程,两进程可交换位置
  BEGIN
   ⋮
  END PROCESS;
   ⋮
```

5.2 顺序语句

VHDL 主要有以下几类顺序语句：赋值语句、流程控制语句、等待语句、空操作、返回语句以及子程序调用语句等。其中赋值语句是最常见的顺序语句；流程控制语句包括 IF 语句、CASE 语句、LOOP 语句、NEXT 语句、EXIT 语句等；等待语句用在进程语句的第二种格式中，有些等待语句不能综合；空操作是最简单的顺序语句；返回语句用于子程序；子程序调用等语句将在子程序部分介绍。

5.2.1 赋值语句

赋值语句是将一个值或一个表达式的运算结果传递给某一数据对象（如变量、信号或由它们组成的数组）的语句。设计实体内部的数据传递以及设计实体端口的数据读写等操作也都需要通过赋值语句来完成。

赋值操作是使用最为频繁的操作之一，有的赋值操作用于进程或子程序内部，被称为顺序赋值语句；有的赋值语句出现在进程和子程序之外，属于并行赋值语句。顺序赋值语句有两种格式：

信号赋值：信号 <= 表达式；

变量赋值：变量：= 表达式；

使用顺序语句需要注意以下问题：

1）赋值语句由三部分构成：赋值目标、赋值符号、赋值源。根据赋值目标的数据对象类型不同，有两种赋值语句：变量赋值和信号赋值。对于这两种赋值其赋值符号也不同。变量赋值符号为“:=”；信号赋值符号为“<=”。因此，赋值符号由赋值目标的数据对象类型决定，与赋值源的数据对象类型无关。

例如，若 A、B 的数据类型都是 bit，但 A 为变量，B 为信号，变量 A 对信号 B 赋值的语句为

```
B <= A;
```

信号 B 对变量 A 赋值的语句为

```
A := B;
```

2）赋值目标的数据类型可以是 bit 型、std_logic 型等标量型，也可以是数组或是数组的部分元素。赋值源可以是常数（包括标量型和数组型），也可以是表达式；例如：

```
A := '1';                      -- 赋值目标变量 A 为 bit 型，赋值源为常数
B <= not A;                    -- 赋值目标信号 B 为 bit 型，赋值源为表达式
C <= " 1101";                  -- 赋值目标信号 C 为数组，赋值源为常数
D(1 TO 2) <= "00";             -- 赋值目标为信号 D 的部分元素
D(1 TO 2) <= C(1 downto 0);    -- 赋值源为信号 C 的部分元素
```

3）VHDL 为强类型语言，规定赋值仅能在同种数据类型之间进行，否则赋值不能进行。例如以下操作是不能进行的（A、B 的数据类型都是 bit）：

```
A := "11";
B <= "00";
```

4）在顺序赋值语句中，允许对信号和变量有多个驱动源，即有多次赋值操作。对于变量来说，赋值操作的执行与完成是同一时间，即进行赋值操作后变量从此赋值语句之后该变量的取值发生了变化，获得了新值。但是对于信号来说，它的赋值的执行与完成之间不同步，在所在进程语句结束时才能完成赋值，因此，对于信号来说多次赋值操作中，仅有最后一个起作用，并且，所赋得新值要到进程结束时才能得到，在该进程内信号的值不发生变化。例如在某进程中对于变量 A 有以下语句：

```
⋮
A := '1';           -- 此行以上 A 的值保持不变
⋮                   -- A 的值为‘1’
A := '0';           -- 此行以下 A 的值为‘0’
⋮
```

若在进程中对于信号 B 有以下语句：

```
⋮                   -- 信号 B 的值保持不变
B <= '1';           -- 信号 B 的值保持不变，且此行赋值无效
⋮                   --  信号 B 的值保持不变
B <= '0';           -- 信号 B 的值保持不变，若是对信号 B 的最后一次赋值则
                    -- 此次赋值有效，但要到进程结束时才能完成赋值
                    -- 即进程下一次启动时信号 B 的值为'0'
⋮
```

5）当赋值目标或赋值源为信号时，可以是结构体内定义的信号，也可以是端口说明语句中定义的输入输出端口。但是，输入端口只能作为赋值源，输出端口只能作为赋值目标。

例如：端口 a 是输出端口，要实现在一定条件下该端口加一的功能，如果采用语句

```
a <= a + 1;
```

是错误的。若端口 b 是输入端口，那么任何情况下都不允许出现以下形式的语句

```
b <= 表达式;                    -- 表达式可以为任何形式
```

想一想：

顺序赋值语句选用哪个符号取决于符号左边还是右边？为了保证赋值能顺利进行，除了保证数据对象类型正确之外，还要注意什么？

例 5-3 变量赋值、信号赋值的使用及区别

```
ENTITY dcfq IS
  PORT (a,b:IN BIT;
          y: OUT integer range 3 downto 0);
END ENTITY dcfq;
ARCHITECTURE one OF dcfq IS
BEGIN
    PROCESS (a,b)
        variable q:integer range 3 downto 0;
    BEGIN
        q: =0;
        IF a ='0' AND b ='1' THEN q: =q +1;
        ELSIF a ='1' AND b ='0' THEN q: =q +2;
        ELSIF a ='1' AND b ='1' THEN q: =q +3;
        ELSE q: =q;
        AND IF;
        y <=q;
    END PROCESS;
END ARCHITECTURE one;
```

例 5-3 仿真结果如图 5-3 所示。

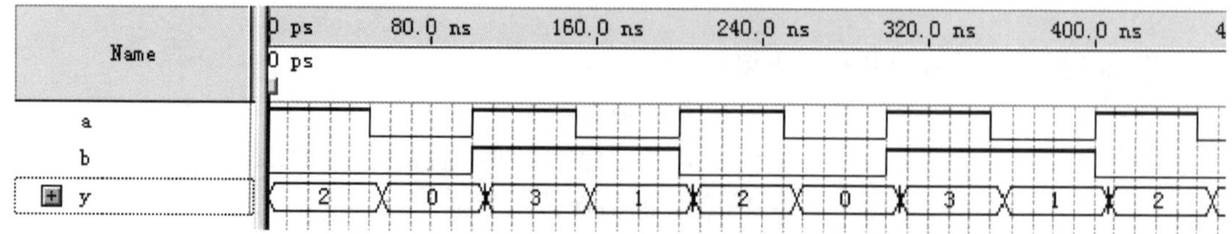

图 5-3 ARCHITECTURE one 的功能仿真结果

从图 5-3 仿真结果可以看出，当输入端信号 a、b 发生改变时，输出 y 的值都会随之变化。每一次输入值发生改变都可以启动进程，接着执行对变量 q 的赋值语句，对 q 清零；接

着根据 a、b 的取值情况对 q 进行第二次赋值；最后把 q 的最终结果赋值给输出 y。

结构体 one 生成的电路图 rtl viewer 结果如图 5-4 所示。

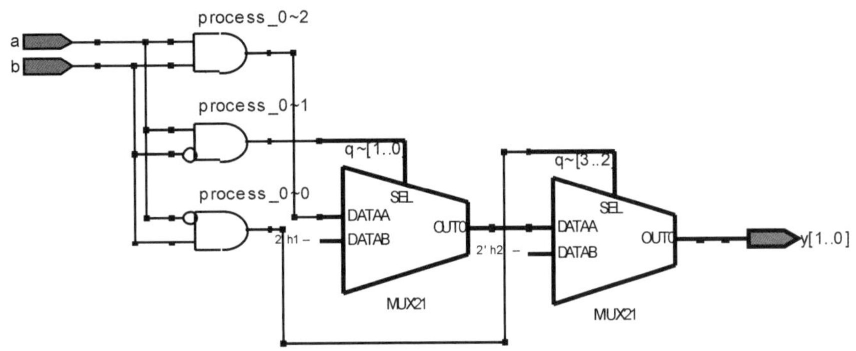

图 5-4 ARCHITECTURE one 的 rtl viewer 结果

```
ENTITY dcfq IS
  PORT (a,b:IN  BIT;
          y:OUT integer range 3 downto 0);
END ENTITY dcfq;
ARCHITECTURE two OF dcfq IS
signal  q:integer range 3 downto 0;
BEGIN
  PROCESS (a,b)
  BEGIN
      q <=0;
      IF a ='0' AND b ='1' THEN q <=q +1;
      ELSIF a ='1' AND b ='0' THEN q <=q +2;
      ELSIF a ='1' AND b ='1' THEN q <=q +3;
      ELSE q <=q;
      END IF;
      y <=q;
  END PROCESS;
END ARCHITECTURE two;
```

图 5-5 所示为 architecture two 的功能仿真结果。

从图 5-5 可以看出，当输入信号 a、b 发生变化时，输出 y 的值并没有任何改变。当输入信号 a、b 发生改变时，进程启动，接着执行对 q 的清零，然后执行 if 语句，并根据 a、b 的实际值对 q 进行二次赋值，最后将 q 的最终值赋给输出 y。但要注意，当顺序语句中对信号有多次赋值时，最后一次起作用，即若此时 a 为'0'并且 b 为'1'，则仅执行q <= q +1，而不会执行 q <=0；由于缺少了对 q 的赋初始值，导致 q 值是未知的，q +1 的值也是未知的，最终导致输出结果 y 的值也是未知的。

结构体 two 生成的电路图 rtl viewer 结果如图 5-6 所示。

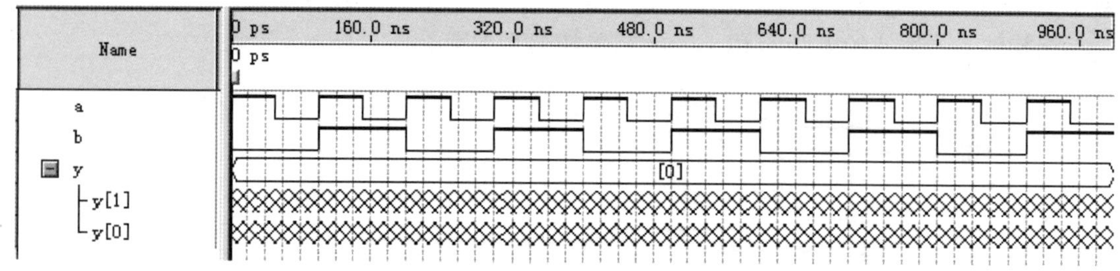

图 5-5　architecture two 的功能仿真结果

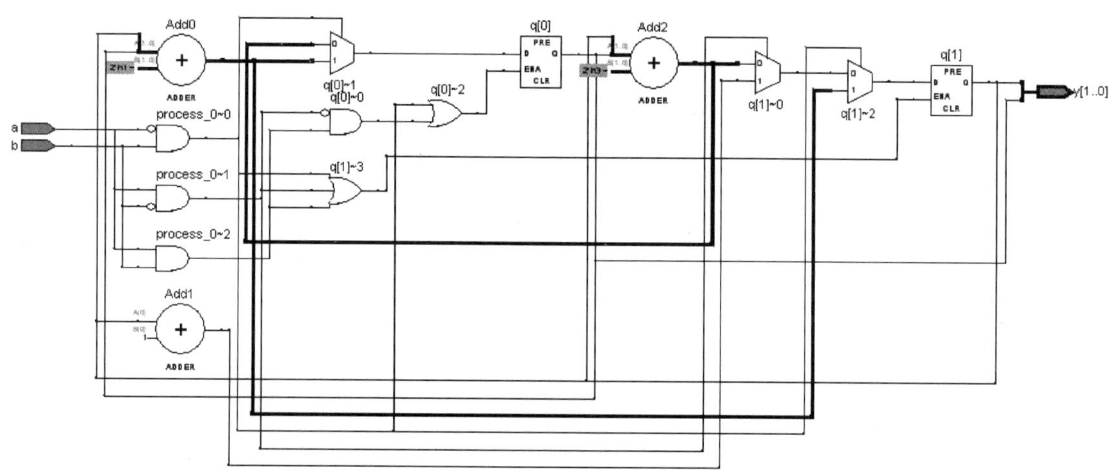

图 5-6　architecture two 的 rtl viewer 结果

5.2.2　IF 语句

IF 语句是一种具有条件控制功能的语句，根据不同的条件执行指定的操作。按照格式不同，IF 语句有四类：单开关控制 IF 语句、双选择控制 IF 语句、多选择控制 IF 语句和条件嵌套的 IF 语句。

1. 单开关控制 IF 语句

IF 条件 THEN

顺序语句；

END IF；

此类 IF 语句较简单，只有一个条件。它的执行情况为：首先检测关键词 IF 后的条件表达式，如果测试结果为 TRUE，那么执行 THEN 后的顺序语句，END IF 结束；如果检测结果为 FALSE，则直接跳过以下顺序语句，跳至 END IF 之后。这类 IF 语句是不完全的条件语句，对于满足条件的情况有明确的处理，但是对于不满足条件的情况却没有处理语句，此时电路要保持原有的输出状态不发生改变，因此会在电路中生成具有保持功能的电路单元，即存储单元，此时产生的是时序逻辑电路。

例 5-4　边沿触发的 D 触发器

```
LIBRARY IEEE;
USE IEEE. STD_LOGIC_1164. ALL;
```

```
ENTITY  DFF1 IS
PORT(D,CLK: in std_logic;
    Q:out std_logic);
END DFF1;
ARCHITECTURE one OF dff1 IS
BEGIN
    PROCESS(CLK,D)
    BEGIN
        IF CLK'event and CLK = '1' THEN
        Q <= D;
        END IF;
    END PROCESS;
END one;
```

当满足条件 clk'event and clk = '1'，即上升沿到来时，输入端 d 对输出端 q 赋值；否则，输出端保持原来的值。这是典型的时序逻辑电路。

例 5-5　十六进制计数器设计

```
LIBRARY IEEE;
USE IEEE. STD_LOGIC_1164. ALL;
USE IEEE. STD_LOGIC_UNSIGNED. ALL;

entity counter16 is
port(clk:in std_logic;
        a:buffer std_logic_vector(3 downto 0));
end entity;

architecture one of counter16 is
begin
  process(clk)
  begin
    if clk'event and clk = '1' then
    a <= a + 1;                --此语句中的赋值源含有输出端信号
                               --因此 a 的端口模式要用 buffer 而不能用 out
                               --如果用 out 则需要定义中间信号进行运算
                               --最后将运算结果通过该信号赋值给输出端
    end if;
    end process;
end one;
```

从图 5-7 所示的十六进制计数器功能仿真结果可以看出，若输出初始值为 0，即“0000”，当时钟上升沿到来时，即满足 clk'event and clk = '1'时，输出自动加 1，直到输出为 15，即“1111”。当输出为 15 时，如果时钟上升沿再次到来则下一个输出状态为 0，即“0000”。因此，此设计的输出二进制数结果为时钟上升沿的个数，并且该结果满 15 清零，由此可见，此设计为十六进制的计数器。同理，2^n（n 为任意正整数）进制计数器的设计只需要修改输出标准逻辑位矢量 a 的长度为 n 即可。

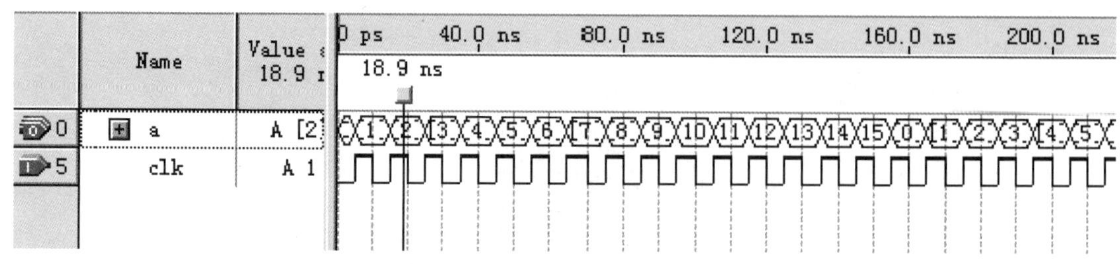

图 5-7 十六进制计数器的功能仿真结果

从图 5-8 所示的 rtl viewer 结果可以看出该电路为时序逻辑电路。该 if 语句多用于产生时序逻辑电路，因为对于不满足条件的情况，该电路不做处理，即要保持原来的输出，此时需要用到存储单元，因此电路为时序逻辑电路。

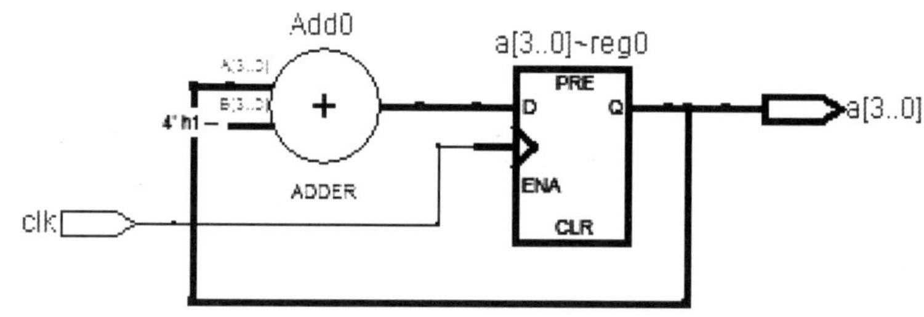

图 5-8 rtl viewer 结果

注意，对于 IF 语句中的条件语句必须是 Boolean 表达式。布尔量一般通过关系运算符获得。所以在条件语句中至少存在以下关系运算符，包括：=（等于）、/=（不等于）、>（大于）、<（小于）、>=（大于等于）、<=（小于等于）等；若条件复杂的情况下还可能包含某些逻辑操作符，如 and（与）、or（或）、nand（与非）、nor（或非）、xor（异或）、xnor（同或）、not（非）等。

 **想一想：**

有人说单 IF 语句产生的是时序逻辑电路，你觉得对吗？

2. 双选择控制 IF 语句

```
IF 条件 THEN
  顺序语句一;
ELSE
  顺序语句二;
END IF;
```

此语句有一个条件语句，但是对于是否满足条件都给予了明确的处理语句。如果满足条件，则执行顺序语句一，否则执行顺序语句二。与单开关控制 IF 语句相比，此语句对于测试结果为 FALSE 的情况给予了明确的处理语句，即顺序语句二，因此不管测试条件是否满足，大部分情况下会生成相应的组合电路对数据进行处理。该语句多用来产生组合电路。分析比较以下程序：

例 5-6 IF-ELSE 与 IF 语句的区别

程序一：

```
ENTITY qq IS
  PORT( clk,con: IN BIT;
            q: OUT BIT);
END;
ARCHITECTURE one OF qq IS
BEGIN
  PROCESS (clk,con)
  BEGIN
      IF con  ='1' THEN
      q <= not clk;
      ELSE q <= clk;
      END IF;
  END PROCESS;
END;
```

图 5-9 所示为程序一的 rtl viewer 结果。

程序二：

```
ENTITY qq IS
  PORT( clk,con: IN BIT;
            q: OUT BIT);
END ;
ARCHITECTURE one OF qq IS
BEGIN
  PROCESS(clk,con)
  BEGIN
      IF con  ='1' THEN
      q <= not clk;
      END IF;
  END PROCESS ;
END ;
```

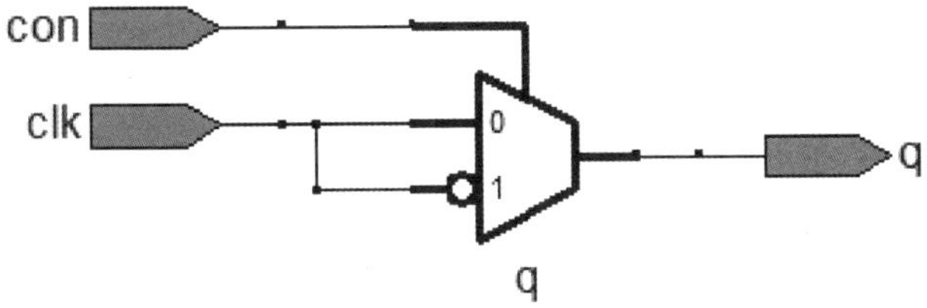

图 5-9　程序一的 rtl viewer 结果

程序二的 rtl viewer 结果如图 5-10 所示。

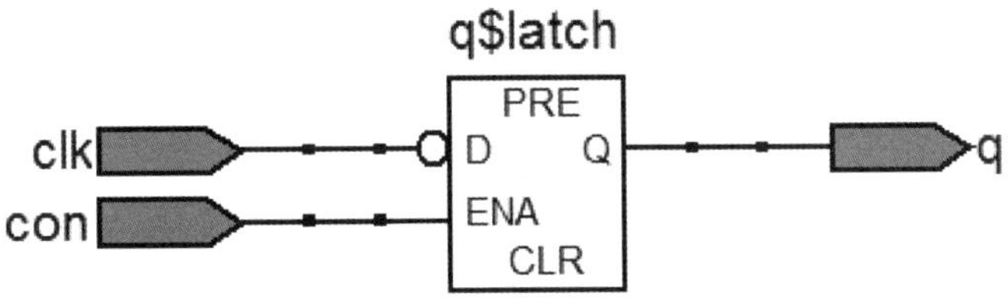

图 5-10　程序二的 rtl viewer 结果

在程序一中，对于 con ='1' 的两种取值结果都有相应的处理方式，即如果结果为 TRUE，则执行 q <= not clk；若运算结果为 FALSE 则执行 q <= clk。所以此电路的功能类似于二选一的多路选择器，是典型的组合逻辑电路。

在程序二中，当 con = '1'运算的结果为 TRUE 时，执行 q <= not clk；否则没有任何操作，即此时电路的输出端 q 的状态不发生变化，电路工作状态为保持原来的值不变。因此，此电路的功能类似于高电平触发的 D 触发器，属于典型的时序逻辑电路。

想一想：

有人说两选择控制的 IF-ELSE-END 语句产生的是组合逻辑电路，你觉得对吗？

3. 多选择控制 IF 语句

```
IF 条件 1 THEN
  顺序语句 1；
ELSIF 条件 2 THEN
  顺序语句 2；
ELSIF 条件 3 THEN
  顺序语句 3；
    ⋮
ELSE
  顺序语句 n；
END IF；
```

此语句中有多个条件，这些条件根据出现的次序不同其优先级也不同，即条件 1 的优先级最高，其次为条件 2，依此类推。顺序语句 1 执行的条件是满足条件 1；顺序语句 2 执行的条件为不满足条件 1 并且满足条件 2；顺序语句 3 执行的条件为既不满足条件 1 也不满足条件 2，并且满足条件 3……依此类推。该语句可以实现多条件向上相“与”的功能。因此在使用该语句时一定要注意各个条件的优先级，不得随意调换各条件的顺序，否则虽然程序可以顺利通过编译，但是所表达的逻辑关系却发生了改变。

另外，注意 ELSIF 的写法。如果误写为 ELSE IF，则变为了 IF 语句的嵌套语句，为了使得语法完整还需要添加对应的 END IF 等语句才能保证程序顺利通过编译。

此语句的典型应用是用于优先编码器的设计。

例 5-7 8 线 -3 线优先编码器的设计

```
LIBRARY IEEE；
USE IEEE. STD_LOGIC_1164. ALL；
ENTITY coder IS
  PORT (  din ：IN STD_LOGIC_VECTOR(0 TO 7)；
          output ：OUT STD_LOGIC_VECTOR(0 TO 2))；
END coder；
ARCHITECTURE behave OF coder IS
  SIGNAL SINT ：STD_LOGIC_VECTOR(4 DOWNTO 0)；
BEGIN
    PROCESS (din)
```

```
    BEGIN
        IF (din(7) = '0')THEN output  <= "000" ;    -- 输入端 din(7)的优先级最高
                                                    -- 只要满足 din(7) = '0'就执行
                                                    -- output  <=  "000"
        ELSIF (din(6) = '0')THEN output <= "100" ;-- 输入端 din(6)的优先级
                                                    -- 仅次于 din(7), 当满足
                                                    -- din(7)/ = '0' and din(6) =
                                                       '0'时
                                                    -- 执行 output <= " 100"
        ELSIF (din (5)  ='0')  THEN output  <= " 010" ;
        ELSIF (din (4)  ='0')  THEN output  <= " 110" ;
        ELSIF (din (3)  ='0')  THEN output  <= " 001" ;
        ELSIF (din (2)  ='0')  THEN output  <= " 101" ;
        ELSIF (din (1)  ='0')  THEN output  <= " 011" ;
        ELSE                       output <= " 111" ;
        END IF ;
  END PROCESS ;
END behave;
```

想一想:

你能分清 ELSIF 与 ELSE IF 吗? 如果将上面设计改为用 ELSE IF 来实现, 应该怎么做?

8 线 -3 线优先编码器的工作原理为: 8 个输入端都对应一组固定的编码输出, 当某一输入端有效时 (0 有效), 此时输出该端口的对应编码; 但是 8 个输入端的优先级不同, 如 din 中 din(7)优先级最高, 依此类推, din(0)优先级最低, 若输入端有多个输入信号同时有效时, 则输出优先级最高的输入端对应的编码。8 线 -3 线优先编码器的功能表见表 5-1。

表 5-1　8 线-3 线优先编码器的功能表

输　入								输　出		
din0	din1	din2	din3	din4	din5	din6	din7	output0	output1	output2
x	x	x	x	x	x	x	0	0	0	0
x	x	x	x	x	x	0	1	1	0	0
x	x	x	x	x	0	1	1	0	1	0
x	x	x	x	0	1	1	1	1	1	0
x	x	x	0	1	1	1	1	0	0	1
x	x	0	1	1	1	1	1	1	0	1
x	0	1	1	1	1	1	1	0	1	1
0	1	1	1	1	1	1	1	1	1	1

注: 表中的 “x” 为任意, 类似 VHDL 中的 “—” 值。

没有优先级关系的逻辑电路也可以考虑使用该语句实现，如 JK 触发器、RS 触发器和寄存器等。

 **想一想：**

有人说多选择控制 IF 语句产生的是组合逻辑电路，你觉得对吗？

4. 条件嵌套的 IF 语句

```
  IF 条件 1 THEN
      顺序语句 1;
  IF 条件 2   THEN                --内外 IF 语句都可以是以上三种形式中的
                                  --任意一种，并且可以多层嵌套
      顺序语句 2;
       ⋮
  END IF;
  顺序语句 n;
END IF;
```

条件嵌套的 IF 语句的执行过程为：首先测试条件 1，若为真，则执行顺序语句 1，并对条件 2 进行测试，否则跳到最后一个 END IF 处，结束整个 IF 语句；在第一个条件测试结果为真的前提下，执行顺序语句 1，并测试条件 2，若测试结果为真，则执行顺序语句 2 和省略部分，若条件 2 的测试结果为假，则跳至倒数第二个 END IF 处，执行顺序语句 n。

此语句允许多种形式 IF 语句的嵌套，IF 与 END IF 按照就近原则构成一个完整的 IF 语句。在上述结构中，最内层的 IF 与第一个 END IF 组成一个完整的 IF 语句，嵌套在最内层……最外层的 IF 与最后的 END IF 组成完整的 IF 语句。END IF 的位置不同决定了出现在其中的顺序语句是否受到对应条件的控制，因此，在应用该结构时要特别注意 END IF 的位置。一旦在程序检查过程中发现 IF 和 END IF 语句不能配对时，需要分析整个嵌套语句，以确定缺少的（或是多余的）END IF 语句的位置。显然这样做工作量比较繁杂。因此建议在使用 IF 嵌套语句时尽量每次都书写一个完整结构的 IF 语句，然后在该结构以外或以内添加其他嵌套语句，并在书写时尽量保证同一层的嵌套语句保持同样的缩进，内层嵌套缩进大于外层嵌套语句的缩进距离，以方便后期程序的阅读和修改。

IF 语句嵌套的应用十分广泛，可以多层嵌套，嵌套的 IF 语句可以是前面所介绍的任意一种。

例 5-8 十进制计数器设计

```
library ieee;
use ieee.std_logic_1164.all;
use ieee.std_logic_unsigned.all;

entity counter10 is
port(clk:in std_logic;
    a:out std_logic_vector(3 downto 0));
end entity;
```

```
architecture one of counter10 is
signal a1: std_logic_vector(3 downto 0);
begin
  process(clk)
  begin
    if clk'event and clk = '1' then      --嵌套语句的第一层,如果满足条件 clk'event and
                                         --clk = '1'则执行以下顺序语句,否则,跳至最后一个
                                         --end if,结束整个 if 嵌套语句
        if a1 >=9 then                   --嵌套语句的第二层,这是具有两选择控制的
                                         --if-else-end if 语句
        a1 <="0000";
        else
        a1 <=a1 +1;
        end if;                          --第二层嵌套到此结束
      end if;
    a <=a1;                              --最外层嵌套到此结束
    end process;
end one;
```

十进制计数器的工作原理为：当时钟信号为上升沿时，判断计数结果是否为9，若为9则下一个状态为0；否则下一个状态为当前计数值加1。因此，首先对条件1（时钟上升沿）进行判断，满足条件1的前提下判断条件2（计数结果是否大于或等于9），如果满足条件2，则计数结果为0，否则计数结果为a+1，若条件1不满足则直接跳出整个if语句。图5-11所示为该程序的功能仿真波形图。

想一想：

试一试给上述设计加上复位和使能控制信号。

试一试将上述设计改为减计数。

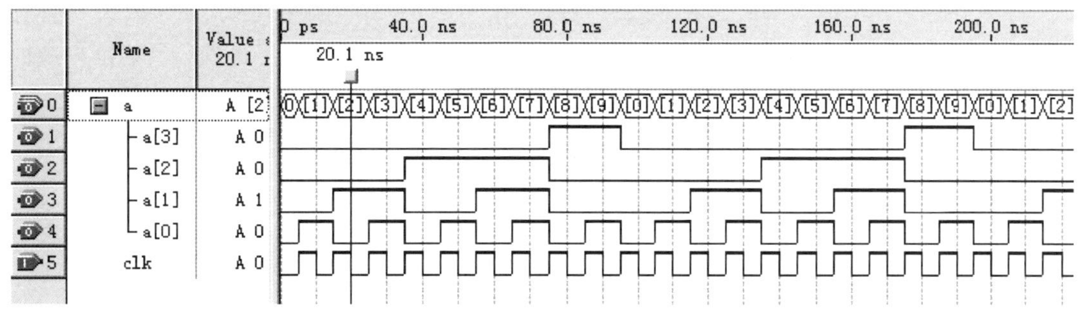

图5-11　十进制计数器功能仿真波形图

由此可以得到一种任意m进制计数器的设计方法，只需要修改输出标准逻辑位矢量a的长度为n以及跳回0的计数结果即可。一般计数器设计中还需要相应的复位端和使能端，

根据其优先级别可在例程所示的程序中添加相应的 if 语句，多层嵌套即可。

值得注意的是，在实体定义中 a 的类型为输出 out，不能直接使用类似于 a <= a + 1 这类语句，需要添加中间的单元，此处定义了信号 a1 完成此功能。也可以定义中间变量，此部分内容请读者自行完成。

5.2.3 CASE 语句

CASE 语句是一种可读性非常强的条件语句。根据满足的条件，直接选择多段顺序语句中的某一段执行，功能类似于 IF-ELSIF-END IF 语句。CASE 语句是一个多分支的选择语句，可用于描述电路的逻辑真值表等，直观、简便。CASE 语句的格式如下：

```
CASE <表达式> IS
    WHEN <选择值> => 顺序语句;
    WHEN <选择值> => 顺序语句;
    ⋮
    WHEN OTHERS   => 顺序语句;
END CASE;
```

CASE 语句中要先计算表达式的值，然后根据 WHEN 条件句中与之相同的常数表达式执行对应的顺序语句，最后用 END CASE 结束 CASE 语句。对于 CASE 语句的应用需要注意以下问题：

1）CASE 语句中的表达式应为多值表达式，并且 WHEN 语句的个数要多于一个。

2）WHEN 语句代表了 CASE 语句的多个分支，对于其中的选择值可以包含以下多种表达方式：当进入该分支的条件为表达式取某一个特定值时，该选择值可以采用单个普通值；若进入该分支的条件为表达式的取值是某一范围时，对应选择值可以用 TO 或 DOWNTO 表示这一范围；当进入该分支的条件为表达式取某几个值或某些范围时，这些取值和范围之间都要用“|”符号相隔。

3）每个 WHEN 语句的选择值之间不允许有重复的元素，即选择值具有排他性。

4）所有的选择值如果能够涵盖表达式的取值范围，则最后一个 WHEN OTHERS 语句可以省略。如果不能穷举表达式的所有取值，则必须用 WHEN OTHERS 语句对未涵盖的表达式取值做统一的处理。在一个 CASE 语句中 WHEN OTHERS 语句只能出现一次，并且只能作为最后一个 WHEN 语句出现。

5）CASE 语句中的“=>”不是运算符号，相当 IF 语句中的 THEN，表示若表达式计算的值与某个常数表达式相同或是属于某个常数表达式所表示的范围，则执行其后面对应的顺序语句。

6）CASE 语句中各个 WHEN 语句的次序并不影响程序的执行结果。

例 5-9 指出 CASE 语句的错误，并进行修改

```
entity ceshicase is
port(a,b,c:in integer range 15 downto 1;
        y:out integer range 15 downto 1);
end entity;
architecture one of ceshicase is
begin
```

```
    case a is
    when 0              => y <= a;
    when 3 downto 1     => y <= a + 1;
    when 4 or 7         => y <= b;
    when 6 to 15        => y <= c;
    end case;
end one;
```

上述程序存在以下问题:

CASE 语句是顺序语句，不能用于直接构成结构体，必须放在进程语句或子程序的内部，此处需要放在进程语句中。

表达式 a 的取值范围中不含有第一个 WHEN 语句中的 0。

进入第三个分支的条件为 a = 4 或 a = 7，则这两个取值之间不可以用 or 连接，而需用 "|" 符号连接。

第三个分支和第四个分支之间有重复的元素 7，不满足排他性。

所有分支条件合在一起不能涵盖表达式 a 的所有取值范围（缺少一个元素 5）。

例 5-10　半减器设计

```
LIBRARY IEEE;
USE IEEE. STD_LOGIC_1164. ALL;
ENTITY h_adder2  IS
  PORT(a,b: IN std_logic;
        diff,sub: OUT  std_logic);
END h_adder2;
ARCHITECTURE  one OF h_adder2 IS
  signal ab,ds: std_logic_vector(0 to 1);
begin
  ab <= a &b;
  diff <= ds(0);
  sub <= ds(1);
  process(ab)
  begin
      case ab is
      when"00"          =>  ds <= "00";
      when"01"          =>  ds <= "11";
      when"10"          =>  ds <= "10";
      when"11"          =>  ds <= "00";
      when others       =>  null;
      end case;
  end process;
end one;
```

想一想:

体会一下并置符 & 给设计带来的便利性。

在例 5-10 中，若 ab 的数据类型为 bit_vector（0 to 1）则前四个选择值可以涵盖 ab 所有的取值范围；若 ab 的数据类型为 std_logic_vector（0 to 1）则选择值不能涵盖 ab 的所有取值范围，需要添加 WHEN OTHERS 语句。

在例 5-11 中，选择值为“00”和“11”时，对应的顺序语句是相同的，可将两行合并为一行，即为

```
when"00"|"11" =>    ds <= "00";
```

例 5-11 用 CASE 语句设计 BCD 七段字符显示译码电路

图 5-12 为七段数码管的引脚图。选择共阴七段数码管，设计过程中不考虑小数点 D. P。

要用七段数码管显示 bcd 码对应的十进制数，若 bcd 码的四位编码从高位到低位分别为 A3、A2、A1、A0，七段数码管的每段输出分别为 a、b、c、d、e、f、g，本例采用共阴七段数码管，因此输出 1 表示对应数码管点亮，输出 0 表示对应数码管熄灭，其真值表见表 5-2。

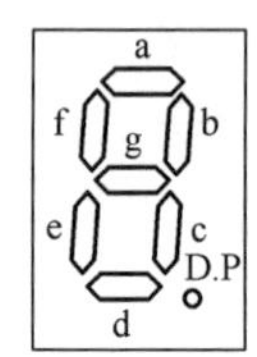

图 5-12 七段数码管引脚图

表 5-2 BCD 显示字符真值表

十进制数	A3 A2 A1 A0	a b c d e f g	显示字符
0	0000	1111110	0
1	0001	0110000	1
2	0010	1101101	2
3	0011	1111001	3
4	0100	0110011	4
5	0101	1011011	5
6	0110	1011111	6
7	0111	1110000	7
8	1000	1111111	8
9	1001	1111011	9

程序如下:

```
LIBRARY IEEE;
USE IEEE.STD_LOGIC_1164.ALL;
USE IEEE.STD_LOGIC_UNSIGNED.ALL;
ENTITY SEG7 IS
    PORT(num: IN   std_logic_vector( 3 downto 0);
         led: OUT   std_logic_vector(6 downto 0));
END SEG7;
ARCHITECTURE fun OF SEG7 IS
BEGIN
  process(num)
  begin
```

```
    case num is
      when"0000"          =>  led  <="1111110";
      when"0001"          =>  led <="0110000";
      when"0010"          =>  led <="1101101";
      when"0011"          =>  led <="1111001";
       when"0100"         =>  led <="0110011";
      when"0101"          =>  led <="1011011";
      when"0110"          =>  led <="1011111";
      when"0111"          =>  led <="1110000";
      when"1000"          =>  led <="1111111";
      when"1001"          =>  led <="1111011";
      when others         =>  led <="0000000";
    end case;
  end process;
END fun;
```

该程序描述的就是此真值表。图 5-13 所示为该设计的 rtl viewer 结果。当输入 num 的值发生改变时，进程启动，CASE 语句根据 num 的值选定执行某一分支程序，使得输出端显示与 num 相等的十进制数。

注意，在硬件下载前的绑定引脚中，要将输出的 led（6）与七段数码管的 a 端口绑定在一起，依此类推。否则，硬件验证无法成功。

如果将该程序的输入端与前面所介绍的十进制计数器的输出端相连接，则可以实现带七段数码管显示的计数器。

例 5-12 带七段数码管显示的计数器

```
library ieee;
use ieee.std_logic_1164.all;
use ieee.std_logic_unsigned.all;
entity counter10 is
port(clk:in std_logic;
       led: out   std_logic_vector(6 downto 0));
end entity;
architecture one of counter10 is
signal a1: std_logic_vector(3 downto 0);
begin
  process(clk)                   --计数进程
  begin
  if clk'event and clk ='1' then
        if a1 >=9 then
        a1 <="0000";
        else
        a1 <=a1 +1;
        end if;
```

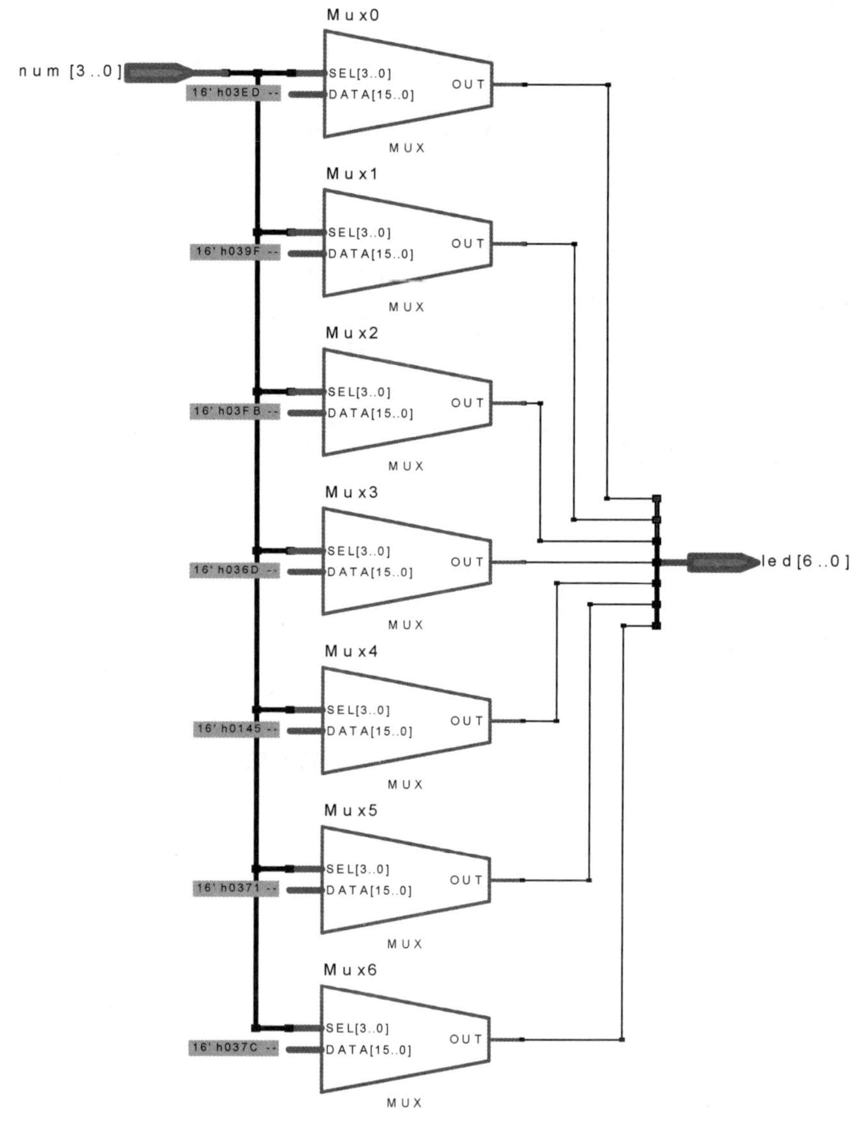

图 5-13 BCD 七段字符显示译码电路的 rtl viewer 结果

```
    end if;
  end process;
process(a1)                    --显示进程
begin
  case a1   is
    when"0000"    =>    led <= "1111110";
    when"0001"    =>    led <= "0110000";
    when"0010"    =>    led <= "1101101";
    when"0011"    =>    led <= "1111001";
    when"0100"    =>    led <= "0110011";
    when"0101"    =>    led <= "1011011";
```

```
        when"0110"    =>   led <= "1011111";
        when"0111"    =>   led <= "1110000";
        when"1000"    =>   led <= "1111111";
        when"1001"    =>   led <= "1111011";
        when others   =>   led <= "0000000";
      end case;
    end process;
  end one;
```

代码分析：当时钟上升沿到来时，进程启动，并且满足 IF 嵌套语句的最外层条件，十进制计数器开始工作，计数结果加一，或是从 9 跳至 0；IF 语句执行结束后 a1 的变化启动显示进程，进入 CASE 语句，CASE 语句根据 IF 语句的计数结果 num 选择要执行的分支，使得电路输出端用七段数码管显示计数器的计数结果。在时钟的驱动下，可以看到七段数码管显示的结果从 0 到 9，再返回到 0，不停循环，仿真结果如图 5-14 所示。

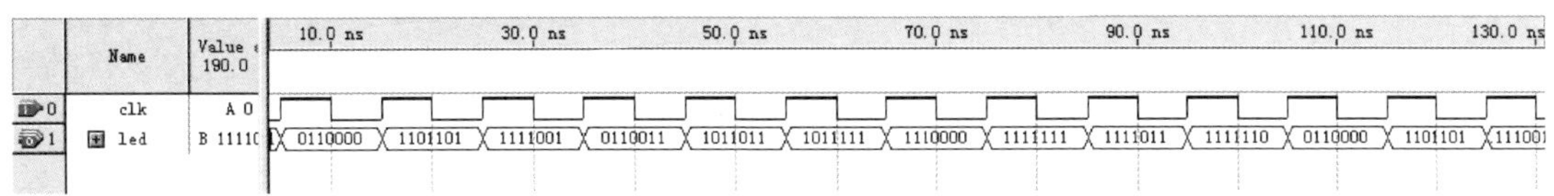

图 5-14　带数码管显示的十进制计数器仿真结果

若在硬件电路上外接时钟频率为 1Hz，则可以看到七段数码管的显示结果每一秒钟更新一次。如果能够将六个数码管分为三组，第一组显示 24 进制计数结果，第二组显示 60 进制计数结果，第三组显示 60 进制计数结果；并且第一组计数的时钟接在第二组计数的进位输出端，第二组计数的时钟接在第三组计数的进位输出端，第三组计数时钟接在 1Hz 的时钟上。按上述思路设计出来的电路就是电子时钟。

总之，CASE 语句是一种可读性强、容易理解的顺序语句。虽然 CASE 语句与 IF 语句有相似之处，但 CASE 语句把条件中所有可能出现的情况都列出来，执行情况一目了然。并且 CASE 语句的条件之间是独立的，不具有向上相“与”的逻辑，分支的次序不像 IF-ELSIF-END IF 语句中的那么重要。

5.2.4　LOOP 语句

LOOP 语句又称为循环语句，用于实现重复的操作。它主要有以下几种形式：单个 LOOP 语句、FOR-LOOP 语句、WHILE-LOOP 语句以及 LOOP 嵌套语句。

1. 单个 LOOP 语句

```
[loop 标号:] loop
顺序语句;
end loop [loop 标号];
```

这是最简单的一种循环方式，由于没有跳出循环的控制条件，一般要与 EXIT 语句或 NEXT 语句配合使用。例如：

```
L1:loop
    a: =a+1;
```

```
    exit  L1 when a > 7;
end loop;
```

此循环的结束条件是由 exit 语句中的条件决定的，当 a > 7 时跳出该循环，否则继续执行 a：= a + 1。

2. FOR-LOOP 语句

```
[loop 标号:] for 循环变量 in 循环次数范围 loop
顺序语句;
end loop [loop 标号];
```

此循环的控制条件为循环变量的范围，如果循环变量超过了其指定的范围，则结束循环，否则继续执行循环体。对于该语句注意以下内容：

1）循环变量是一个局部的临时变量，不必提前定义，它的生存周期为该变量所在的 FOR-LOOP 语句。该循环变量只能作为赋值源去给其他信号或变量进行赋值，但不能作为赋值目标，接受其他表达式对它的赋值。

2）循环次数范围有两种表示方法：to 或 downto。当循环变量的初始值小于终止值时，要使用 to，即初始值 to 终止值，并且每次循环结束后循环变量自动加一；若循环变量的初始值大于终止值，则使用 downto，即初始值 downto 终止值，并且每次循环结束后循环变量自动减一。

因此，FOR-LOOP 语句的执行过程为：循环从循环变量的初始值开始，每执行一遍循环中的顺序语句循环变量自动加一或减一，直到循环变量的值超出循环次数范围时循环结束，继续执行 END LOOP 后的其他语句。

例 5-13 8 位奇偶校验逻辑电路设计。当 8 位二进制数中 1 的个数为偶数时，输出信号 y 为 1；否则输出信号 y 为 0。

```
LIBRARY IEEE;
USE IEEE.STD_LOGIC_1164.ALL;
ENTITY jojy8 IS
PORT(a:IN STD_LOGIC_VECTOR(7 DOWNTO 0);
          y:OUT STD_LOGIC);
END jojy8;
ARCHITECTURE rtl OF jojy8 IS
BEGIN
PROCESS(a)
  VARIABLE tmp: STD_LOGIC;
  BEGIN
      tmp: ='1';
      FOR i IN 0 TO 7 LOOP
          tmp: =tmp XOR a(i);
      END LOOP;
    y <= tmp;
    END PROCESS;
```

```
END rtl;
```

3. WHILE-LOOP 语句

```
[循环标号:] while 循环控制条件 loop
          顺序语句;
end loop [循环标号];
```

在 WHILE-LOOP 语句中循环控制条件是一个 Boolean 表达式。它的执行过程为：当满足循环控制条件时（BOOLEAN 表达式计算结果为 TRUE），执行循环体内部的顺序语句。否则，结束循环，执行 END LOOP 之后的语句。

有时 WHILE-LOOP 和 FOR-LOOP 是可以互换的，但是如果 WHILE-LOOP 用循环变量来控制循环时，循环变量需要在 PROCESS 的说明性语句部分进行显式地定义，并且变量不会自动递增或递减，需要用添加代码控制。

例 5-14　8 位奇偶校验逻辑电路设计（while-loop 语句）

```
LIBRARY IEEE;
USE IEEE.STD_LOGIC_1164.ALL;
ENTITY jojy8 IS
PORT(a: IN STD_LOGIC_VECTOR(7 DOWNTO 0);
           y: OUT STD_LOGIC);
END jojy8;
ARCHITECTURE rt2 OF jojy8 IS
BEGIN
PROCESS(a)
  VARIABLE tmp: STD_LOGIC;
  VARIABLE i: integer ;
  BEGIN
      tmp:='1';
      i:=0;
      while i<8  LOOP
           tmp:=tmp XOR a(i);
           i:=i+1;
      END LOOP;
  y<=tmp;
  END PROCESS;
END rt2;
```

LOOP 语句之间也可以嵌套，当嵌套时 LOOP 标号最好不要省略。

5.2.5　NEXT 语句

NEXT 语句的作用是结束本次循环，进入下一次循环。主要控制 LOOP 循环语句执行过程中进行跳转，它的格式为

```
next [循环标号] [when 条件表达式];
```

常用格式为以下三种：

1） next;

无条件结束本次循环，跳至循环的起点，开始执行下一次循环。

2） next loop 标号；

无条件结束本次循环，跳入指定循环标号的 loop 语句起点，开始执行下一次循环。此语句与第一种格式的区别在于它可用于循环嵌套中，跳入指定层次的循环标号的下一次循环。

3） next loop 标号 when 条件表达式；

满足条件时跳入指定标号的 LOOP 语句的下一次循环。如果不满足条件则继续执行本次循环。

5.2.6 EXIT 语句

EXIT 语句主要作用是结束整个 LOOP 语句，退出整个循环。其格式与 NEXT 语句非常相似，如下所示：

exit [循环标号] [when 条件表达式]；

它常用格式也有三种：

```
exit;                              --无条件跳出循环
exit  loop 标号；                   --无条件跳出循环,可用于多层 loop
exit  loop 标号 when 条件表达式；    --条件跳出循环,可用于多层 loop
```

5.2.7 WAIT 语句

WAIT 语句也称为等待语句。WAIT 语句用于进程中，执行中遇到该语句时进程语句被挂起，直到满足 WAIT 语句设置的结束挂起条件后，才重新执行进程中的程序。WAIT 语句的格式如下：

wait [on 信号表] [until 条件表达式] [for 时间表达式]；

对于不同的结束挂起条件的设置，wait 语句常用以下四种格式：

1） WAIT;

该语句使得进程一直处于挂起状态，即进程只是在开始的时候执行一次就会一直处于无限等待中，此后进程语句将再也不会被执行。

2） WAIT ON 信号表；

该语句常用于无敏感信号列表的进程中，它会使得进程处于挂起状态，直到信号表中的信号发生变化，进程才结束挂起，开始执行。

3） WAIT UNTIL 条件表达式；

条件等待语句，当条件表达式值为 TRUE 时进程才执行，否则进程挂起。

4） WAIT FOR 时间表达式；

超时等待语句。执行到 WAIT FOR 语句时，进程将会处于挂起状态，持续了 WAIT FOR 语句中时间表达式所声明的时间长度后进程自动结束挂起，开始执行后面的语句。

需要注意的是，WAIT 语句多用于程序的仿真过程中，对 VHDL 程序进行功能验证。除了 WAIT ON 和 WAIT UNTIL 语句外，程序在进行逻辑综合时会忽略 WAIT 和 WAIT FOR 语句。目前，现有的 EDA 工具软件并不都能对 WAIT ON 语句和 WAIT UNTIL 语句进行逻辑综合。

5.2.8　NULL 语句

NULL 语句为空操作语句，它只有一种格式，即

null;

它的唯一功能就是使逻辑运行流程跨入下一步语句的执行。

5.2.9　RETURN 语句

RETURN 语句是返回语句，用于子程序的返回，有以下两种格式：

```
return;                    --用于过程
return 表达式;              --用于函数
```

对于该语句的具体使用方法将在 5.5 节中详细讲解。

5.3　并行语句

在 VHDL 中并行语句与传统的计算机编程语言相比，是最具有特色的语句。在 VHDL 中，并行语句有多种语句结构，结构体中的各个并行语句同步执行，即并发执行，它的执行顺序与书写顺序无关，每个并行语句之间可以是各自独立、互不干扰的，也可以有信息往来。每个并行语句的内部可以是顺序的也可以是并行的。

结构体中可综合的并行语句主要有以下几种：并行信号赋值语句（current signal）、进程语句（process statement）、块语句（block statement）、元件例化语句（component instantiations）、生成语句（generate statement）、并行过程调用语句（concurrent procedure calls）、参数传递映射语句和端口说明语句等。

一个结构体中的各种并行语句是并发执行的，可以通过信号进行信息交换。每一个并行语句都可以等价为一个进程。

5.3.1　进程语句

进程语句内部是顺序语句，但是，进程语句本身是并行语句，结构体中可以有多个进程，每个进程之间都是并行的关系，为了区分多个进程，需要给每个进程赋予不同的进程名称，例如：

```
pr1:process(a,b,c)
    begin
     ⋮
    end process;
pr2: process(m,n)
    begin
     ⋮
    end process;
     ⋮
```

例 5-15　多进程实例（点阵显示字符“口”）

```
library ieee;
```

```
use ieee. std_logic_1164. all;
use ieee. std_logic_unsigned. all;
entity dianzhen is
port(clk:in std_logic;
     sel:out std_logic_vector(3 downto 0);
     led: OUT   std_logic_vector(15 downto 0));
end entity;
architecture one of dianzhen is
signal sel0: std_logic_vector(3 downto 0);
begin
saomiao:process(clk)                        --扫描进程
begin
     if clk'event and clk='1' then
               sel0<=sel0+1;
     end if;

     sel<=sel0;
     end process;
xianshi:process(sel0)                       --显示进程
begin
     case sel0 is
     when"0000"    =>   led<=B"0000_0000_0000_0000";
     when"0001"    =>   led<=B"0111_1111_1111_1110";
     when"0010"    =>   led<=B"0111_1111_1111_1110";
     when"0011"    =>   led<=B"0110_0000_0000_0110";
     when"0100"    =>   led<=B"0110_0000_0000_0110";
     when"0101"    =>   led<=B"0110_0000_0000_0110";
     when"0110"    =>   led<=B"0110_0000_0000_0110";
     when"0111"    =>   led<=B"0110_0000_0000_0110";
     when"1000"    =>   led<=B"0110_0000_0000_0110";
     when"1001"    =>   led<=B"0110_0000_0000_0110";
     when"1010"    =>   led<=B"0110_0000_0000_0110";
     when"1011"    =>   led<=B"0110_0000_0000_0110";
     when"1100"    =>   led<=B"0110_0000_0000_0110";
     when"1101"    =>   led<=B"0111_1111_1111_1110";
     when"1110"    =>   led<=B"0111_1111_1111_1110";
     when"1111"    =>   led<=B"0000_0000_0000_0000";
     when others   =>   led<=B"0000_0000_0000_0000";
     end case;
```

```
end process;
end one;
```

如图5-15所示，点阵分为16行和16列，控制接口有20根，其中包括：4根列扫描线sel［3…0］，16根行数据线data［15…0］。工作原理为：当sel为“0000”时选中最右边的一列，将data［15…0］中的数据分别送入自上而下第一行至第十六行的数码管中。数码管为共阴接法，即“1”为点亮，“0”为熄灭。当sel为“0001”时，选中右边第二列，依此类推。若要在该点阵上显示“口”，只需将图5-15右图所示的黑色数码管点亮，其余熄灭，并且自动按列扫描。16列是分时显示的，为了达到稳定显示的视觉效果，还需要把扫描频率提高。仿真时序图如图5-16所示。

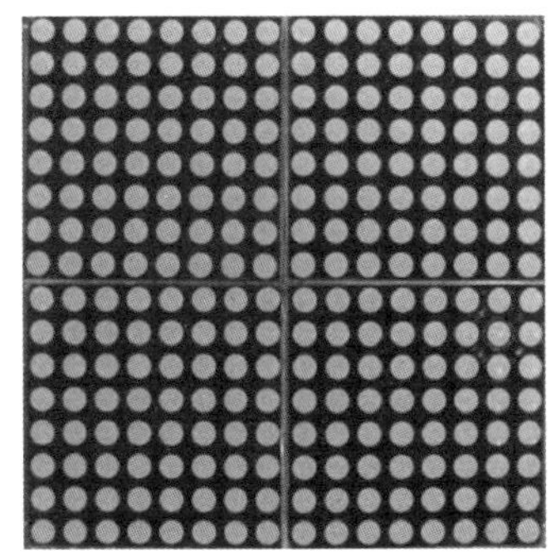
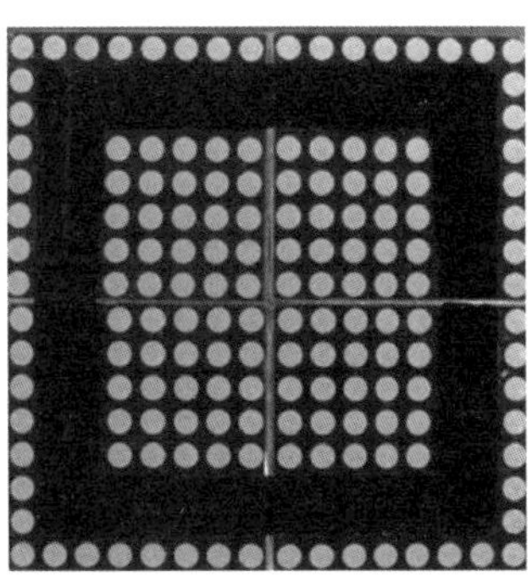

图5-15　16＊16点阵图

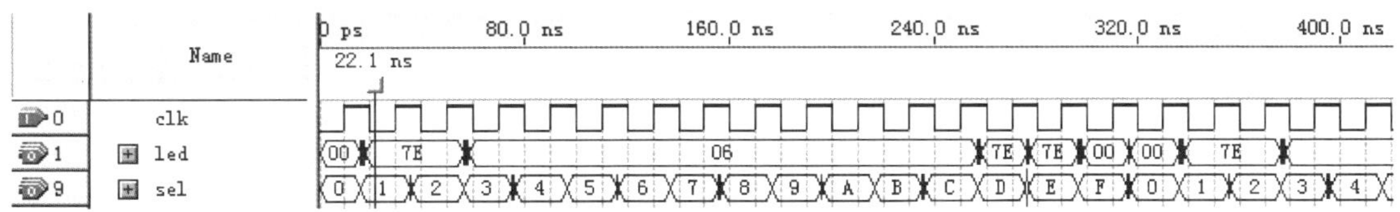

图5-16　16＊16点阵仿真时序图

5.3.2　并行信号赋值语句

并行语句中也有赋值语句，由于变量是局部量，只能出现在进程或子程序内部，因此并行赋值语句仅有并行信号赋值。多条并行信号赋值并发执行，与书写顺序无关。并行信号赋值语句也是由三部分构成的：赋值目标、赋值符号、赋值源。其中赋值目标为某一信号（包括输出端口等），赋值目标不能是输入端；赋值符号为=>；赋值源的形式比较灵活，但赋值源的表达式中不能含有输出端。并行信号赋值语句主要有简单信号赋值、条件信号赋值、选择信号赋值三种，它们的格式分别为

（1）简单信号赋值

赋值目标<=表达式；

每一个并行赋值语句相当于一个进程语句，例如：

```
TMP1 <= D(3)XOR D(2);
```

等价为

```
process(D(3),D(2))
```

```
begin
    TMP1 <= D(3) XOR D(2);
end process;
```

当敏感信号，即赋值语句的驱动源（或赋值源）发生变化时，进程开始启动。

例 5-16 分析程序代码

```
LIBRARY IEEE;
USE IEEE. STD_LOGIC_1164. ALL;
ENTITY SR_latch IS                         --SR 锁存器设计
PORT (   s,r :IN STD_LOGIC;                --s 端和 r 端
         q,nq:OUT STD_LOGIC);              --q 端和 q'端
END SR_latch;
ARCHITECTURE A OF SR_latch IS
    signal q1,nq1:std_logic;
BEGIN
    q1 <= r nor nq1;                       --由"或非"门构成的 SR 锁存器
    nq1 <= s nor q1;                       --并行赋值语句,先后顺序可以调换
    q <= q1;
    nq <= nq1;
END A;
```

例 5-16 的仿真结果如图 5-17 所示。

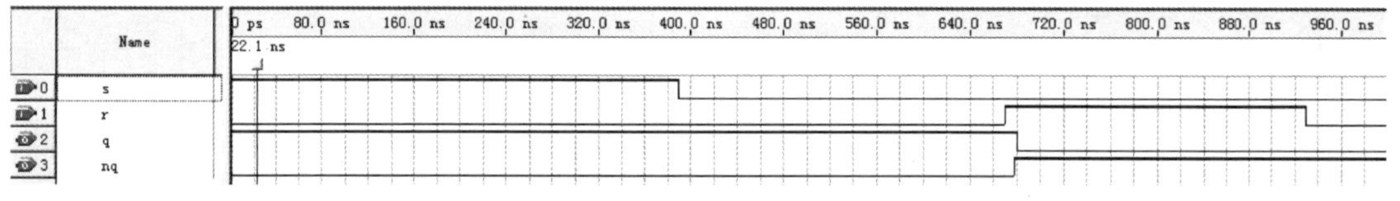

图 5-17 例 5-16 的仿真结果

想一想：

有并行变量赋值吗？为什么？

（2）条件信号赋值

```
赋值目标 <=  表达式 when 赋值条件 else
                                    --每个赋值条件语句之间没有分隔符号
             表达式 when 赋值条件 else
              ⋮
             表达式;                          --最后一个语句中不含有 when
```

当表达式后面的 when 语句引导的赋值条件成立时，该表达式作为赋值源对赋值目标进行赋值。条件信号赋值语句中对条件进行测试时，是有顺序的，位于最前面的赋值条件语句的优先级最高，依此类推，优先级依次降低。这与顺序语句中的 if-elsif-end if 语句很相似。条件信号赋值中的条件允许有重叠，但是不能嵌套。

例 5-17 用条件信号赋值语句 WHEN-ELSE 语句设计 8 线 -3 线优先编码器

```
LIBRARY IEEE;
USE IEEE.STD_LOGIC_1164.ALL;
ENTITY coder IS
  PORT(  din:IN STD_LOGIC_VECTOR(0 TO 7);
         output:OUT STD_LOGIC_VECTOR(0 TO 2));
END coder;
ARCHITECTURE behave OF coder IS
  SIGNAL SINT:STD_LOGIC_VECTOR(4 DOWNTO 0);
BEGIN
    output <=   "000" when din(7) ='0' else
                "100" when din(6) ='0' else
                "010" when din(5) ='0' else
                "110" when din(4) ='0' else
                "001" when din(3) ='0' else
                "101" when din(2) ='0' else
                "011" when din(1) ='0' else
                "111";
END behave;
```

想一想：

如何将以上代码改为用 IF 语句设计？

(3) 选择信号赋值

```
with 选择表达式 select
赋值目标 <=  表达式 when 选择值,         --每个选择语句之间用逗号分隔
             表达式 when 选择值,
             ⋮
             表达式 when 选择值;         --最后一个选择值后用分号
```

每当选择值表达式的值发生变化时，就将启动该语句。对选择表达式的值进行测试，当发现有满足条件的子句时，就将此子句的表达式中的值赋给赋值目标信号。该语句与 CASE 语句所表达的逻辑关系相似，但是 WITH-SELECT 语句属于并行语句，不能用在进程和子程序中。

对于选择赋值语句的子句测试是同步进行的，因此选择值不允许有涵盖不全或是有重叠的现象。

例 5-18 用 WITH-SELECT 语句设计 BCD 七段字符显示译码电路

```
LIBRARY IEEE;
USE IEEE.STD_LOGIC_1164.ALL;
USE IEEE.STD_LOGIC_UNSIGNED.ALL;
ENTITY SEG7 IS
    PORT(num: IN  std_logic_vector( 3 downto 0);
        led: OUT  std_logic_vector(6 downto 0));
```

```
END SEG7;
ARCHITECTURE fun OF SEG7 IS
BEGIN
    with num select
    led  <=   "1111110"when"0000",
              "0110000"when"0001",
              "1101101"when"0010",
              "1111001"when"0011",
              "0110011"when"0100",
              "1011011"when"0101",
              "1011111"when"0110",
              "1110000"when"0111",
              "1111111"when"1000",
              "1111011"when"1001",
              "0000000" when others;
END fun;
```

想一想:

如何将以上代码改为用 CASE 语句实现?

注意，条件信号赋值与顺序语句的 IF 语句、选择信号赋值与 CASE 语句有很多相似之处，它们的逻辑功能极为相似，大部分情况下都可以互换，但是两者的结构上有本质区别，条件信号赋值和选择信号赋值属于并行语句，而 IF 语句和 CASE 语句属于顺序语句，两者出现的语言环境有较大的区别。有时可以互换，但注意顺序语句要写在进程语句中。例如：

y <= a when s = '1'else b; 等价于以下语句：

```
process(a,b,s)
begin
if s = '1'then y <= a;
else y <= b;
end if;
end process;
```

并行信号赋值语句形式比较灵活，可应用于多种场合。但是并行信号赋值语句不允许对赋值目标有多个驱动源，即有多次赋值操作。例如以下语句是错误的：

```
architecture one of abc is
 ⋮
begin
 ⋮
a <= b + c;                  --其中赋值源为任意合法表达式
 ⋮
a <= b;                      --其中赋值源为任意合法表达式
```

```
 ⋮
end one;
```

更为隐蔽的是，当一个赋值操作出现在进程内部，另外一个出现在并行语句中，也是错误的，如以下语句也是错误的：

```
architecture one of abc is
 ⋮
begin
 ⋮
process(…)
begin
  a <= b + c;                    --其中赋值源为任意合法表达式
end process;
 ⋮
a <= b;                          --其中赋值源为任意合法表达式
 ⋮
end one;
```

5.3.3 元件例化语句

元件例化语句可以实现多层次设计。元件例化语句首先把一个现成的设计实体包装成一个元件，然后在其他设计实体中调用该元件连接电路。所以元件例化语句由两部分构成，格式如下：

元件定义语句：

```
    COMPONENT 元件名 IS
        GENERIC(类属表);
        PORT(端口名表);
    END COMPONENT 元件名 ;
```

元件例化语句：

```
    例化名：元件名 PORT MAP([端口名 =>]连接端口名,…);
```

在元件定义语句中，元件名用于标识该元件。元件定义语句和实体定义语句格式非常相似。只需要把该元件所对应的实体定义部分的关键字 ENTITY 都改为关键字 COMPONENT 即可。修改后该设计实体的实体名就变成了该元件的元件名。如有以下设计实体：

```
ENTITY SE IS
    PORT(num0, num1: IN   std_logic;
        led0, led1: OUT   std_logic);
END SE;
```

如需将该设计实体定义为元件，元件定义语句如下：

```
COMPONENT SE IS
    PORT(num0, num1: IN   std_logic;
        led0, led1: OUT   std_logic);
END COMPONENT SE;
```

元件例化语句中，例化名用于指示该元件连接到电路中的标号名称，可以是任意合法的标识符，并且不需要提前定义。PORT MAP 语句是进行端口映射的关键字。端口映射有两种方法，第一种是位置映射：首先确定元件每个端口在电路中的连接情况，然后只需要把元件名所对应的各个端口的连接信号或端口名写入括号中，注意它的排列顺序要与元件定义语句中 PORT 语句所描述的端口顺序相同，这样各个端口的连接情况就会自动地通过位置映射在一起。例如：元件 SE 在电路中的连接情况是端口 num0 连信号 a；端口 num1 连信号 b；端口 led0 连信号 c；端口 led1 连信号 d。用位置映射的端口例化语句为

```
U1：SE PORT MAP（a，b，c，d）；            --顺序必须与元件声明语句中一致
```

第二种就是名字关联方式：确定元件端口的连接情况以后，把元件中的某个端口名写在前面，通过连接符号 => 和该端口外接的信号或端口名字连接在一起，就完成该端口的连接。每个端口都按照以上方式连接，端口连接语句之间用逗号“，”分开。上述连接情况就可以改为

```
U1:SE PORT MAP(led0 =>c,led1 =>d,num0 =>a,num1 =>b); --顺序可以互换
```

以上两种端口连接方法也可混合使用。例如：

```
U1:SE PORT MAP(a,led0 =>c, led0 =>b,d);
```

一个元件定义语句可以对应多个元件例化语句，表明在该设计实体中，用到了多个该元件。

两部分作用不同，它们在设计实体中出现的位置也不同。一般，元件定义语句出现在结构体的说明性语句部分或程序包等位置，用于声明元件，根据其出现的位置不同，该元件的有效范围也不同。若在结构体的说明性语句中，则该元件对于整个结构体都是可用的；如果出现在程序包中，则所有能够调用该程序包的设计实体都可以调用该元件；如果出现在进程的说明性语句部分则该元件仅对该进程可用。

元件例化语句则作为一种并行语句直接出现在结构体中，用于描述元件的各个端口连接情况。

正确使用元件例化语句需要以下三个步骤：首先设计元件所对应的设计实体；然后在其他设计实体或程序包中用元件定义语句声明该元件；最后在设计实体的结构体中用元件例化语句调用该元件。

例 5-19 半减器构成全减器，并用一位全减器构成八位减法器

分析：半减器与全减器都是一位加法器。区别在于半减器不考虑来自低位的借位，而全减器要把来自低位的借位考虑进来。由数字电子技术知识分析可知，用半减器和“或”门可以构成全减器。

将两个半减器和一个“或”门按图 5-18 所示电路连接就可得到全减器。

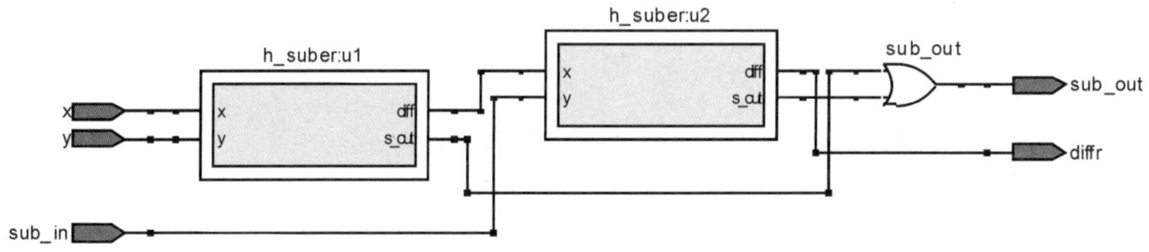

图 5-18 半减器 h_suber 构成全减器 f_suber 的电路图

在图 5-18 所示全减器 f_suber 电路中，端口 x、y 分别为全减器的被减数和减数的输入端，sub_in 为来自低位的借位输入端；sub_out 为借位输出端，diffr 为所得差的输出端。

因此，首先设计半减器，然后在顶层实体中进行元件定义，最后在结构体中通过元件例化语句完成图 5-18 所示电路图连接即可。

半减器真值表见表 5-3。

表 5-3 半减器真值表

a	b	s	c
0	0	0	0
0	1	1	1
1	0	1	0
1	1	0	0

描述半减器真值表的设计方法在前面例题中已经介绍过，不再重复。此处用门电路方法实现半减器设计。半减器门电路图如图 5-19所示。

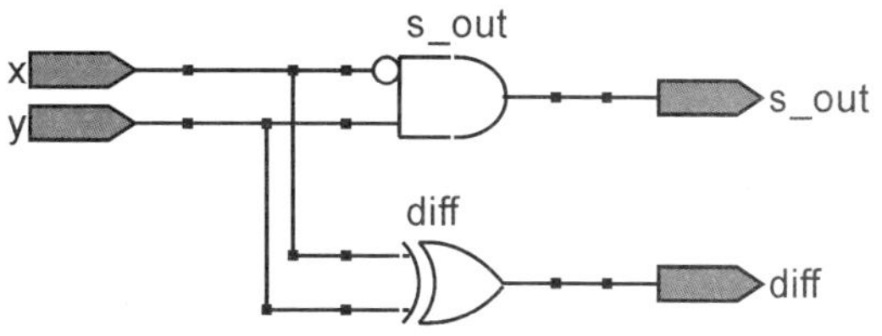

图 5-19 半减器的门电路图

第一步：建立工程名为 f_suber，并完成相关设置。在工程中新建半减器的源文件 h_suber. vhd。

半减器 h_suber. vhd：

```
LIBRARY IEEE;
USE IEEE. STD_LOGIC_1164. ALL;
entity h_suber is
    port(x,y : in std_logic;
        diff,s_out : out std_logic );
end entity;
architecture one of h_suber is
begin
process(x,y)
begin
    diff <= x xor y;
    s_out <= (not x) and y;
end process;
end one;
```

第二步：在工程中新建全减器的源文件 f_suber. vhd，并在结构体的说明性语句部分加入半减器 h_suber 的元件声明语句：

```
component h_suber                    --声明器件半减器 h_suber
    port(x,y : in std_logic;
          diff,s_out : out std_logic );
```

end component;

第三步：在设计实体的并行语句部分加入半减器 h_ suber 的元件例化语句以及必要的信号定义：

begin 之前定义所需的三个信号：

signal t0,t1,t2:std_logic;

begin 与 end one 之间添加两个元件的例化语句和一个“或”运算：

u1:h_suber port map(x => x,y => y,diff => t0,s_out => t1);

u2:h_suber port map(x => t0,y => sub_in,diff => diffr,s_out => t2);

sub_out <= t1 or t2;

全减器时序仿真图如图 5-20 所示。

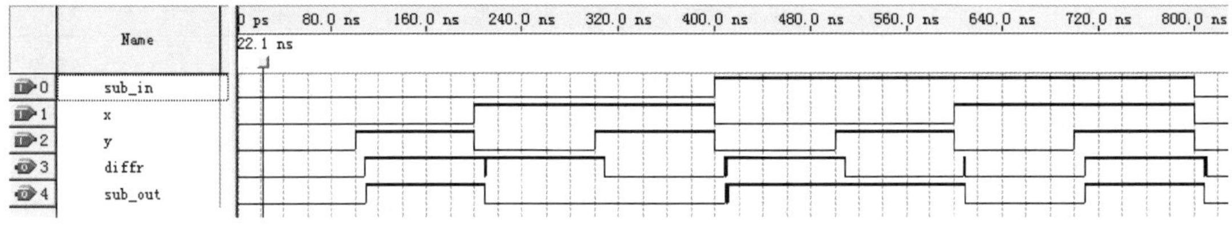

图 5-20 全减器时序仿真图

八位全减器的设计过程与一位全减器类似。此处仅给出八位全减器的设计源代码。

```
library ieee;
use ieee. std_logic_1164. all;
entity f_suber8 is
    port(x,y : in std_logic_vector(7 downto 0);
            sub_in : in std_logic;
            diffr : out std_logic_vector(7 downto 0);
            sub_out : out std_logic );
end entity;
architecture one of f_suber8 is
component f_suber
    port(x,y,sub_in : in std_logic;
            diffr,sub_out : out std_logic );
end component;
signal sub_out1:std_logic_vector(6 downto 0);
begin
u0:f_suber port map(x => x(0),y => y(0),sub_in =>  sub_in,
                    diffr => diffr(0),sub_out => sub_out1(0));
u1:f_suber port map(x => x(1),y => y(1),sub_in => sub_out1(0),
                    diffr => diffr(1),sub_out => sub_out1(1));
u2:f_suber port map(x => x(2),y => y(2),sub_in => sub_out1(1),
                    diffr => diffr(2),sub_out => sub_out1(2));
```

```
u3:f_suber port map(x => x(3),y => y(3),sub_in => sub_out1(2),
                    diffr => diffr(3),sub_out => sub_out1(3));
u4:f_suber port map(x => x(4),y => y(4),sub_in => sub_out1(3),
                    diffr => diffr(4),sub_out => sub_out1(4));
u5:f_suber port map(x => x(5),y => y(5),sub_in => sub_out1(4),
                    diffr => diffr(5),sub_out => sub_out1(5));
u6:f_suber port map(x => x(6),y => y(6),sub_in => sub_out1(5),
                    diffr => diffr(6),sub_out => sub_out1(6));
u7:f_suber port map(x => x(7),y => y(7),sub_in => sub_out1(6),
                    diffr => diffr(7),sub_out => sub_out);
end;
```

如例5-19所示，该设计按照自上而下的设计思路进行，用EDA技术进行设计的最主要模式就是自顶向下的设计模式。即设计者首先从整体规划整个系统的功能和性能，然后对系统进行划分，分解为规模较小、功能较为简单的局部模式，并确定它们之间的相互关系，这种划分过程可以不断地进行下去，直到划分得到的单元可以映射到物理的实现。在自上向下的设计过程中先用系统级行为描述表达一个包含输入输出的顶层模块，同时完成整个系统的模拟和性能分析。将系统划分为各个功能模块，每个模块由更细化的行为描述表示。由EDA综合工具完成到工艺的映射。应用该思路可以完成一些复杂的综合型电路设计。

 **想一想：**

1. 自己补充完整上述设计。

2. 将以上设计的顶层设计用原理图的方式完成。体会元件例化语句的作用，并简述元件例化语句与原理图设计方法的优缺点。

例5-20 电子时钟设计

带有复位端、能够调整时间且带有整点报时和灯光闪烁的二十四时制的时钟设计思路如下：至少要有四个输入端，即时钟信号输入端clk、复位键reset、时钟调节键sethour、分钟调节键setmin等。输出端要有六个（或八个，这里用六个）七段数码管显示时钟、一个扬声器报时端speak、三个彩灯整点闪烁lamp［2..0］。

对于时钟的计时功能可以用三个计数器（二十四进制计数器表示时钟hour_c模块，两个六十进制计数器表示minute模块和second模块，分别表示分钟和秒钟）实现，输出端由于时、分、秒都要十位和个位分别显示，因此每个计数器的输出端要有独立的十位数和个位数结果输出。

由于要有时钟调节和复位功能，因此，复位键有效时各个计数器的结果都清零，second模块、minute模块、hour_c模块都要有reset键；时钟和分钟调节键每按下一次应当对应的时钟或分钟要加一（或减一等，这里用加一），因此，minute模块、hour_c模块都要有调节键，分别为setminute键和sethour键。

显示部分用到六个七段数码管分别显示时钟结果，但七段数码管不能同时点亮，而是按照分时点亮的方法。用seltime模块来实现，该模块输出的是需要显示的数字结果daout和该数字的显示位置 sel。为了使视觉效果不受影响，应该使用一个较高频率的扫描时钟来点亮六个数码管。可以通过外接一个高频率时钟 clk1 实现，并在所需显示的数字结果 daout 后设计一个十进制数的七段数码管显示电路。

整点报时和闪烁功能可通过 alert 模块实现，整点时 speak 端输出一个信号使扬声器发出声音，同时在 lamp 彩灯上出现持续一段时间的闪烁效果。

将以上六个模块设计分别调试后，在顶层设计实体中以元件例化的形式或用图形设计方法调用这些模块，实现电子时钟的设计。

各个模块请读者自行设计，现仅将顶层设计实体部分程序列于下面：

```
LIBRARY ieee;
use ieee.std_logic_1164.all;
use ieee.std_logic_unsigned.all;
entity first is
port(clk1 : IN STD_LOGIC;
                          --扫描信号的输入端(大于1Hz,如32Hz等)(控制端)
        clk: IN  STD_LOGIC;                     --时钟信号,1Hz
        setmin,sethour:IN  STD_LOGIC;           --时分设置按键
        reset: IN  STD_LOGIC;                   --复位端
        sel : out std_logic_vector ( 2 downto 0);
                                                --输入到七段数码管的片选信
                                                  号,控制所要点亮的七段数码
                                                  管的位置
        led: OUT  std_logic_vector(6 downto 0); --七段数码管的显示控制
        lamp:  out std_logic_vector(2 downto 0); --整点花样显示
        speak: OUT  STD_LOGIC                   --整点报时
        );
end entity;
architecture a of first is
--***************定义元件 seltime*****************
COMPONENT seltime
    PORT(
        clk1, reset: IN STD_LOGIC;
        sec,min:in std_logic_vector(6 downto 0);
        hour:in std_logic_vector(5 downto 0);
        daout:  out std_logic_vector(3 downto 0);
        sel: OUT STD_LOGIC_vector(2 downto 0));
END COMPONENT;
--***************定义元件 deled*******************
COMPONENT deled
    PORT(
```

```
            num: IN   STD_LOGIC_vector(3 downto 0);
            led:out std_logic_vector(6 downto 0));
END COMPONENT;
-- **************** 定义元件 second ******************
--second counter
COMPONENT second
    PORT(
            clk, reset,setmin: IN   STD_LOGIC;
            enmin: OUT   STD_LOGIC;
            daout:   out std_logic_vector(6 downto 0)
            );
END COMPONENT;
-- ****************** 定义元件 minute *****************
--minute counter
COMPONENT minute
    PORT(
            clk, clk1,reset,sethour: IN   STD_LOGIC;
            enhour: OUT   STD_LOGIC;
            daout:   out std_logic_vector(6 downto 0));
END COMPONENT;
-- ****************** 定义元件 hour_c ****************
--hour counter
COMPONENT hour_c
    PORT(
            clk, reset: IN   STD_LOGIC;
            daout:   out std_logic_vector(5 downto 0));
END COMPONENT;
-- ******************* 定义元件 alert ******************
COMPONENT alert
    PORT(
            clk: IN   STD_LOGIC;
        dain_min,dain_sec :in std_logic_vector(6 downto 0);
        lamp:   out std_logic_vector(2 downto 0);
        speak:OUT   STD_LOGIC);
END COMPONENT;
-- *********************************************************
signal enmin_re,enhour_re: std_logic;
signal second_daout,minute_daout:std_logic_vector(6 downto 0);
signal hour_daout:std_logic_vector(5 downto 0);
```

```
signal seltime_daout:std_logic_vector(3 downto 0);
-- ************************************************
begin
u2:deled   port map(num = >seltime_daout,led = >led);
u1:seltime port map(clk1,reset,second_daout,
              minute_daout,hour_daout,seltime_daout,sel);
u3:second  port map(clk,reset,setmin ,enmin_re,second_daout);
u4:minute  port map(enmin_re,clk ,reset,sethour ,enhour_re ,minute_daout);
u5:hour_c  port map(enhour_re ,reset,hour_daout);
--u6:alert   port map(clk,second_daout,lamp,speak);
u6:alert   port map(clk ,minute_daout,second_daout,lamp,speak);
end;
```

元件例化语句还可以和类属参数传递语句（GENERIC 语句）配合使用，完成更为灵活的应用。

类属参数传递语句（GENERIC 语句）用于不同层次设计模块之间信息的传递和参数的传递，可用于位矢量的长度、数组的位长、器件的延时时间等参数的传递。这些参数都是整数类型，其他数据类型不能综合。

GENERIC 语句分为两大部分：

```
GENERIC(常数名:数据类型[:=设定值]
{;常数名:数据类型[:=设定值]});                 --参数传递说明部分
GENERIC MAP(参数表);                           --参数传递映射部分
```

利用参数传递语句可以方便地改变设计模块的数据宽度等。

例 5-21 设计任意进制计数器

```
LIBRARY IEEE;
USE IEEE.STD_LOGIC_1164.ALL;
USE IEEE.STD_LOGIC_UNSIGNED.ALL;
ENTITY COUNTERX IS
GENERIC(x:integer:=3;
        m:integer:=10);
port(clk:in std_logic;
     a:out std_logic_vector(x downto 0));
end entity;
architecture one of counterx is
signal a1: std_logic_vector(x downto 0);
begin
   process(clk)
   begin
        if clk'event and clk ='1' then
        if a1 > =m -1 then        a1 <="0000";
```

```
          else
          a1 <= a1 + 1;
          end if;
        end if;
      a <= a1;
      end process;
end one;
```

通过改变x、m的值可以实现任意位宽为x的m进制计数器。该设计也可作为基本模块，在顶层实体中被例化为任意进制的计数器。

5.3.4 生成语句

生成语句适用于高重复性的电路设计，因为它具有复制作用，可以简化有规则设计结构的逻辑描述。在设计过程中，只要根据某些条件设置好某些设计模块，就可以利用生成语句的复制作用生成一组完全相同的电路。生成语句有以下两种格式：

```
格式1:[标号:]for 循环变量 in 取值范围 generate
        [声明部分]
        [begin]
          [并行语句];
        end generate[标号];
格式2:[标号:]if 条件 generate
        [声明部分]
        [begin]
          [并行语句];
        end generate[标号];
```

其中，标号是生成语句的标识符，不是必需的，但是在嵌套生成语句中是必需的。

FOR或IF语句是生成语句的生成条件。在格式1中，for是循环生成语句，当循环变量在in后的取值范围内时生成语句就会执行下面的并行语句，直到循环变量超出取值范围。循环变量和取值范围的注意事项与FOR-LOOP语句中的相同。格式2中，if后的条件是生成语句的工作条件，经过测试发现该条件满足，则将执行begin之后的并行语句。

声明部分用于对元件数据类型、子程序、数据对象等做局部说明。

并行语句部分是用来复制基本电路单元的，主要包括元件、进程语句、块语句、并行过程调用语句、并行信号赋值语句，甚至是生成语句，即生成语句允许嵌套结构。

例如：以下FOR-GENERATE语句相当于生成了如图5-21所示的八个同样结构的电路模块。

```
COMPONENT comp
PORT(x:IN STD_LOGIC ;
       y:OUT STD_LOGIC);
END COMPONENT ;
SIGNAL a :STD_LOGIC_VECTOR(0 TO 7);
```

```
SIGNAL b :STD_LOGIC_VECTOR(0 TO 7);
 ⋮
gen:FOR i IN a'RANGE GENERATE
u1: comp PORT MAP (x = >a(i),y = >b(i));
END GENERATE gen;
```

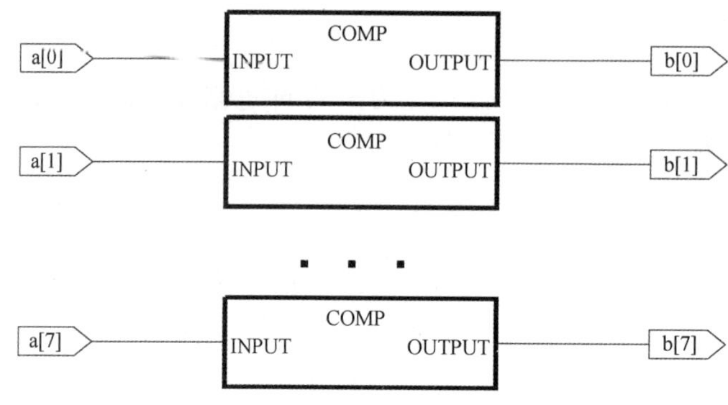

图 5-21 八个电路模块示意图

例 5-22 用一位全减器构成八位减法器（FOR-GENERATE 语句）

```
library ieee;
use ieee.std_logic_1164.all;
entity f_suber81 is
    port(x,y:in std_logic_vector(8 downto 1);
        sub_in:in std_logic;
        diffr:out std_logic_vector(8 downto 1);
        sub_out:out std_logic );
end entity;
architecture one of f_suber81 is
component f_suber                          --一位全减器设计见元件例化语句
    port(x,y,sub_in:in std_logic;
        diffr,sub_out:out std_logic);
end component;
signal sub_out1:std_logic_vector(8 downto 0);
begin
sub_out1(0) <= sub_in;
sub_out <= sub_out1(8);
gen:for i in 8 downto 1 generate
begin
u1:f_suber port map(x(i),y(i),sub_out1(i-1),diffr(i),sub_out1(i));
end generate gen;
end;
```

5.3.5 块语句

块（BLOCK）语句是 VHDL 中具有的一种划分机制，这种机制允许设计者合理地将一个模块分为数个区域，在每个块中都能对其局部信号、数据类型和常量加以描述和定义。任何能在结构体的说明部分进行说明的对象都能在 BLOCK 说明部分中进行说明。BLOCK 语句应用只是一种将结构体中的并行描述语句进行组合的方法，它的主要目的是改善并行语句及其结构的可读性，或是利用 BLOCK 的保护表达式关闭某些信号。

在 VHDL 中块语句用关键字“block”描述。如果将电路设计的结构体看作是整个电路原理图，则结构体中的每一个块语句都对应一张子原理图。块语句允许嵌套。实际上，结构体的这种划分方法仅是形式上的改变，没有功能上的变化，一个结构体就相当于一个 BLOCK 语句。BLOCK 语句的格式如下：

```
块结构标号：block [ （块保护表达式）]
            [接口说明];
            [类属说明];
            begin
              并行语句 ;
end block [块结构标号];
```

块语句中的块结构标号是块语句的标识符，必须设置该标号。块语句以 end block [块结构标号] 结束。

说明部分包括接口说明和类属说明两部分。接口说明部分主要用于信号的定义，类属说明主要用于参数的定义。它们可以包括由关键字 PORT、GENERIC、PORT MAP、CENERIC MAP ( ) 引导的接口说明等语句，对于 block 的接口设置以及与外界信号的连接情况加以说明。块语句说明部分定义的信号和参数仅对于当前 block 内部或内层是透明的，对于块语句的外部则这些信号和参数是不可见的。

在块语句的说明部分可以定义的项目主要有：USE 语句、子程序、数据类型、子类型、常数、信号和元件。

块语句的并行语句部分可以包括任何并行语句。

block 的应用可使结构体层次鲜明，结构明确。利用 BLOCK 语句可以将结构体中的并行语句划分为多个并行方式的 block，每个 block 都像一个独立的设计实体，具有自己的类属参数说明和界面端口，以及与外部环境的衔接描述。在较大的 VHDL 程序的编程中，恰当地应用块语句对于技术交流、程序移植、排错和仿真都是有益的。

另外一种形式的 BLOCK 语句是卫式 BLOCK 语句。当 BLOCK 语句中条件为真时执行 BLOCK 语句，条件为假时不执行 BLOCK 语句。使用 BLOCK 语句中的条件可以实现控制 BLOCK 语句的执行。下面使用卫式 BLOCK 语句来描述一个 D 触发器。

```
library  ieee;
use ieee.std_logic_1164.all;
entity dblock is
     port (a, clk:in   std_logic;
          q, qb:out   std_logic);
```

```
end dblock;
architecture example of dblock is
begin
    label:block(clk ='1')
    begin
      q <= guarded a signal 3 ns;
      qb <= guarded(not a)signal 5ns;
    end block label;
end example;
```

在上面的 BLOCK 语句中，使用关键字“guarded”，作用是当“clk = ‘1’”表示有时钟，卫式 BLOCK 语句布尔表达式为真，执行 block 语句。输入端 a 的值经过 3ns 的延迟以后从 q 端输出；同时对输入端 a 的值取反，经 5ns 延迟后从 qb 端输出。当“clk = ‘0’”表示没有时钟，卫式 BLOCK 语句布尔表达式为假，不执行 block 语句，q 输出端和 qb 输出端的值不变。

注意，在 VHDL 综合器中不支持卫式 BLOCK 语句。

BLOCK 语句和 COMPONENT 语句功能类似，都可以将结构体的并行描述分成多个层次。其区别只是后者涉及多个实体和结构体，并且综合后硬件结构的逻辑层次有所增加。

例 5-23 一位全减器设计（BLOCK 语句）

```
library ieee;
use ieee. std_logic_1164. all;
entity f_suber1 is
    port(x,y,sub_in:in std_logic;
        diffr,sub_out:out std_logic);
end entity;
architecture one of f_suber1 is
signal x1,s_out1,s_out2:std_logic;
begin
h_suber1:block                  --第一个半减器
begin
process(x,y)begin
      x1 <= x xor y;
      s_out1 <= (not x)and y;
end process;
end block h_suber1;
h_suber2:block                  --第二个半减器
begin
process(x1,sub_in)begin
      diffr <= x1 xor sub_in;
      s_out2 <= (not x1)and sub_in;
```

```
end process;
end block h_suber2;
or12:block                    --"或"运算
begin
sub_out <= s_out1 or s_out2;
end block or12;
end;
```

该设计对应的 rtl viewer 结果如图 5-22 所示。

从综合的角度看，BLOCK 语句的存在毫无意义，因为无论是否存在 BLOCK，对于同一设计实体综合后的逻辑功能是完全一致的；结构体中功能的划分最好使用元件例化方式来完成。

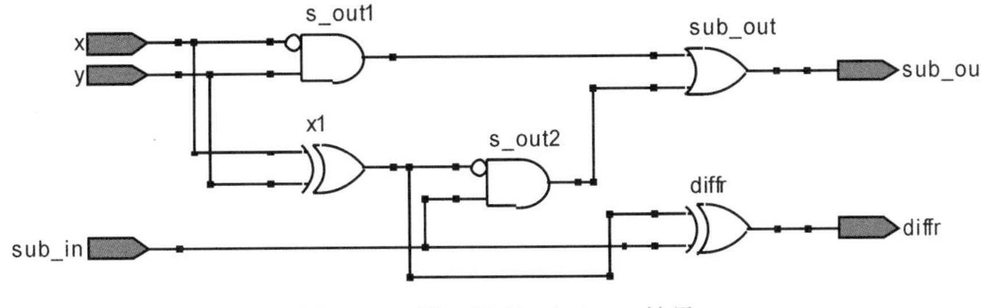

图 5-22 例 5-23 的 rtl viewer 结果

5.4 设计库和程序包

5.4.1 设计库

库是用来存储和放置可编译设计单元的地方。而设计单元是一些元件、程序包等，它们可以用做其他 VHDL 描述的资源，是设计者可以共享的已经编译好的设计结果的集合。也就是说，设计者可以在当前的 VHDL 设计中使用库中的资源。

VHDL 的库可分为五种：IEEE 库、STD 库、ASIC 矢量库、WORK 库和用户自定义库。

1）IEEE 库：IEEE 库是常用的资源库。库中包含经过 IEEE 正式认可的 STD_LOGIC_1164 程序包集合和某些公司提供的一些程序包集合，如 STD_LOGIC_ARITH（算术运算包集合）等。

常用的程序包有：std_logic_1164 、std_logic_arith、std_logic_signed 、std_logic_unsigned。

2）STD 库：STD 库是 VHDL 的标准库，在库中有名为 STANDARD 的程序包集合，集合中定义了多种常用的数据类型。

3）ASIC 矢量库：ASIC 矢量库是各公司可提供面向 ASIC 的逻辑门库。库中存放着和逻辑门一一对应的实体。

4）WORK 库：WORK 库是当前作业库，它存放的是设计者当前设计的项目生成的全部文件目录。

5）用户自定义库：用户自定义库是由用户自己创建并定义的库。设计者可以把自己经常使用的非标准（一般是自己开发的）程序包集合和实体等，汇集在一起定义成一个库，作为对 VHDL 标准库的补充。

上述五种库中，除了 STD 库和 WORK 库属于设计库之外，其他的库均为资源库。STD 库和 WORK 库对所有设计都是隐含可见的，因此使用它们时无须说明。但使用资源库时则要预先在 VHDL 库、程序包说明区，对其进行说明。

库的说明语句格式：LIBRARY 库名；

IEEE 库的说明举例：LIBRARY IEEE；

除了 STD 库和 WORK 库使用前不需要用 LIBRARY 语句说明以外，其他的库都要在实体前用 LIBRARY 语句说明。

5.4.2 程序包

为了实现已有设计资源的共享，可以将这些资源收集在程序包中，多个程序包可以放到一个 VHDL 库中，这样可以方便地访问和调用这些资源。程序包主要包含以下资源：常数说明、数据类型说明、元件语句定义、子程序定义和其他说明，这些资源对引用它的设计单元都是可见的。

使用某个程序包时可以用 USE 语句对该程序包进行说明，其语法格式为

USE LIBRARY 库名．程序包名．项目名；

例如：USE IEEE. STD_LOGIC_1164. ALL

程序包可分为预定义的程序包和自定义的程序包，预定义的程序包放在预定义的库中，可以在 LIBRARY 声明语句后用 USE 语句直接调用。其中常用的预定义程序包有以下 4 种：

（1）STANDARD 程序包

STANDARD 程序包预先在 STD 库中编译，此程序包中定义了若干类型、子类型和函数。IEEE1076 标准规定，在所有 VHDL 程序的开头隐含有下面的语句：

LIBRARY WORK. STD；

USE STD. STANDARD. ALL；

因此，不需要在程序中使用这两条语句。

（2）STD_LOGIC_1164 程序包

STD_LOGIC_1164 预先编译在 IEEE 库中，是 IEEE 的标准程序包，其中定义了一些常用的数据和子程序。

此程序包定义的数据类型 STD_LOGIC、STD_LOGIC_VECTOR 以及一些逻辑运算符都是最常用的，许多 EDA 厂商的程序包都以它为基础。

（3）STD_LOGIC_UNSIGNED 程序包

STD_LOGIC_UNSIGNED 程序包预先编译在 IEEE 库中，是 Synopsys 公司的程序包。此程序包重载了可用于 INTEGER、STD_LOGIC 和 STD_LOGIC_VECTOR 三种数据类型混合运算的运算符，并定义了一个由 STD_LOGIC_VECTOR 型到 INTEGER 型的转换函数。

（4）STD_LOGIC_SIGNED 程序包

STD_LOGIC_SIGNED 程序包与 STD_LOGIC_UNSIGNED 程序包类似，只是 STD_LOGIC_SIGNED 程序包中定义的运算符考虑到了符号，是有符号的运算。

设计者自行设计的资源可以集合在自定义程序包中。自定义程序包的语句格式如下：

PACKAGE 程序包名 IS --程序包首

程序包首说明部分；

```
END  程序包名;
PACKAGE  BODY 程序包名 IS                    --程序包体
程序包体说明部分及包体内容;
END  程序包名;
```

程序包的定义包括两部分：程序包首和程序包体。分别以关键字PACKAGE和PACKAGE BODY声明。两者定义时的程序包名必须相同。

程序包首是必不可少的，它主要用来收集多种VHDL设计所需的公共信息，包括数据类型说明、常量说明、信号说明、子程序说明、元件说明、文件说明、属性说明即属性指定等。这些信息的说明和定义都放在程序包首中，可供引用该程序包的设计实体随时调用，显然可以提高设计的效率和程序的可读性。

程序包体部分有时不是必需的。它主要用于定义函数体和过程体，也允许建立内部的子程序和内部变量、数据类型的说明，但要注意，这些参数对外不可见。

例5-24 程序包定义示例

```
PACKAGE pacl IS                                          --程序包首开始
  TYPE byte IS RANGE 0 TO 255;                           --定义数据类型 byte
  SUBTYPE nibble IS byte RANGE 0 TO 15;                  --定义子类型 nibble
  CONSTANT byte_ff:byte:=255;                            --定义常数 byte_ff
  SIGNAL addend:nibble;                                  --定义信号 addend
  COMPONENT byte_adder                                   --定义元件
  PORT(a,b:IN byte;
        c:OUT byte;
  overflow:OUT BOOLEAN );
  END COMPONENT;
  FUNCTION my_function(a:IN byte)Return byte;            --定义函数
END pacl;                                                --程序包首结束
```

5.5 子程序

子程序是一个VHDL程序模块，它利用顺序语句来定义和完成算法，因此只能使用顺序语句。VHDL的子程序与其他软件的子程序应用目的是相似的，即能更有效地完成重复性工作。子程序的使用方式只能通过子程序调用与子程序的界面端口进行通信。子程序有两种类型，即函数和过程。它们可以定义在三个位置：程序包中、结构体的说明语句部分以及进程语句的说明部分。它的定义范围决定了它的有效区间：程序包中定义的子程序在所有能打开该程序包的范围都可以调用；结构体的说明语句部分定义的子程序只能在该结构体内部调用；进程语句的说明部分定义的子程序则只能在该进程内部使用。因此，通常把子程序定义在程序包内，以方便更大范围内的调用。子程序由执行公共操作的过程和函数组成。程序包是分享属于实体数据的一种机制，如果把子程序、数据类型和元件说明看成建立设计的工具，则程序包就是工具箱。

在实际应用中，子程序的每次调用将会映射于目标芯片中的一个相应的电路模块，且每次调用都会产生具有相同作用的不同模块。

VHDL 中子程序主要有用户定义的子程序和库中现成的具有专用功能的预定义子程序，如决断函数、转换函数、重载函数、重载过程等。

下面就子程序的定义、调用、常用的预定义子程序加以说明。

5.5.1 函数

1. 函数定义

函数定义的格式如下：

```
FUNCTION 函数名(参数表)RETURN 数据类型;                  --函数首
FUNCTION 函数名(参数表)RETURN 数据类型 IS                --函数体
      [说明部分]
BEGIN
      顺序语句;
END FUNCTION 函数名;
```

函数定义由两部分组成，即函数首和函数体，其中函数体是必不可少的。当在进程或结构体中定义函数时，可以不必定义函数首，但如果在程序包中定义函数时，则必须定义函数首，并且应当将函数首定义在程序包首中，函数体定义在程序包体中。

FUNCTION 是函数的关键字。

函数首主要有三部分构成，即函数名、参数表、返回值的数据类型。函数名可以是合法的普通标识符，也可以是运算符，运算符必须放在双引号内。同一函数的函数首和函数体名称必须一致。参数表是定义函数中参数的名称、方向及数据类型等。参数表是用来定义函数输入的，可以不显示地标明参数的方向，函数的参数只能是常数或信号，因此，参数必须放在关键字 CONSTANT 或 SIGNAL 之后，如果缺省，参数默认为常数。RETURN 是返回值的保留字，RETURN 后面的数据类型规定了函数返回值即函数输出的数据类型，因此在函数体的顺序语句部分必然有一个带返回值的 RETURN 语句与之对应，并且 RETURN 语句后的返回值要和此处规定的数据类型匹配，否则，函数不能通过编译。

函数体由三部分构成，即函数名声明部分、说明部分和顺序语句。其中函数名声明部分与函数首几乎一致，只是最后多了一个 IS。此句用来声明本函数体的函数名和与之相对应的函数首。说明部分用来对函数体中所用到的常量、变量和数据类型进行定义和说明（不可以定义信号），它们都是局部量，仅在此函数内部有效。函数体中的顺序语句可以是任何顺序语句，但是必须要有一个带返回值的 RETURN 语句。

例 5-25 同一函数分别定义在三个位置

定义在程序包中：

```
PACKAGE pack_exp IS                                      -- 程序包首
  FUNCTION abc (a, b, opr :STD_LOGIC) RETURN STD_LOGIC;
END pack_exp;
PACKAGE body pack_exp IS                                 -- 程序包体
    FUNCTION abc (a,b,opr:STD_LOGIC) RETURN STD_LOGIC IS
    BEGIN
```

```
    IF(opr = '1')THEN RETURN (a AND b);
      ELSE RETURN (a OR b);
    END IF;
    END FUNCTION abc;
END pack_exp;
```

定义在结构体中：

```
architecture one of abc is
FUNCTION abc (a, b, opr :STD_LOGIC)   RETURN   STD_LOGIC IS
BEGIN
  IF(opr  ='1')THEN   RETURN(a AND b);
  ELSE RETURN(a OR b);
  END IF ;
END FUNCTION abc
begin
 ⋮
end one;
```

定义在进程中：

```
process(a,b,c)is
FUNCTION abc(a, b, opr :STD_LOGIC)   RETURN   STD_LOGIC IS
  BEGIN
  IF(opr  ='1')THEN   RETURN(a AND b);
  ELSE RETURN(a OR b);
  END IF;
END FUNCTION abc;
begin
 ⋮
end process;
```

2. 函数调用

函数调用格式如下：

函数名（[（[形参名 =>] 实参表达式 {,[形参名 =>] 实参表达式}）]）;

其中，形参名经常省略，只有实参表达式。函数调用语句不具有独立的行为表现形式，它在 VHDL 程序中不能单独出现，只能作为赋值语句中的赋值源或作为表达式的一部分。函数调用分为顺序调用和并行调用两种，即既可以在进程语句 process 中顺序调用，也可以在进程语句 process 之外并行调用。注意实际参数表与函数定义的参数表数据类型必须一致，否则无法正确调用函数。

例如（接例 5-24）：

```
b <= my_function(m);                    -- 其中 b,m 的数据类型必须为 byte
```

例 5-26 调用函数实现带显示的十进制计数器

```
library ieee;
```

```
use ieee. std_logic_1164. all;
use ieee. std_logic_unsigned. all;
entity counter10f is
port(clk:in std_logic;
     led:out  std_logic_vector(6 downto 0));
end entity;
architecture one of counter10f is
function seg7(a:std_logic_vector)return  std_logic_vector is
variable led:std_logic_vector(6 downto 0);
begin
case a is
when"0000"   =>   led := "1111110";
when"0001"   =>   led:= "0110000";
when"0010"   =>   led:= "1101101";
when"0011"   =>   led:= "1111001";
when"0100"   =>   led:= "0110011";
when"0101"   =>   led:= "1011011";
when"0110"   =>   led:= "1011111";
when"0111"   =>   led:= "1110000";
when"1000"   =>   led:= "1111111";
when"1001"   =>   led:= "1111011";
when others  =>   led:= "0000000";
end case;
return led;
end function;

signal a1:std_logic_vector(3 downto 0);
begin
     process(clk)                     --计数进程
     begin
     if clk'event and clk = '1' then
          if a1 >=9 then              a1 <= "0000";
          else
          a1 <= a1 +1;
          end if;
        end if;
      end process;
      led <= seg7(a1);
end one;
```

3. 常用函数

预定义的函数中，应用比较多的有重载函数、转换函数、决断函数等几种函数。

VHDL允许以相同的函数名定义函数，但要求函数中定义的操作数具有不同的数据类型，以便调用时用以分辨不同功能的同名函数，即同名的函数可以用不同的数据类型作为此函数的参数定义多次，以此定义的函数称为重载函数（overloaded function）。函数还可以允许用任意位矢长度来调用。

例5-27　重载函数调用

```
LIBRARY IEEE;
USE IEEE. STD_LOGIC_1164. ALL ;
PACKAGE  packexp IS                                  --定义程序包
FUNCTION  min_ab(a,b:IN STD_LOGIC_VECTOR)            --定义函数首
RETURN STD_LOGIC_VECTOR;
FUNCTION  min_ab(a,b:IN BIT_VECTOR)                  --定义函数首
RETURN BIT_VECTOR ;
FUNCTION  min_ab(a,b:IN INTEGER )                    --定义函数首
RETURN INTEGER;
END;
PACKAGE BODY packexp IS
FUNCTION  min_ab(a,b:IN STD_LOGIC_VECTOR)            --定义函数体
RETURN STD_LOGIC_VECTOR IS
BEGIN
  IF a<b THEN RETURN  a;
  ELSE          RETURN b;
  END IF;
END FUNCTION min_ab;                                 --结束FUNCTION语句
FUNCTION  min_ab( a,b:IN INTEGER)                    --定义函数体
RETURN INTEGER IS
BEGIN
  IFa<b THEN RETURN a;
    ELSE          RETURN  b;
    END IF;
    END FUNCTION min_ab;                             --结束FUNCTION语句
FUNCTION  min_ab(a,b:IN BIT_VECTOR)                  --定义函数体
  RETURN BIT_VECTOR IS
  BEGIN
    IF a<b THEN RETURN a;
      ELSE      RETURN b;
    END IF;
  END FUNCTION min_ab;                               --结束FUNCTION语句
  END;                                               --结束PACKAGE BODY语句
--以下是调用重载函数min_ab的程序:
```

```
LIBRARY IEEE;
USE IEEE. STD_LOGIC_1164. ALL ;
  USE WORK. packexp. ALL;
ENTITY axamp IS
  PORT(a1,b1:IN STD_LOGIC_VECTOR(3 DOWNTO 0);
        a2,b2:IN BIT_VECTOR(4 DOWNTO 0);
        a3,b3:IN INTECER RANGE 0 TO 15;
        c1:OUT STD_LOGIC_VECTOR(3 DOWNTO 0);
        c2:OUT BIT_VECTOR(4 DOWNTO 0);
        c3:OUT INTEGER RANGE 0 TO 15);
END;
ARCHITECTURE bhv OF axamp IS
BEGIN
  c1 <= min_ab(a1,b1);
                          --对函数 min_ab( a,b :IN STD_LOGIC_VECTOR)的调用
  c2 <= min_ab(a2,b2);
                          --对函数 min_ab( a,b :IN BIT_VECTOR)的调用
  c3 <= min_ab(a3,b3);
                          --对函数 min_ab( a,b :IN INTEGER)的调用
END;
```

VHDL 不允许不同数据类型的操作数间进行直接操作或运算。因此，在具有不同数据类型操作数构成的同名函数中，可定义以运算符重载式的重载函数。VHDL 的 IEEE 库中，std_ logic_unsigned 程序包中预定义的操作符如 +、－、*、=、>=、<=、/=、and 和 mod 等，对相应数据类型 integer、std_logic、std_logic_vector 的操作做了重载，即通过重新定义运算符的方式，允许被重载的运算符能够对新的数据类型进行操作。

例 5-28 “+”重载

```
LIBRARY IEEE;                        --程序包首
USE IEEE. STD_LOGIC_1164. ALL;
USE IEEE. STD_LOGIC_ARITH. ALL;
PACKAGE STD_LOGIC_UNSIGNED is
function" + "(L:STD_LOGIC_VECTOR;R:INTEGER)
                    return STD_LOGIC_VECTOR;
function" + "(L:INTEGER;R:STD_LOGIC_VECTOR)
                    return STD_LOGIC_VECTOR;
function" + "(L:STD_LOGIC_VECTOR;R:STD_LOGIC)
                    return STD_LOGIC_VECTOR;
function SHR (ARG:STD_LOGIC_VECTOR;
    COUNT:STD_LOGIC_VECTOR )
return STD_LOGIC_VECTOR;
```

⋮

end STD_LOGIC_UNSIGNED;

程序包 STD_LOGIC_UNSIGNED 的程序包体部分省略。这个程序包放在 IEEE 设计库中，读者可自行查看完整代码。在计数器设计的实体之前通常加入如下声明语句：

USE IEEE. STD_LOGIC_UNSIGNED. ALL;

此句的作用是允许重载加号，允许 STD_LOGIC_VECTOR 与 INTEGER 两种不同数据类型之间的加法运算。

转换函数（conversion function）用来转换对象从一种类型到另一种类型，在元件例化、赋值、逻辑运算、算术运算等语句中应允许不同类型信号和端口之间的映射或信号传递。常用的转换函数见表 5-4。

表 5-4 IEEE 库类型转换函数表

函数名	功能
程序包：STD_LOGIC_1164	
to_stdlogicvector（A）	由 bit_vector 类型的 A 转换为 std_logic_vector
to_bitvector（A）	由 std_logic_vector 转换为 bit_vector
to_stdlogic（A）	由 bit 转换成 std_logic
to_bit（A）	由 std_logic 转换成 bit
程序包：STD_LOGIC_ARITH	
conv_std_logic_vector（A，位长）	将整数 integer 转换成 std_logic_vector 类型，A 是整数
conv_integer（A）	将 std_logic_vector 转换成整数 integer
程序包：STD_LOGIC_UNSIGNED	
conv_integer（A）	由 std_logic_vector 转换成 integer

在计数器设计过程中，有一条关键的语句：

a1 <= a1 + 1;　　　　　　　　　　--详见例 5-8、例 5-12、例 5-26 等

该语句中加号的第一个操作数 a1 数据类型为 std_logic_vector（3 downto 0）；第二个操作数“1”的数据类型为 integer。不同数据类型之间的加法是不被允许的。前文曾使用重载运算符的方法解决了此问题。还有另外一种解决方式，即利用转换函数转换操作数的数据类型，使其符合标准库中定义的加法。标准库中加法规定的操作数的数据类型为 integer。因此只需转换 a1 的数据类型该加法即可顺利进行。通过查表 5-4 可知程序包：STD_LOGIC_ARITH 和程序包 STD_LOGIC_UNSIGNED 都包含转换函数 conv_integer（A），该函数可实现由 std_logic_vector 转换成 integer。

调用该函数的方法为：首先在程序开始的设计库和程序包声明部分声明该函数所在的程序包，即加入以下语句：

Library IEEE;

USE STD_LOGIC_ARITH. ALL;

或

Library IEEE;

USE STD_LOGIC_UNSIGNED;

然后在程序中调用此函数，将赋值源 a1 +1 改为 conv_integer（a1）+1，即可解决加法运算的问题。当然与此同时会引起赋值源和赋值目标数据类型不匹配等其他问题，此处请读者尝试自行修改设计，解决该问题。

决断函数（resolution function）用于多个驱动信号母线的竞争。当信号被多个驱动源所驱动时用决断函数返回信号值。在 VHDL 中一个带多个驱动源的信号，若不对信号附加决断函数则视为非法，必须由其信号的驱动之一有事件处理时所请求的函数组成决断函数，执行决断函数并从所有的驱动值中返回一信号新值。通常在模拟器中设有决断函数，或者有一个固定的决断函数，如线“或”、线“与”和信号平均值等。决断函数输入单一变元并返回一个单值，单驱动变元由信号驱动值的非限定数组组成，该信号附上决断函数。如果为两个驱动的信号，其非限定数组将是两个元素的长度，如果信号有三个驱动，非限定数组将是三个元素的长度，决断函数将检查所有驱动器的值并返回一个决断值。

5.5.2 过程

1. 过程定义

过程语句的语法格式如下：

```
PROCEDURE  过程名(参数表)；                    --过程首
PROCEDURE  过程名(参数表)IS                    --过程体
[说明部分]
BEGIN
顺序语句
END PROCEDURE 过程名；
```

过程同样分为过程首和过程体两部分，其中过程首与过程体的使用场合与函数首、函数体的使用场合相同。

过程首由过程名和参数表两部分构成。过程名是过程的标识符，在过程首和过程体中，过程名要保持一致。参数表中可以对常数、变量和信号三类数据对象目标作出说明，并用 in、out、inout 定义参数的工作模式，即信息流向。如果没有指定模式，则默认为 in。如果参数只定义了 in 模式，而没有定义参量类型，则默认为常量；若只定义了 inout 或 out，则默认目标参量类型为变量。例如：

```
PROCEDURE  pro1(VARIABLE  a, b:  INOUT REAL);
PROCEDURE  pro2 (CONSTANT  a1:  IN INTEGER;
                 VARIABLE  b1:  OUT INTEGER);
PROCEDURE  pro3  (SIGNAL sig:INOUT BIT);
```

PROCEDURE 是过程的关键字。

过程体由三部分构成，即过程名声明部分、说明部分和顺序语句。其中过程体和过程首相比，只是多了 IS，少了一个分号，其他部分完全相同。说明部分同样是一些局部量的说明和定义，这些量仅适用于该过程体内部。过程语句格式中的顺序语句部分，可以是任意的顺序语句的组合，但必须有一个单独的 return 语句，从过程语句中返回。如下例所示：

```
procedure abc(a,b,opr:STD_LOGIC;  c:out std_logic)  IS
  BEGIN
```

```
  IF (opr ='1')THEN   c <=(a AND b);
  ELSE c <=(a OR b);
  END IF;
return;
END peocedure abc;
```

2. 过程调用

在不同的环境中，有两种不同的语句方式对过程进行调用，即顺序调用和并行调用。如果在进程语句内部调用过程，则属于顺序调用，否则，为并行调用。

过程调用格式如下：

过程名［（［形参名=>］实参表达式｛，［形参名=>］实参表达式｝）］；

其中，形参名部分经常省略，只有实参表达式。过程调用可以作为一个单独的语句独立使用。例如：

```
swap(datain,1,2);
```

例 5-29 调用过程实现带显示的十进制计数器

```
LIBRARY IEEE;
USE IEEE. STD_LOGIC_1164. ALL;
USE IEEE. STD_LOGIC_UNSIGNED. ALL;
entity counter10p is
port(clk:in std_logic;
      led: oUT   std_logic_vector(6 downto 0));
end entity;
architecture one of counter10p is
procedure seg7 (a:in std_logic_vector;signal led:out std_logic_vector(6 downto 0))is
begin
case a   is
when"0000"   =>   led <="1111110";
when"0001"   =>   led <="0110000";
when"0010"   =>   led <="1101101";
when"0011"   =>   led <="1111001";
when"0100"   =>   led <="0110011";
when"0101"   =>   led <="1011011";
when"0110"   =>   led <="1011111";
when"0111"   =>   led <="1110000";
when"1000"   =>   led <="1111111";
when"1001"   =>   led <="1111011";
when others    =>   led <="0000000";
end case;
return ;
end procedure;
```

```
signal a1: std_logic_vector(3 downto 0);
begin
    process(clk)                        --计数进程
    begin
if clk'event and clk = '1' then
            if a1 >=9 then              a1 <= "0000";
            else
            a1 <= a1 +1;
            end if;
          end if;
        end process;
        seg7(a1,led);
end one;
```

3. 常用过程

重载过程（overloaded procedure）就是两个或两个以上有相同过程名和互不相同的参数数量及数据类型的过程，又可称为复用过程。重载过程类似于重载函数。

例 5-30 重载过程实例

```
PROCEDURE max (  v1, v2 : IN REAL;
             SIGNAL out1: INOUT REAL);
PROCEDURE max (  v1, v2 : IN INTEGER;
             SIGNAL out1 : INOUT INTEGER);
 ⋮
max (12.30, 1.8, ss1);   --调用第一个重载过程 max，其中 ss1 数据类型为 REAL
max (123,18,ss2 );       --调用第二个重载过程 max，其中 ss2 数据类型为 INTEGER
```

总之，子程序可分为过程与函数两种。它们又都可分为自定义和预定义两种类型。一般而言，在程序包中自定义子程序的使用步骤如下：

1）程序包中定义子程序。

2）设计实体的库文件和程序包声明部分加入子程序所在的程序包。

3）在设计实体中调用子函数。

在子程序调用时，过程和函数的调用也有区别：

1）过程返回多个变元，而函数则只返回一个。

2）函数中所有参数都是输入参数，而过程有输入参数、输出参数和双向参数。

3）过程和函数都有两种形式，即并行过程和并行函数以及顺序过程和顺序函数。

并行的过程与函数可在进程语句和另一个子程序的外部，而顺序函数和过程仅可存在于进程语句和另一个子程序语句之中。过程在结构体或者进程中按分散语句的形式存在，而函数经常在赋值语句或表达式中使用。

4）过程被看作一种语句，而函数通常是表达式的一部分。过程能单独存在，而函数通常作为语句的一部分被调用。

5.6　配置

按照 VHDL 的语法规定，一个实体可以有多个结构体描述，用以实现设计者不同的设计思想和设计风格。但在具体进行仿真和综合时，只能是一个实体对应一个确定的结构体，配置语句就是用来选择这个确定结构体的。而且，在仿真时，可以利用配置语句选择不同的结构体，进行性能对比实验，以得到性能最佳的结构体。

配置语句格式为

```
CONFIGURATION　配置名　OF 实体名 IS
FOR 被选结构体名
END FOR;
END　配置名;
```

以下是运用配置语句描述一个两位相等比较器的例子。

例 5-31　配置语句举例

```
ENTITY equ2 IS
PORT(   a,b:IN std_logic_vector(1 downto 0);
        equ:OUT std_logic);
END   equ2;
--结构体一:用布尔方程来实现
ARCHITECTURE equation of   equ2 IS
BEGIN
    equ <= (a(0)XOR b(0))NOR(a(1)XOR b(1));
END equation;
--结构体二：用行为描述来实现，采用并行语句
ARCHITECTURE con_behave of   equ2 IS
BEGIN
    equ <= '1'when a = b   else'0';
END con_behave;
--结构体三：用行为描述来实现，采用顺序语句
ARCHITECTURE seq_behave of   equ2 IS
BEGIN
    process(a,b)
    begin
      if a = b   then   equ <= '1';
      else   equ <= 0;
      end if;
    end process;
END seq_behave;
```

在例 5-31 中，实体 equ2 拥有三个结构体：equation、con_behave 和 seq_behave，实体究

竟对应于哪个结构体呢？配置语句（CONFIGURATION）可以很灵活地解决这个问题：

如选用结构体 seq_behave，则用

```
CONFIGURATION   aequb   OF   equ2   IS
FOR   seq_behave
END   FOR;
END CONFIGURATION;
```

如选用结构体 con_behave，则用

```
CONFIGURATION   aequb   OF   equ2   IS
FOR   con_behave
END   FOR;
END CONFIGURATION;
```

本章小结

本章主要介绍了 VHDL 的两大类语句：顺序语句和并行语句；举例说明了设计库和程序包、子程序的定义和调用；简要介绍了配置的作用和格式要求。

两大语句是本章的重点，它们的执行特点不同，功能上也有区别，从符合通常习惯的顺序语句入手，再到具有极具硬件语句特色的并行语句。从已调试成功的程序上看，很容易区分这两类语句，出现在 process 内部或子程序中的语句为顺序语句，出现在结构体其他地方的语句为并行语句。但反之则不一定成立。If 语句和条件赋值语句、CASE 语句和选择赋值等都具有相似的逻辑，但所属语句类型不同，所使用的场合不同。

设计库和程序包是 VHDL 的常用语句，若要使用某些数据类型、子程序等就必须要调用相应的标准设计库和程序包。除了标准设计库和程序包以外还常需要自行设计某些元件、子程序、数据类型等，此时则要求自定义程序包，该程序包默认位置在 work 库中，在使用前必须定义及声明该程序包。

子程序是方便实现设计复用的一种常用方式，大多定义在程序包中，子程序中只能用顺序语句。过程和函数的格式相似，但是功能有所差异。还有一些常用子程序可以简化设计过程。使用子程序时要注意选择。

习　题

5-1 VHDL 分为哪两大类语句？进程语句属于哪一类？简述进程语句的特点。

5-2 结合分别用条件信号赋值语句、多选择控制 IF 语句设计的 8 线 - 3 线优先编码器分析这两种语句的异同。

5-3 请将以下语句改为 PROCESS 语句。

(1)：

```
architecture one of abc is
begin
a <= c and d and e;
end one;
```

(2)：

```
architecture one of abc is
begin
y <= a when s = '0' else
     b;
end one;
```

5-4　分别用定义元件、子程序的方式设计十进制计数器，并在七段数码管上显示计数结果。

5-5　设计带有复位、使能、预置数等功能的二十进制计数器，在两个七段数码管上显示结果。

5-6　设计 4×4 矩阵键盘的显示。矩阵键盘如图 5-23 所示，当按下某个按键时，在七段数码管上显示该值。

5-7　设计一个八位的移位寄存器。

5-8　设计一句广告标语，并在点阵上滚动显示。

5-9　试判断以下代码是否正确，并改正。

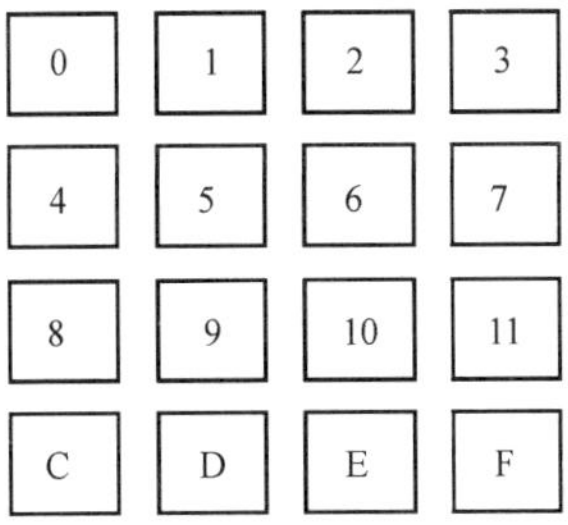

0	1	2	3
4	5	6	7
8	9	10	11
C	D	E	F

图 5-23　矩阵键盘示意图

(1)
```
ENTITY abc IS
  PORT (clk,a:IN   BIT;
             y:OUT BIT   );
END ENTITY abc;
ARCHITECTURE one OF abc IS
variable b,c:bit;
BEGIN
  if clk'event and clk = '1' then
  b: = a;
  c: = b;
  y <= c;
  end if;
END ARCHITECTURE one;
```

(2)
```
entity mux is
port (a,b:in std_logic;
     y:out std_logic);
end mux;
```

(3)
```
LIBRARY IEEE;
USE IEEE. STD_LOGIC_1164. ALL;
ENTITY coder IS
  PORT(   din:IN STD_LOGIC_VECTOR(0 TO 7);
        output:OUT STD_LOGIC_VECTOR(0 TO 2));
END coder;
ARCHITECTURE behave OF coder IS
  SIGNAL SINT : STD_LOGIC_VECTOR(4 DOWNTO 0);
  BEGIN
    PROCESS (din)
BEGIN
  IF (din(7) = '0')THEN   output <=  "000";
  ELSE   IF (din(6) = '0')THEN   output <= "100";
  ELSE   IF (din(5) = '0')THEN   output <= "010";
  ELSE   IF (din(4) = '0')THEN   output <= "110"  ;
```

```
  ELSE  IF (din(3) = '0')THEN  output <= "001"  ;
  ELSE  IF (din(2) = '0')THEN  output <= "101";
  ELSE  IF (din(1) = '0')THEN  output <= "011";
  ELSE          output  <= "111";
  END IF;
  END PROCESS;
END behave;
```

(4)
```
library ieee;
use ieee. std_logic_1164. all;
entity counter10 is
port( clk:in std_logic;
    led:out   std_logic_vector(6 downto 0));
end entity;

architecture one of counter10 is
begin
process( clk)                --计数进程
variable a1:std_logic_vector(3 downto 0);
begin
if clk'event and clk = '1' then
          if a1 >=9 then
a1: = "0000";
          else
          a1: =a1 +1;
          end if;
        end if;
      end process;
process( a1)                --显示进程
begin
case a1 is
when"0000"   =>   led  <="1111110";
when "0001"   =>   led <="0110000";
when "0010"   =>   led <="1101101";
when "0011"   =>   led <="1111001"  ;
when "0100"   =>   led <="0110011";
when "0101"   =>   led <="1011011";
when "0110"   =>   led <="1011111";
when "0111"   =>   led <="1110000";
when "1000"   =>   led <="1111111";
when "1001"   =>   led <="1111011";
end case;
end process;

end one;
```

第6章 有限状态机

有限状态机是一种具有基本内部记忆的抽象机器模型，是数字电路与系统的核心部分。通过有限状态机可实现高效率高可靠性逻辑控制，它广泛地应用于各种系统控制，例如：微处理机中的总线仲裁、微处理机与外设之间的控制、工业控制、数据加密与解密以及数字信号处理系统中的时序控制等。本章介绍有限状态机的基本结构、状态编码方式及规则等，结合实例介绍采用 VHDL 设计 Moore 型状态机、Mealy 型状态机的方法。通过本章的学习使读者对有限状态机有一个基本的认识。

6.1 概述

1. 状态机的特点

用 VHDL 可以设计不同表达方式和不同实用功能的状态机，这些状态机的 VHDL 描述都具有相对固定的语句和程序表达方式，只要把握了这些固定的语句表达部分，就能根据实际需要写出各种不同风格的 VHDL 状态机。

有限状态机可以描述和实现大部分的时序逻辑系统。与基于 VHDL 的其他设计方案或者与使用 CPU 编制程序的解决方案相比，状态机都有其难以超越的优越性。状态机的设计主要有以下优势：

1）状态机是纯硬件数字电路系统中的顺序控制电路，具有纯硬件电路的速度和软件控制的灵活性。

2）由于状态机的机构模式相对简单，设计方案相对固定，特别是可以定义符号化枚举类型的状态，这一切都为 VHDL 综合器尽可能发挥其强大的优化功能提供了有利条件。而且，性能良好的综合器都具备许多可控或自动的专门用于优化状态机的功能。

3）状态机容易构成性能良好的同步时序逻辑模块，这对于大规模逻辑电路设计中令人深感棘手的竞争冒险现象无疑是一个上佳的选择。为了消除电路中的毛刺现象，在状态机中有许多设计方案可供选择。

4）与 VHDL 的其他描述方式相比，状态机的 VHDL 表述丰富多样、程序层次分明，结构清晰，易读易懂；在排错、修改和模块移植方面也有独到的特点。

5）在高速运算和控制方面，状态机也有着巨大的优势。由于在 VHDL 中，一个状态机可以由多个进程构成，一个结构体中可以包含多个状态机，而一个单独的状态机（或多个并行运行的状态机）以顺序方式所能完成的运算和控制方面的工作与一个 CPU 的功能类似。因此，一个设计实体的功能便类似一个含有并行运行的多 CPU 的高性能系统的功能。

与采用 CPU 硬件系统，通过编程设计逻辑系统的方案相比，状态机的运行方式类似于 CPU，而在运行速度和工作可靠性方面都优于 CPU。

就运行速度而言，由状态机构成的硬件系统比 CPU 所能完成同样功能的软件系统的工作速度要高出 3 ~4 个数量级。CPU 和状态机均靠时钟节拍驱动，由于存在指令读取、译码的过程，常见的 CPU 的一个指令周期由多个机器周期构成，一个机器周期又由多个时钟节拍构成；且每条指令只能执行简单操作，一个含有运算和控制的完整设计程序往往需要成百上千条指令。相比之下，状态机状态变换周期只有一个时钟周期，每个状态之间的变换是串行方式的，但每个状态下的过程处理可以采取并行方式，在一个时钟节拍中可完成多个操作。

就可靠性而言，状态机的优势也十分明显。CPU 本身的结构特点与执行软件指令的工作方式决定了任何 CPU 都不可能获得圆满的容错保障。状态机系统由纯硬件电路构成，不存在 CPU 运行软件过程中许多固有的缺陷。由于状态机的设计中能使用各种完整的容错技术，可避免大部分错误，即使发生运行错误，由于状态机的运行速度上的优势，进入非法状态并从中跳出，进入正常状态所耗的时间通常只有两三个时钟周期，数十纳秒，尚不足以对系统的运行构成损坏；而 CPU 通过复位方式从非法运行方式中恢复过来，耗时达数十毫秒，这对于高速高可靠系统显然是无法容忍的。

2. 状态机的分类

从结构上状态机分为单进程状态机和多进程状态机。

从状态表达方式上状态机分为符号化状态机和确定状态编码的状态机。

从编码方式上状态机分为顺序编码状态机、一位热码编码状态机和其他编码方式状态机。

根据输出与输入、系统状态的关系，有限状态机又可以分为 Moore 型有限状态机和 Mealy 型有限状态机。Moore 型有限状态机是指输出仅与系统状态有关，与输入信号无关的状态机。Mealy 型有限状态机是指输出与系统状态和输入均有关系的有限状态机。

1）在 Moore 机中，输出在时钟的活动沿到达后的几个门电路的延迟时间之后得到，并且在该时钟周期的剩余时间内保持不变，即使输入在该时钟周期内发生改变，输出值也保持不变。然而，因为输出与当前的输入无关，当前输入产生的任何效果将延迟到下一个时钟周期。Moore 机的优点是将输入和输出分隔开。

2）在 Mealy 机中，因为输出是输入的函数，如果输入改变，输出可以在一个时钟周期的中间发生改变。这使 Mealy 机比起 Moore 机来，对输入变化的影响更早一个时钟周期，但也使输出随着输入的变化而变化。输入线上的噪声也会传到输出。

6.2 VHDL 一般状态机

1. 一般状态机的结构

无论是何种类型的状态机，一般都由组合逻辑进程和时序逻辑进程两部分构成。一般状态机的结构图如图 6-1 所示。

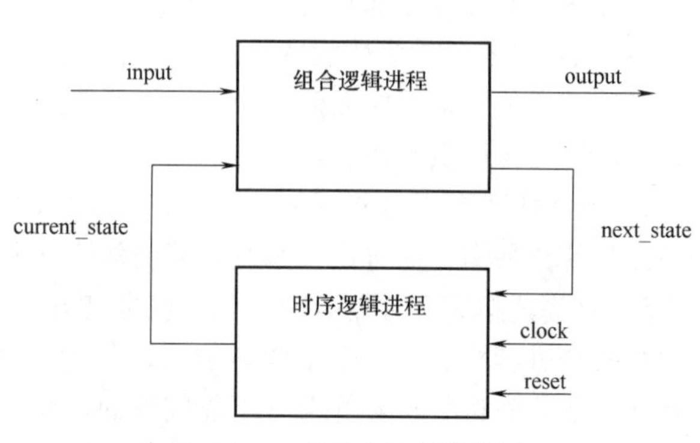

图 6-1 一般状态机的结构图

其中组合逻辑进程用于实现状态机的状态选择和信号输出。该进程根据当前状态信号 current_state 的值确定相应的操作，处理状态机的输入、输出信号，同时确定下一个状态，即 next_state 的取值。

组合逻辑进程的 VHDL 代码如下：

```
PROCESS(input,current_state)
BEGIN
    CASE  current_state  IS
      WHEN  state0 =>
      IF  (input = …)  THEN
          Output  <= <value>;
          Next_state <= state1;
      ELSE …
      END  IF;
      WHEN  state1 =>
        IF(input = …)  THEN
          Output  <= <value>;
          next_state <= state2;
      ELSE …
      END  IF;
    WHEN  state2 =>
        IF(input = …)  THEN
          Output  <= <value>;
          next_state <= state3;
      ELSE …
      END  IF;
       ⋮
    END  CASE;
  END  PROCESS;
```

这段代码做了两件事情：对输出端口赋值和确定状态机的下一个状态。同样可以看出，它遵循采用顺序代码设计组合逻辑电路的基本要求，即所有的输入信号都必须出现在 PROCESS 的敏感信号列表中，并且所有输入/输出信号的组合都必须完整列出。在整个代码中，由于没有任何信号的赋值是通过其他某个信号的跳变来触发的，所以不会生成寄存器。

时序逻辑进程主要用于实现状态机的状态转化。状态机是随外部时钟信号 clock 以同步时序方式工作的。该进程就是保证状态的跳变与时钟信号同步，保证在时钟发生有效跳变时，状态机的状态才发生变化。一般地，时序逻辑进程负责系统初始和复位状态的设置，不负责下一状态的具体状态取值，当复位信号 reset 到来时，该进程对状态机进行同步或异步复位；当时钟的有效跳变到来时，时序进程只是机械地将代表次态的信号 next_state 中的内容送入现态的信号 current_state 中，而信号 next_state 中的内容完全由其他的进程根据实际情况来决定。

时序逻辑进程包含寄存器，所以 clock 和 reset 都与之相连。该部分的输入信号是 next_state，输出信号是 current_state，时序逻辑进程的设计比较固定、单一和简单。

时序逻辑进程的设计代码如下：

```
PROCESS(reset,clock)
BEGIN
    IF  (reset = '1')  THEN
        Current_state <= state0;                --state0 是系统的初始状态
    ELSIF  (clock'event  and  clock = '1')  THEN
        Current_state <= next_statc;
    END IF;
END PROCESS;
```

2. 状态机设计流程

状态机的传统设计方法十分复杂，首先要进行烦琐的状态化简、状态分配和状态编码，然后要求输出和激励函数，最后画原理图。而利用 VHDL 设计状态机，只需要利用状态转移图进行状态机的描述即可。

采用 VHDL 设计状态机的流程如下：

1）根据系统要求建立状态转移图。根据系统要求确定状态数量、状态转移的条件和各状态输出信号的值，并画出状态转移图。

2）按照状态转移图编写状态机的 VHDL 程序代码。

3）利用 EDA 工具对状态机的功能进行仿真验证。

3. 状态机的转移图描述

转移图是一种有向图，由圆表示状态机的状态，有向曲线表示系统的状态转移过程，有向线段的起点表示初始的状态，终点表示转移后的状态，对于 Mealy 型状态机在有向曲线段上的字符表示系统的输入和输出，用“/”分隔。对于 Moore 型有限状态机，通常在状态后标出输出值，用“/”符号分隔，输入信号则仍然在有向线段上标注。图 6-2a 所示为一个简单的 Mealy 型有限状态机的转移图。

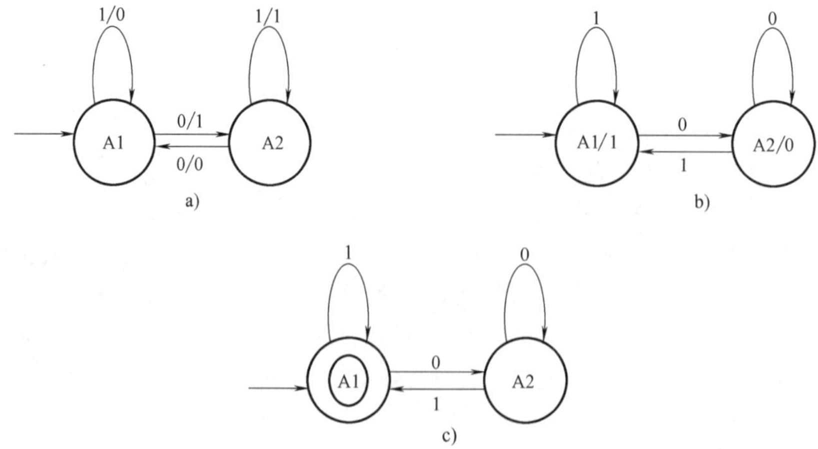

图 6-2　有限状态机转移图

图 6-2a 所示的 Mealy 型有限状态机只有一位输入、一位输出，两个状态 A1 和 A2，左侧绘制的指向 A1 的箭头，表示系统的初始状态为 A1，在 A1 的上方，绘制一个起点和终点

都在 A1 上的有向曲线，以及曲线上的标注“1/0”表示，当状态为 A1，输入信号为 1 时，状态机的状态不变，输出为 0。由 A1 指向 A2 的标注为“0/1”的箭头表示，当系统状态为 A1，输入时为 0，系统状态变为 A2，且输出为 1。同理，由转移图可知当系统处于 A2 状态时，输入为 1 时状态不变，输出为 1，当输入为 0 时，状态变为 A1，输出为 0。对于比较复杂的有限状态机，在有向箭头的标识上还可以添加字符说明。

图 6-2b 所示为一个 Moore 型有限状态机的转移图。Moore 型有限状态机只有一位输入、一位输出，两个状态 A1 和 A2，左侧绘制的指向 A1 的箭头，表示系统的初始状态为 A1，标注“A1/1”表示处于状态 A1 时，输出为 1，同理“A2/0”表示，处于状态 A2 时，系统输出为 0。在状态 A1 上方绘制的起点和终点均在 A1 上的有向曲线，以及曲线上的标注“1”表示，当状态为 A1，输入信号为 1 时，状态机的状态不变，由 A1 指向 A2 的标注为“0”的箭头表示，当系统状态为 A1，输入为 0 时，状态机的状态变为 A2。同理，可知当状态机处于 A2 状态时，如果输入为 1，状态机的状态就会变成 A1。对于这种输出在（0，1）二值区间的 Moore 型状态机，一般称之为有限状态自动机，对于有限状态自动机还有另一种转移图的表示方法，即用双圆环表示输出为 1 的状态，并称之为接受状态。使用这种转移图画法后，图 6-2b 所示的状态机可绘制成如图 6-2c 所示的转移图。

图 6-2c 所示的有限状态机转移图中状态 A1 为接受状态，用双圆环表示。

4. 状态机的状态说明部分

状态说明部分用于说明状态机所有可能的状态，是状态机设计中不可缺少的部分。状态说明结构根据状态机状态的编码方式分为两种，一种是自动状态编码，另一种是指定状态编码。

自动状态编码方式不指定编码的具体顺序和方式，只是说明编码的个数和名称，由综合器自动进行二进制编码，此种方式的 VHDL 描述简洁。采用自动状态编码方式的状态说明部分的核心是用 TYPE 语句定义的新的描述状态的枚举数据类型，其元素均用状态机的状态名来定义。用来存储状态编码的状态变量应定义为信号，便于信息传递，并将状态变量的数据类型定义为含有既定状态元素的新定义的数据类型。说明一般放在结构体的 ARCHITECTURE 和 BEGIN 之间。例如：

```
ARCHITECTURE <architecture_name> OF <entity_name> IS
  TYPE state IS (state0,state1,state2,state3,…);  --状态说明部分
  SIGNAL current_state,next_state:state;
   ⋮
BEGIN
```

指定状态编码由设计者分别指定各个状态的二进制编码，采用这种编码方式可根据需要设置各个状态的编码，但此种编码方式状态说明的 VHDL 描述过程比较烦琐，需要使用关键字 CONSTANT 一一列出指定状态的二进制编码，用来存储状态编码的状态变量也应定义为信号，且类型必须与状态编码的类型相同。例如：

```
ARCHITECTURE <architecture_name> OF <entity_name> IS
CONSTANT state0:STD_LOGIC_VECTOR(1 DOWNTO 0):="00";  --状态说明部分
CONSTANT state1:STD_LOGIC_VECTOR(1 DOWNTO 0):="01";
CONSTANT state2:STD_LOGIC_VECTOR(1 DOWNTO 0):="10";
```

```
CONSTANT   state3:STD_LOGIC_VECTOR(1 DOWNTO 0):="11";
SIGNAL   current_state,next_state:state;
 ⋮
BEGIN
```

这是一个采用指定状态编码方式的状态机的状态说明部分，其中定义的状态有 4 个：state0、state1、state2 和 state3，分别编码为 00、01、10、11。

6.3 Moore 型状态机设计

Moore 型状态机的输出仅为当前状态的函数，这类状态机在输入发生变换后还必须等待时钟的到来，以使状态发生变化，才能导致输出的变换。

为了能获得可综合的、高效的 VHDL 状态机描述，建议使用枚举型数据类型来定义状态机的状态，并使用多进程方式来描述状态机的内部逻辑。例如，可使用两个进程来描述，一个进程描述时序逻辑，包括状态寄存器的工作和寄存器状态的输出；另一个进程描述组合逻辑，包括进程间状态值的传递逻辑以及状态转换值的输出；必要时还可引入第三个进程完成其他的逻辑功能。

例 6-1 用 Moore 型状态机完成自动售货机的 VHDL 设计。

有两种硬币：1 元和 5 角，投入 1 元 5 角硬币输出货物，投入 2 元硬币输出货物并找 5 角硬币。设计分析如下：

1）状态定义：S0 表示初始状态为投硬币，S1 表示投入 5 角硬币，S2 表示投入 1 元硬币，S3 表示投入 1 元 5 角硬币，S4 表示投入 2 元硬币。

2）输入信号：state_input（1）表示投入 1 元硬币，state_input（0）表示投入 5 角硬币。输入信号为 1 表示投入硬币，输入信号为 0 表示未投入硬币。

3）输出信号：comb_outputs（1）表示输出货物，comb_outputs（0）表示找 5 角硬币。输出信号为 1 表示输出货物或找钱，输出信号为 0 表示不输出货物或不找钱。

4）状态图：根据设计要求分析，绘制出如图 6-3 所示的状态转换图。

根据如图 6-3 所示状态转换图设计的 VHDL 程序如下：

```
LIBRARY   IEEE;
USE IEEE. std_logic_1164. ALL;
ENTITY moore IS
  PORT(clk, reset:IN std_logic;
        state_inputs:IN std_logic_vector(0 TO 1);
        comb_outputs:OUT std_logic_vector(0 TO 1));
END moore;
ARCHITECTURE behave OF moore IS
  TYPE fsm_st IS (S0,S1,S2,S3,S4);                    --状态的枚举类型定义
  SIGNAL current_state, next_state : fsm_st;          --状态信号的定义
BEGIN
  REG:PROCESS(reset,clk)                              --时序进程
```

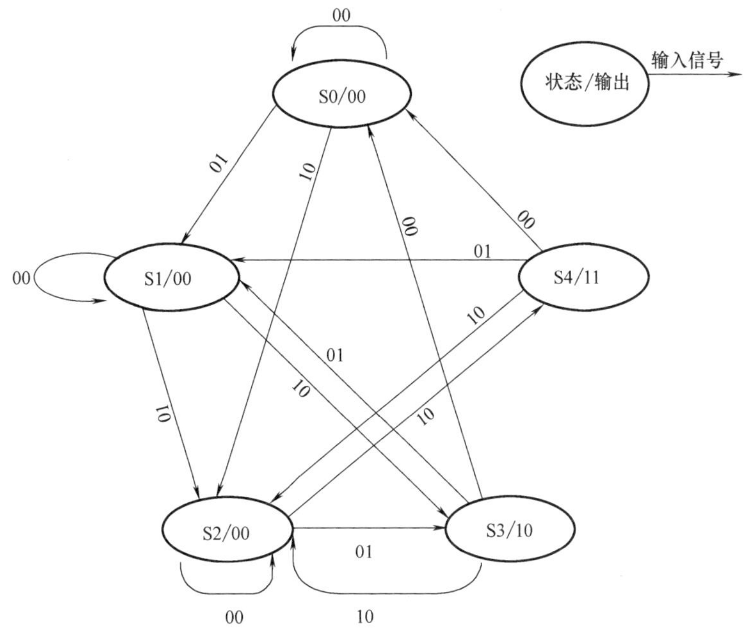

图6-3　自动售货机的状态转换图

```
  BEGIN
    IF reset = '1'   THEN current_state <= S0;              --异步复位
    ELSIF rising_edge(clk) THEN
    current_state <= next_state;                            --状态转换
    END IF;
  END PROCESS;
  COM: PROCESS(current_state, state_Inputs)                 --组合进程
BEGIN
  CASE current_state IS
    WHEN S0 => comb_outputs <= "00";                        --现态 S0
    IF state_inputs = "00"   THEN next_state <= S0;         --输入不同,次态不同
    ELSIF state_inputs = "01"   THEN next_state <= S1;
    ELSIF state_inputs = "10"   THEN next_state <= S2;
    END IF;
  WHEN S1 => comb_outputs <= "00" ;                         --现态 S1
    IF state_inputs = "00"   THEN next_state <= S1;         --输入不同,次态不同
    ELSIF state_inputs = "01"   THEN next_state <= S2;
    ELSIF state_inputs = "10"   THEN next_state <= S3;
    END IF;
  WHEN S2 => comb_outputs <= "00";                          --现态 S2
    IF state_inputs = "00"   THEN next_state <= S2;         --输入不同,次态不同
    ELSIF state_inputs = "01"   THEN next_state <= S3;
```

```
      ELSIF state_inputs = "10"   THEN next_state <= S4;
      END IF;
    WHEN S3 => comb_outputs <= "10";                  -- 现态 S3
      IF state_inputs = "00"   THEN next_state <= S0;     -- 输入不同,次态不同
      ELSIF state_inputs = "01"   THEN next_state <= S1;
      ELSIF state_inputs = "10"   THEN next_state <= S2;
      END IF;
    WHEN S4 => comb_outputs <= "11";                  -- 现态 S4
      IF state_inputs = "00"   THEN next_state <= S0;     -- 输入不同,次态不同
      ELSIF state_inputs = "01"   THEN next_state <= S1;
      ELSIF state_inputs = "10"   THEN next_state <= S2;
    END IF;
    END CASE;
  END PROCESS;
  END behave;
```

6.4 Mealy 型状态机设计

Mealy 机和 Moore 机在设计上基本相同，只是 Mealy 机的组合进程中的输出信号是当前状态和当前输入的函数。

例 6-2 利用 Mealy 型状态机设计一个检测输入是否为三个连 1 或三个连 0 的序列检测器。其状态转移图如图 6-4 所示。当 X 输入为三个连 1 或连 0 状态时，y 为 1；否则为 0。程序如下：

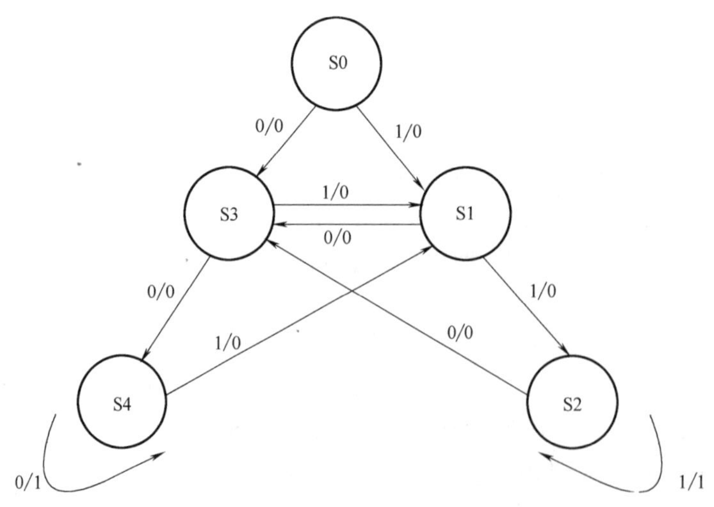

图 6-4 序列检测器状态转移图

```
LIBRARY IEEE;
USE IEEE. STD_LOGIC_1164. ALL;
```

```
ENTITY detector IS
    PORT (clk, reset : IN STD_LOGIC;
                       x : IN STD_LOGIC;
                       y : OUT STD_LOGIC);
END detector;
ARCHITECTURE behave OF detector IS
  TYPE states IS (s0,s1,s2,s3,s4);
  SIGNAL current_state, next_state : states;
BEGIN
  COM: PROCESS (x, current_state)
  BEGIN
    CASE current_state IS
      WHEN s0 => IF(x = '1')THEN next_state <=  s1;
            ELSE next_state <= s3;
            END IF;
            y <= '0';
      WHEN s1  => IF(x = '1')THEN next_state  <= s2;
            ELSE next_state <= s3;
            END IF;
            y <= '0';
      WHEN s2 => IF (x = '1')THEN next_state <= s2; y <= '1';
            ELSE next_state <= s3;y <= '0';
            END IF;
      WHEN s3 => IF(x = '1')THEN next_state <= s1;
            ELSE next_state <= s4;
            END IF;
            y <= '0';
      WHEN s4 => IF(x = '1')THEN next_state <= s1; y <= '0';
            ELSE next_state <= s4;y <= '1';
            END IF;
  END CASE;
 END PROCESS;
 REG : PROCRSS(clk)
 BEGIN
    IF (clk'EVENT AND clk = '1')THEN
      IF (reset = '1')THEN
      current_state <= S0;
          ELSE
      current_state <= next_state;
```

```
        END IF;
    END IF;
END PROCESS REG;
END behave;
```

6.5 状态编码

状态机的状态编码方式有多种，具体采用哪一种需根据要设计的状态机的实际情况来确定。从编码方式上分为状态位直接输出型编码、顺序编码和一位热码编码。

1. 状态位直接输出型编码

状态位直接输出型编码方式是指，状态机的状态位码可以直接用于输出的编码方式，这种编码方式要求状态位码的编制具有一定的规律，采用该编码方式可节省器件资源，最典型的应用实例就是计数器。

如下所示为使用状态位直接输出型编码设计的格雷码计数器。

```
LIBRARY  IEEE;
USE IEEE. STD_LOGIC_1164. ALL;
USE IEEE. STD_LOGIC_ARITH. ALL;
USE IEEE. STD_LOGIC_UNSIGNED. ALL;
ENTITY graycnt IS
    PORT(clk, reset :in std_logic;
        q:out std_logic_vector(3 downto 0));
END graycnt;
ARCHITECYURE behave OF graycnt IS
SIGNAL state std_logic_ventor(3 downto 0);
CONSTATE st0: std_logic_ventor(3 downto 0)   : = "0000";
CONSTATE st1: std_logic_ventor(3 downto 0)   : = "0001";
CONSTATE st2: std_logic_ventor(3 downto 0)   : = "0011";
CONSTATE st3: std_logic_ventor(3 downto 0)   : = "0111";
CONSTATE st4: std_logic_ventor(3 downto 0)   : = "1111";
CONSTATE st5: std_logic_ventor(3 downto 0)   : = "1110";
CONSTATE st6: std_logic_ventor(3 downto 0)   : = "1100";
CONSTATE st7: std_logic_ventor(3 downto 0)   : = "1000";
SIGNAL cur_st : std_ logic_vector(3 downto 0);
SIGNAL next_st : std_ logic_vector(3 downto 0);
BEGIN
  PROCESS(clk, reset)
  BEGIN
    IF reset = '1'  THEN
        cur_st = st0;
```

```
      ELSIF (clk'event and clk = '1')   THEN
          cur_st <= next_st;
      END IF;
  END PROCESS;
  PROCESS(cur_st,clk)
  BEGIN
    IF (clk'event and clk = '1')   THEN
      CASE cur_st IS
        WHEN st0 =>
          next_st <= st1;
        WHEN st1 =>
          next_st <= st2;
        WHEN st2 =>
          next_st <= st3;
        WHEN st3 =>
          next_st <= st4;
        WHEN st4 =>
          next_st <= st5;
        WHEN st5 =>
          next_st <= st6;
        WHEN st6 =>
          next_st <= st7;
        WHEN s7 =>
          next_st <= st0;
        WHEN others => n <=  st0;
        END CASE;
    END PROCESS;
    q <= cur_st;
  END behave;
```

上面所示的格雷码计数器的 VHDL 描述中，用于编码的 cur_st 最后用于输出计数值，减少了编码、解码的过程，节约了器件的资源。

2. 顺序编码

顺序编码是采用自然数的方式对状态机的状态进行编码。例如：

```
SIGNAL   current_state,next_state: STD_LOGIC_VECTOR(2 DOWNTO 0);
CONSTANT   state0:STD_LOGIC_VECTOR(2 DOWNTO 0):="000";
CONSTANT   state1:STD_LOGIC_VECTOR(2 DOWNTO 0):="001";
CONSTANT   state2:STD_LOGIC_VECTOR(2 DOWNTO 0):="010";
CONSTANT   state3:STD_LOGIC_VECTOR(2 DOWNTO 0):="011";
CONSTANT   state4:STD_LOGIC_VECTOR(2 DOWNTO 0):="100";
```

```
CONSTANT   state5:STD_LOGIC_VECTOR(2 DOWNTO 0):="101";
```

采用顺序编码方式的优点是编码方式简单，所用的触发器数量最少。在这种情况下，有 n 个触发器就可以对 2^n 个状态进行编码，剩余的非法状态最少，并且容错技术最简单。这种编码方式的缺点是尽管节省了触发器，却增加了从一种状态向另一种状态转换的译码组合逻辑，这对于在那些触发器资源丰富而组合逻辑资源相对较少的 CPLD/FPGA 器件中实现是不利的，此外该编码方式的速度也较慢。

3. 一位热码编码

一位热码编码方式是用 n 个触发器来实现具有 n 个状态的状态机，在这种编码方式下，每个状态都需要一个触发器。因此，它需要的触发器数量最多。例如，6 个状态的状态机需 6 位表达，其对应的状态编码如下：

```
SIGNAL   current_state,next_state: STD_LOGIC_VECTOR(5 DOWNTO 0);
CONSTANT   state0:STD_LOGIC_VECTOR(5 DOWNTO 0):="000001";
CONSTANT   state1:STD_LOGIC_VECTOR(5 DOWNTO 0):="000010";
CONSTANT   state2:STD_LOGIC_VECTOR(5 DOWNTO 0):="000100";
CONSTANT   state3:STD_LOGIC_VECTOR(5 DOWNTO 0):="001000";
CONSTANT   state4:STD_LOGIC_VECTOR(5 DOWNTO 0):="010000";
CONSTANT   state5:STD_LOGIC_VECTOR(5 DOWNTO 0):="100000";
```

一位热码编码方式尽管用了较多的触发器，但其简单的编码方式大大简化了状态译码逻辑，使所需的译码组合逻辑最少，并具有最快的状态转换速度。建议在 CPLD/FPGA 器件寄存器资源比较多而组合逻辑资源较少的情况下采用此编码方式。此外，许多面向 CPLD/FPGA 设计的 VHDL 综合器都有将符号化状态机自动优化设置成为一位热码编码状态的功能。

6.6 非法状态处理

在状态机设计中，由于状态机的状态不可能总是 2^n 个，或者在使用枚举类型或直接指定状态编码的程序中，特别是使用了一位热码编码方式后，总是不可避免地出现大量未被定义的编码组合，这些状态在状态机的正常运行中是不需要出现的，通常称为非法状态。在器件上电的随机启动过程中，或者在外界不确定的干扰或内部电路产生的毛刺的作用下，状态机的状态变量的取值可能是那些未定义的非法编码，使状态机进入不可预测的非法状态，其后果或是对外界出现短暂失控，甚至完全无法摆脱非法状态而失去正常的功能，除非对状态机进行复位操作。因此，状态机的剩余状态的处理，即状态机系统容错技术的应用是设计者必须慎重考虑的问题。

剩余状态的处理要不同程度地耗用器件的资源，这就要求设计者在选用何种状态机结构、何种状态编码方式、何种容错技术及系统的工作速度与资源利用率方面作权衡比较，以适应自己的设计要求。

如果要使状态机有可靠的工作性能，必须设法使系统落入这些非法状态后还能迅速返回正常的状态转移路径中。解决的方法是在枚举类型定义中就将所有的状态，包括多余状态都做出定义，并在以后的语句中加以处理。处理方法有两种。

1）在语句中对每一个非法状态都做出明确的状态转移指示，当状态变量落入非法状态时，自动设置状态复位操作。

2）使用“OTHERS”关键字对未定义的状态作统一处理，例如：

WHEN OTHERS => next_st <= st0;

其中 next_st 是编码变量，st0 是初始状态编码。

这种方式适用于采用符号编码的状态机。

对于状态机的非法状态的处理，常用的方法是将状态变量改变为初始状态，自动复位，也可以将状态变量导向专门用于处理出错恢复的状态中。需要注意的是，对于不同的综合器，OTHERS 语句的功能也并非一致，不少综合器并不会如 OTHERS 语句指示的那样，将所有剩余状态都转向初始态。

使用一位热码编码方式的状态机中的非法状态较其他编码方式的状态机要多得多，一位热码编码方式所带来的非法状态的数量与有效状态数量呈 2 的指数关系，例如对于 8 个状态的一位热码编码所使用的是 8 位编码变量，非法的编码数量为 2^8-8，即有 248 个非法编码，这种情况下，如果采用以上的非法状态处理方式，将耗用大量的器件资源，违背了使用一位热码编码方式的初衷，这种情况下可根据编码的特点，判断非法状态，进行处理。

由于一位热码编码方式产生的状态编码中均只含有一位“1”，其余位均为“0”，可以根据编码变量中“1”的数量，判断编码是否为合法编码。

本章小结

有限状态机是一种具有基本内部记忆的抽象机器模型，是数字电路与系统的核心部分，它广泛地应用于各种系统控制。

用 VHDL 可以设计不同表达方式和不同实用功能的状态机，与基于 VHDL 的其他设计方案或者与使用 CPU 编制程序的解决方案相比，状态机具有更快的运行速度和更高的可靠性。

从结构上状态机分为单进程状态机和多进程状态机；从状态表达方式上状态机分为符号化状态机和确定状态编码的状态机；从编码方式上状态机分为顺序编码状态机、一位热码编码状态机和其他编码方式状态机；根据输出与输入、系统状态的关系，有限状态机又可以分为 Moore 型有限状态机和 Mealy 型有限状态机。

无论是何种类型的状态机，一般都由组合逻辑进程和时序逻辑进程两部分构成。其中，组合逻辑进程用于实现状态机的状态选择和信号输出，时序逻辑进程主要用于实现状态机的状态转化。

采用 VHDL 设计状态机的流程如下：

1）根据系统要求建立状态转移图。根据系统要求确定状态数量、状态转移的条件和各状态输出信号的值，并画出状态转移图。

2）按照状态转移图编写状态机的 VHDL 程序代码。

3）利用 EDA 工具对状态机的功能进行仿真验证。

状态机的状态编码方式有多种，具体采用哪一种需根据要设计的状态机的实际情况来确定。从编码方式上分为状态位直接输出型编码、顺序编码和一位热码编码。

在状态机设计中，总是不可避免地出现大量未被定义的编码组合，这些状态在状态机的正常运行中是不需要出现的，通常称为非法状态。对于状态机的非法状态的处理，是设计者必须慎重考虑的问题。

习　题

6-1　Moore型有限状态机和Mealy型有限状态机两者有何区别？

6-2　画出一般状态机的结构图，并说明各部分的作用。

6-3　状态机的状态编码方式有几种？

6-4　图6-5为某一状态机对应的状态图，试用VHDL描述这一状态机。

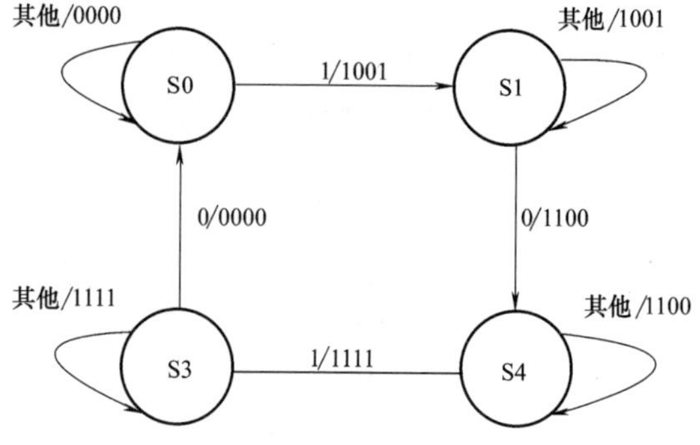

图6-5　某一状态机对应的状态图

6-5　什么是非法状态？出现非法状态时应如何处理？

6-6　序列检测器用于检测一组或多组由二进制组成的脉冲序列信号。当序列检测器连续收到一组串行二进制码后，如果这组码与检测器中预先设置的码相同，则输出1，否则输出0。设计一个序列检测器，完成对序列数“11100101”的检测，当这一串序列数高位在前串行进入检测器后，若此数与预置的密码数相同，则输出A，否则输出B。

第7章 VHDL设计实例

本章将通过一些数字系统开发实例说明如何利用层次化结构的设计方法来构造复杂的数字电路系统。通过这些实例，逐步讲解设计任务的分解、层次化结构设计的重要性、可重复使用的库、程序包参数化的元件引用等方面的内容。

7.1 序列信号发生器设计

在数字信号的传输和数字系统的测试中，有时需要用到一组特定的串行数字信号，产生序列信号的电路称为序列信号发生器。比如“01111110”序列发生器，就是在时钟的控制下，在每个时钟的上升沿或下降沿时，在输出端不断重复出现序列为“01111110”的信号。故该电路可由八进制计数器与数据选择器构成，如图7-1所示。八进制计数器可以产生八种状态不停循环，选择器则根据计数器输出的不同状态来给出不同的输出状态。只要将两个部分连接在一起，由时钟信号来驱动计数器，就可以在输出端口得到所需要的序列信号。

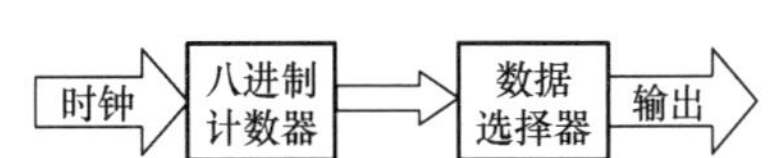

图7-1 序列信号发生器设计框图

由于该设计比较简单，此处直接给出设计实例。

八进制计数器 counter8 模块：

```
library ieee;
use ieee.std_logic_1164.all;
use ieee.std_logic_unsigned.all;

entity counter8 is
port(clk:in std_logic;
     a:out std_logic_vector(2 downto 0));
end entity;

architecture one of counter8 is
signal a1: std_logic_vector(2 downto 0);
begin
    process(clk)
    begin
```

```
                if clk'event and clk = '1' then
                    a1 < = a1 + 1;
                end if;
            a < = a1;
        end process;
    end one;
```

仿真结果如图 7-2 所示。注意选中总线 a 选择为无符号十进制（右键→radix→unsigned decimal），可以更加直观地看出八进制计数器的设计效果。

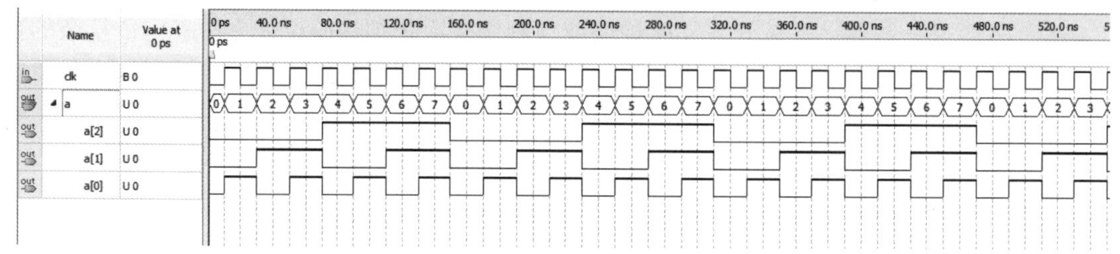

图 7-2 八进制计数器仿真结果

数据选择器 sel 模块：

```
library ieee;
use ieee. std_logic_1164. all;
use ieee. std_logic_unsigned. all;

entity sel is
port( a:in std_logic_vector(2 downto 0);
     q:out std_logic);
end entity;

architecture one of sel is

begin
    process(a)
    begin
        case a is
        when "000"|"111"  = > q < = '0';
        when others = > q < = '1';
        end case;
    end process;
end one;
```

仿真结果如图 7-3 所示，a 的波形用 count value 工具产生。输出 q 的波形即为所需的序列波形。

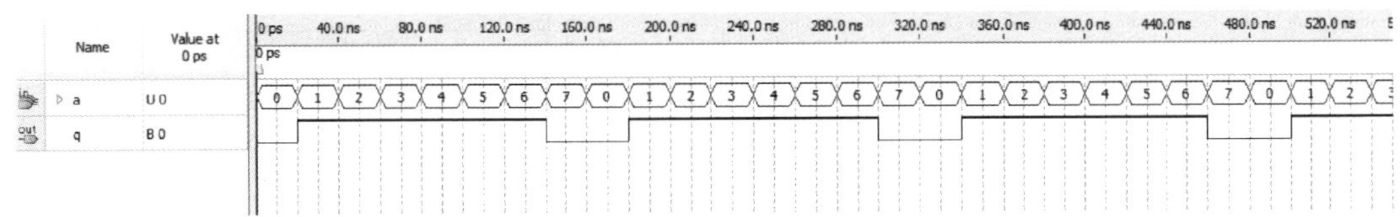

图 7-3 sel 模块仿真结果

序列信号发生器顶层设计实体如图 7-4 所示。

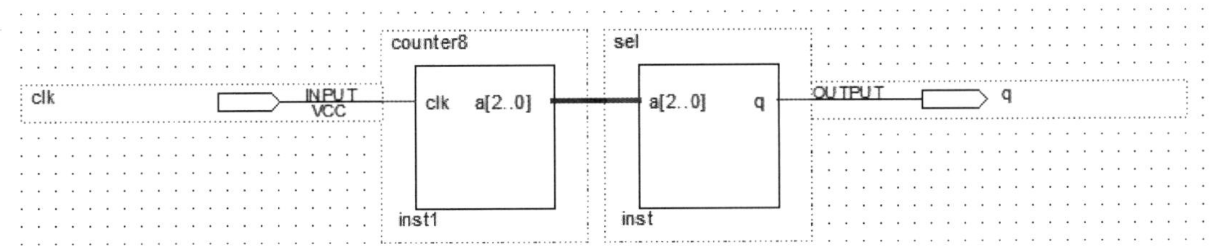

图 7-4 序列信号发生器顶层设计实体

序列信号发生器顶层设计仿真结果如图 7-5 所示。在时钟信号的驱动下，输出端可以稳定地输出所需序列信号，当然此设计也可以加上其他的控制信号，如 reset 等。

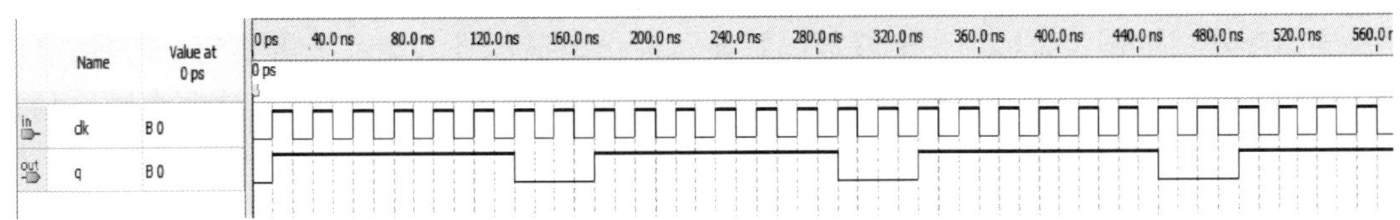

图 7-5 序列信号发生器顶层设计仿真结果

7.2 简易数字频率计设计

7.2.1 设计要求

设计一个能测量方波信号频率的频率计，测量结果用 4 位十进制数显示，频率测量范围为 0 ~ 9999Hz。

7.2.2 原理描述

频率计是能够测量和显示信号频率的电路。所谓频率，就是周期性信号在单位时间内变化的次数。常用的直接测频法有两种，一种是测周期法，一种是测频率法。

测周期法需要有基准系统时钟频率 Fs，在待测信号一个周期 Tx 内，记录基准系统时钟频率的周期数 Ns，则被测频率 Fx 可表示为

$$Fx = Fs/Ns \tag{7-1}$$

测频率法就是在一定时间间隔 Tw（该时间定义为闸门时间）内，测得这个周期性信号的重复变换次数为 Nx，则其频率 Fx 可表示为

$$Fx = Nx/Tw \tag{7-2}$$

这两种方法的计数值会产生正负一个字的误差，并且被测精度与计数器中记录的数值 N_X 有关，为保证测试精度，一般对于低频信号采用测周期法，对于高频信号采用测频率法，直接测频法的时序控制波形图如图 7-6 所示。

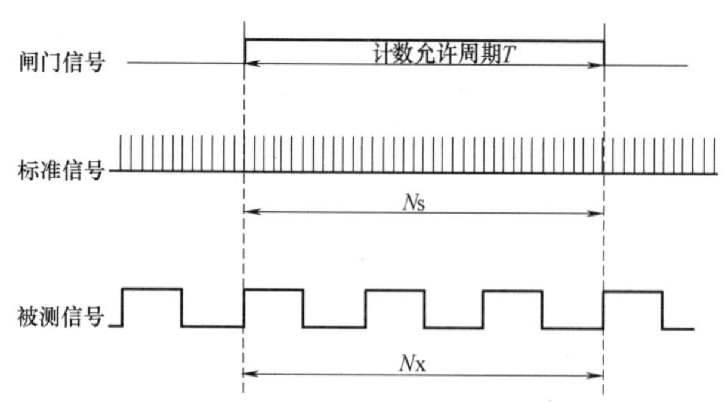

图 7-6 直接测频法时序控制波形图

直接测频法的一般思路是：在精确规定计数允许周期 T 内使能计数器，对被测信号的周期（脉冲）数进行计数，计数允许周期 T 的长度决定了被测信号频率的范围。基于此思路，可得到如图 7-7 所示的数字式频率计系统组成框图。

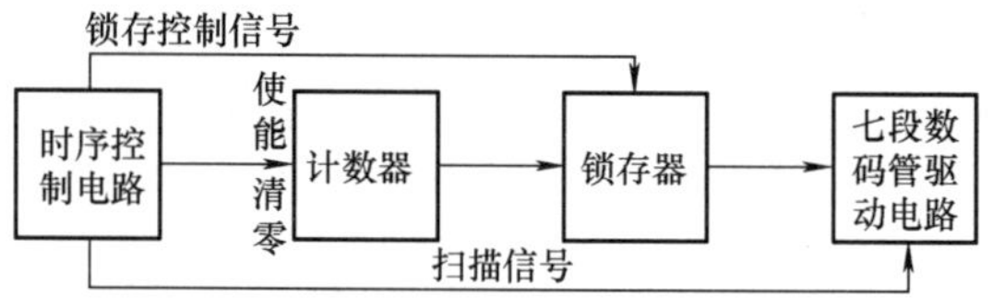

图 7-7 数字式频率计系统组成框图

根据图 7-3 所示，可以把数字式频率计分为四个部分：计数器记录待测信号 1s 内上升沿个数；锁存器把计数器的最终结果存储下来；七段数码管显示锁存器结果；时序控制电路为计数器提供使能和清零时序、为锁存器提供锁存时钟、为七段数码管显示提供扫描信号。本系统需要两个时钟：1Hz 和 1kHz，1Hz 用来作为计数基准，1kHz 用来作为七段数码管扫描的基准。这两个频率可通过系统时钟分频得到。分频器的设计类似于计数器，所以此处分频器的设计不再赘述。

7.2.3 频率计的层次化设计方案

此处用 4 个级联十进制计数器，来实现计数器功能。用来对施加到时钟脉冲输入端的待测信号产生的脉冲进行计数，十进制计数器具有计数使能、清零控制和进位扩展输出等功能。用于实现计数器的计数、清零、保持功能。

1. 十进制计数器元件 counter 的设计

十进制计数器既可采用 Quartus Ⅱ 的宏元件 74160，也可用 VHDL 设计，其源程序如下：

```
LIBRARY IEEE;
USE IEEE.STD_LOGIC_1164.ALL;
USE IEEE.STD_LOGIC_UNSIGNED.ALL;
ENTITY COUNTER IS
    PORT (CLK,RST,EN: IN STD_LOGIC;
          CQ: OUT STD_LOGIC_VECTOR(3 DOWNTO 0);
          COUT: OUT STD_LOGIC );
END COUNTER;
ARCHITECTURE ONE OF COUNTER IS
BEGIN
    PROCESS(CLK, RST, EN)
      VARIABLE CQI: STD_LOGIC_VECTOR(3 DOWNTO 0);
```

```
    BEGIN
      IF RST = '1' THEN   CQI: = (OTHERS => '0'); --计数器异步复位
        ELSIF CLK'EVENT AND CLK = '1' THEN        --检测时钟上升沿
          IF EN = '1' THEN                        --检测是否允许计数(同步使能)
            IF CQI < 9 THEN   CQI: = CQI + 1;     --允许计数,检测是否小于 9
              ELSE   CQI: = (OTHERS => '0');      --大于 9,计数值清零
            END IF;
          END IF;
        END IF;
          IF CQI = 9 THEN COUT  <= '1';           --计数等于 9,输出进位信号
            ELSE   COUT <= '0';
          END IF;
            CQ <= CQI;                            --将计数值向端口输出
    END PROCESS;
END ONE;
```

在源程序中 COUNT 是计数器进位输出；CQ［3..0］是计数器的状态输出；CLK 是时钟输入端；RST 是复位控制输入端，EN 是计数使能控制端。当 RST = 1 时，CQ［3..0］ = 0；当 RST = 0，且 EN = 1 时，计数器计数；当 EN = 0 时，计数器保持状态不变。该计数器会在时序控制电路模块的控制下，不停地切换工作状态，计数、保持、清零三种状态不停轮换。计数就是记录 1s 钟出现的上升沿的个数；保持则是 1s 钟的计数结果；清零则是为了保证计数结果有效，下一轮的计数从零开始。

在项目编译仿真成功后，将设计的十进制计数器电路设置成可调用的元件 counter. bsf，用于实现顶层设计的计数器模块。

2. 锁存器模块设计

计数器的三种工作状态中，需要用来显示的是保持阶段的值，锁存器用来锁存计数器的结果，因此此模块也需要在时序模块的控制下锁存计数器的数据。

```
library ieee;
use ieee. std_logic_1164. all;
entity reg is
    port(   load: in std_logic;
            din:in std_logic_vector(3 downto 0);
            dout:out std_logic_vector(3 downto 0));
end reg;

architecture one of reg is
begin
    process(load,din)
    begin
    if load'event and load = '1' then     --上升沿
```

```
        dout < = din;
    end if;
    end process;
end one;
```

3. 七段数码管显示模块设计

一般来说，七段数码管模块的段信号都是连在一起的，该设计需要四个七段数码管同时显示不同的数值，实际上是七段数码管的段码和位码配合，让四个七段数码管工作在快速切换、肉眼无法分辨其跳动的状态，并且将锁存器锁存数据的个、十、百、千位显示在正确的位置。因此七段数码管显示模块需要分为两部分：扫描和译码。

扫描模块 segr 设计：

```
library ieee;
use ieee. std_logic_1164. all;
use ieee. std_logic_arith. all;
use ieee. std_logic_unsigned. all;

entity segr is
    port( clk: in std_logic;                        --1kHz
    din1:in std_logic_vector(3 downto 0);   --din1 ~ din4 分别是个、十、百、千位的数值
    din2:in std_logic_vector(3 downto 0);
    din3:in std_logic_vector(3 downto 0);
    din4:in std_logic_vector(3 downto 0);
    dig:out std_logic_vector(3 downto 0);
    num:out std_logic_vector(3 downto 0));
end segr;

architecture  one of segr is
    signal scan_clk:std_logic_vector(1 downto 0);
begin

p1:process(clk,scan_clk)
    variable scan:std_logic_vector(1 downto 0);
begin
    if clk'event and clk = '1' then
        scan: = scan +1;
    end if;
        scan_clk < = scan;
end process p1;

p2:process(scan_clk,din1,din2,din3,din4)
```

```
begin
    case scan_clk is
        when"00"  = >num < =din1;dig < ="0111";
        when"01"  = >num < =din2;dig < ="1011";
        when"10"  = >num < =din3;dig < ="1101";
        when"11"  = >num < =din4;dig < ="1110";
        when others = >num < ="0000";dig < ="1111";
    end case;
end process p2;
end one;
```

译码模块 seg 设计：

```
library ieee;
use ieee. std_logic_1164. all;
entity seg is
  port( a:in std_logic_vector(0 to 3);
        led:out std_logic_vector(6 downto 0));
end seg;

architecture one of seg is
begin
process(a)
begin
case a is
          when"0000"      = >    led  < =not"1111110";
          when"0001"      = >    led  < =not"0110000";
          when"0010"      = >    led  < =not"1101101";
          when"0011"      = >    led  < =not"1111001";
          when"0100"      = >    led  < =not"0110011";
          when"0101"      = >    led  < =not"1011011";
          when"0110"      = >    led  < =not"1011111";
          when"0111"      = >    led  < =not"1110000";
          when"1000"      = >    led  < =not"1111111";
          when"1001"      = >    led  < =not"1111011";
          when  others    = >   null;
end case;
end process;
end one;
```

4. 时序控制电路模块设计

```
library ieee;
use ieee.std_logic_1164.all;
use ieee.std_logic_unsigned.all;

entity timer is
port(clk_1hz:in std_logic;              --1Hz
     rst,en,load:out std_logic);
          -- rst、en、load 分别是计数器的复位信号、使能信号和锁存器的锁存信号
end timer;

architecture one of timer is
     signal div2clk:std_logic;
begin
     p1:process(clk_1hz)

begin
     if clk_1hz'event and clk_1hz='1' then
               div2clk<=not div2clk;

end if;
end process;
p2: process(clk_1hz,div2clk)
begin

     if clk_1hz='0' and div2clk='0' then rst<='1';
          else rst<='0';
     end if;

end process;
load<=not div2clk;
en<=div2clk;
end one;
```

5. 顶层设计

将各个模块分别调试、仿真成功后，生成各自的 bsf 文件，按照设计方案，可绘制顶层设计原理图，如图 7-8 所示。

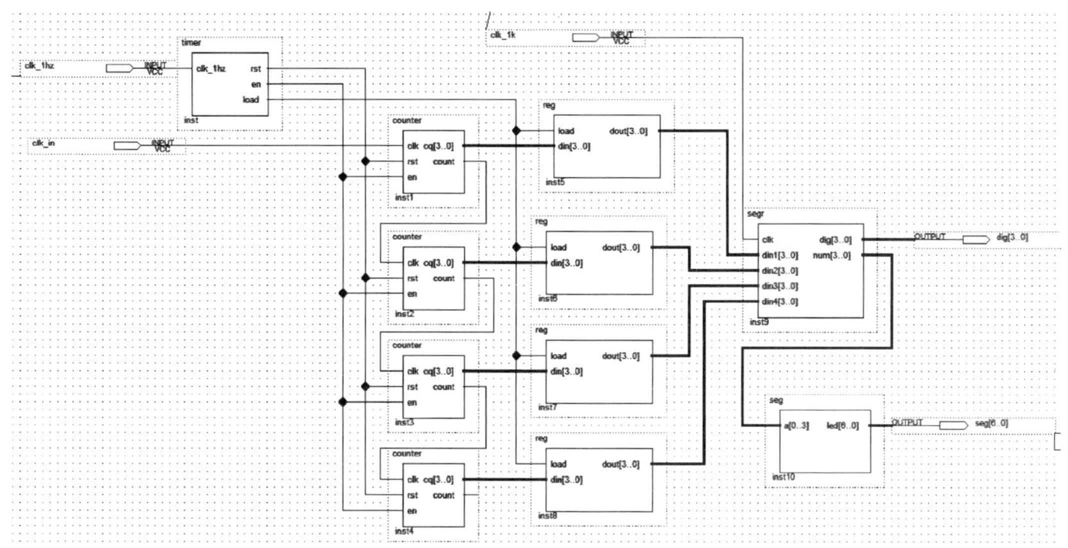

图 7-8　简易频率计顶层设计

7.3　多功能信号发生器的设计

7.3.1　设计的基本思路

Reset 是复位键，但 reset 等于 0 时，信号发生器不产生任何函数，只有当 reset 等于 1 时，才会产生相应的波形；当 adress = “000” 时，产生方波；当 adress = “001” 时，产生阶梯波；当 adress = “010” 时，产生锯齿波；当 adress = “011” 时，产生三角波；当 adress = “100” 时，产生正弦波。

7.3.2　系统总体方案设计

该方案采用 FPGA 作为中心控制逻辑，由于其具有高速和逻辑单元数多的特点，因此可以由 FPGA、DAC 和 I/V 运放直接构成信号源发生器的最小系统。在该方案中通过 FPGA 控制 DAC 并直接向 DAC 发送数据，这样就提高了所需波形的频率并绕过了通用存储器读取速度慢的特点，再加上外部的开关按钮就能够简单控制波形切换与频率选择。当然，为了增加人机界面的交互性与系统功能，可以在原有的基础上添加一个标准键盘和 LED 或 LCD，这样就能够通过编程实现波形的任意性以及幅度变化的灵活性。

7.3.3　函数发生器的硬件设计

波形发生器制作过程中用到的硬件有：5V 的电源、以 Altera 公司芯片为核心的开发板，核心板上有稳压管及其供电系统、50MHz 的晶振、SDRAM：8MB、Flash：2MB，此外所有 IO 配置引脚通过插针引出，下载设计到目标芯片时用到的并口下载数据线；还用到选择波形的按钮。由于这些波形都是在 FPGA 芯片中产生，产生的都是数字信号，比如对于三角波 00000000，若 CLK 来一个上升延信号，系统会自动给它加 1，变成了 00000001，再把这个 8

位二进制的信号输出来，这样周而复始地工作。而 FPGA 只是数字信号处理器，在模拟信号转换方面它是显得很无助的。所以在它的输出端需接上一个数模转换器，把数字信号转换成模拟信号输出。所以它由两部分组成：数据产生和数据的转换。其中数据产生用 FPGA 实现，设计框图如图 7-9 所示。

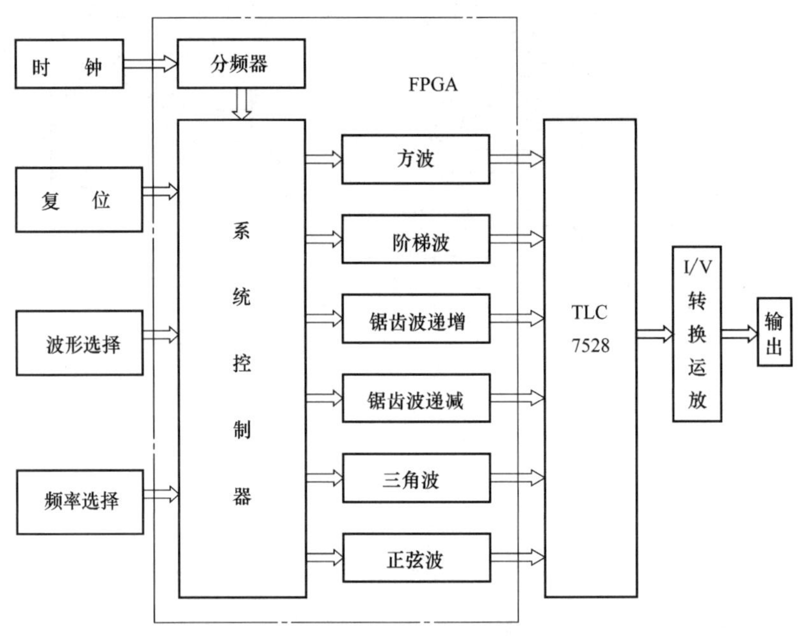

图 7-9 系统总体方案框图

7.3.4 函数发生器的软件设计

1. 正弦波的设计

FPGA 输出的数字信号需要经 D/A 转换器转换成各种波形输出。而由 D/A 转换器可知，TLC7528 的分辨率是 8 位，这样，将模拟信号的正弦波在一个周期内平均分成 255 份，由于已经确定每周期的取样点数为 64，即每隔 2π/64 的间隔取值一次，所取的值为该点对应的正弦值，通过计算可以获得 64 个取样点的值；也可以通过查表的方法取得 64 个取样点的值。

正弦波产生模块 sinbo：

```
library ieee;                                        --正弦波
use ieee.std_logic_1164.all;
use ieee.std_logic_unsigned.all;
entity Zhengxianbo is
port (clk,reset:in std_logic;                        --clock 时钟信号,clrn 复位信号
      qt: out std_logic_vector(7 downto 0));         --8 位数据输出
end  Zhengxianbo;
architecture behave of  Zhengxianbo is
signal q: std_logic_vector(8 downto 0);
```

```
begin
process(clk,reset)
   variable tmp: integer range 63 downto 0;
begin
   if reset = '0' then q <= "000000000";tmp: =0;
   elsif clk'event and clk = '1' then
         if tmp =63 then  tmp: =0;else tmp: =tmp +1;end if;
         case tmp is
            when 0 => q <= "100000000";when 1 => q <= "100011001";when 2 => q <= "
100110010";when 3 => q <= "101001010";
            when 4 => q <= "101100010";when 5 => q <= "101111000";when 6 => q <= "
110001110";when 7 => q <= "110100010";
            when 8 => q <= "110110100";when 9 => q <= "111000101";when 10 => q <= "
111010100";when 11 => q <= "111100001";
            when 12 => q <= "111101110";when 13 => q <= "111110100";when 14 => q
<= "111111010";when 15 => q <= "111111110";
            when 16 => q <= "111111111";when 17 => q <= "111111110";when 18 => q
<= "111111010";when 19 => q <= "111110100"; when 20 => q <= "111101110";when 21 =>
q <= "111100001";when 22 => q <= "111010100";when 23 => q <= "111000101";
            when 24 => q <= "110110100";when 25 => q <= "110100010";when 26 => q
<= "110001110";when 27 => q <= "101111000";
            when 28 => q <= "101100010";when 29 => q <= "101001010";when 30 => q
<= "100110010";when 31 => q <= "100011001";
            when 32 => q <= "100000000";when 33 => q <= "011100111";when 34 => q
<= "011001110";when 35 => q <= "010110110";
            when 36 => q <= "010011110";when 37 => q <= "010000111";when 38 => q
<= "001110000";when 39 => q <= "001011100";
            when 40 => q <= "001001100";when 41 => q <= "000111011";when 42 => q
<= "000101100";when 43 => q <= "000011111";
            when 44 => q <= "000010010";when 45 => q <= "000001100";when 46 => q
<= "000000110";when 47 => q <= "000000010";
            when 48 => q <= "000000001";when 49 => q <= "000000010";when 50 => q
<= "000000110";when 51 => q <= "000001100";
            when 52 => q <= "000010010";when 53 => q <= "000011111";when 54 => q
<= "000101100";when 55 => q <= "000111011";
            when 56 => q <= "001001100";when 57 => q <= "001011110";when 58 => q
<= "001110000";when 59 => q <= "010000100";
            when 60 => q <= "010011011";when 61 => q <= "010110010";when 62 => q
```

```
<= "011001010" ;when 63 => q <= "011100101" ;
            when others => NULL;
          end case;
          end if;
          qt <= q(8 downto 1) ;
        end process;
    end behave;
```

2. 方波的设计

由于方波的占空比是50%，且只有两个状态，所以方波的取样比较简单。它的值经过250个时钟脉冲跳变一次，形成输出方波，也就是从00经过255个时钟脉冲后变为FF，从而实现了0...1...0...1 的值变化。

方波产生模块 fangbo：

```
library   ieee;
use ieee. std_logic_1164. all;
use ieee. std_logic_unsigned. all;
use ieee. std_logic_arith. all;
entity fangbo is
port( reset:in std_logic;
        clk:in   std_logic;
        cnt:buffer std_logic_vector(7 downto 0) ) ;
end entity;
architecture one of fangbo is
begin
process( clk)
variable count:integer range 0 to 500;
begin
  if reset = '0' then count: =0;
    elsif rising_edge( clk) then
      if count =500 then
            cnt <= "00000000" ;
            count: =0;
      elsif count =250 then
            cnt <= "11111111" ;
            count: = count +1;
      else count: = count +1;
      end if;
end if;
```

```
end process;
end one;
```

3. 阶梯波形的设计

可采用 0，50，100，150，…，每次间隔 50 进行设计。

阶梯波产生模块 jietibo：

```
library  ieee;
use ieee.std_logic_1164.all;
use ieee.std_logic_unsigned.all;
use ieee.std_logic_arith.all;
entity jietibo is
port(reset:in std_logic;
        clk:in  std_logic;
        cnt:buffer std_logic_vector(7 downto 0));
end entity;
architecture one of jietibo is
begin
process(clk)
variable count:integer range 0 to 500;
begin
      if reset = '0' then count:=0;
      elsif rising_edge(clk)then
            count:=count + 1;
            if count =500 then
                     count:=0;
                  elsif count >=450 then   cnt <="11011000";
                  elsif count >=400 then   cnt <="11000000";
                  elsif count >=350 then   cnt <="10101000";
                  elsif count >=300 then   cnt <="10010000";
                  elsif count >=250 then   cnt <="01110000";
                  elsif count >=200 then   cnt <="01100000";
                  elsif count >=150 then   cnt <="01000100";
                  elsif count >=100 then   cnt <="00110000";
                  elsif count >=50 then    cnt <="00011000";
                  else cnt <="00000000";
                  end if;
end if;
end process;
end one;
```

4. 锯齿波的设计

采用0~255循环加法计数器实现。将计数结果直接赋值给输出。clk是时钟信号，当复位信号有效时，输出为0，输出最小值设为0，最大值设为255，从0开始，当时钟检测到有上升沿的时候，输出就会呈现递增的趋势，加1。

锯齿波产生模块juchi：

```
library  ieee;
use ieee. std_logic_1164. all;
use ieee. std_logic_unsigned. all;
use ieee. std_logic_arith. all;
entity  juchibo is
port(reset:in std_logic;
        clk:in  std_logic;
        cnt:buffer std_logic_vector(7 downto 0));
end entity;
architecture one of juchibo is
begin
process(clk)
begin
      if reset = '0' then cnt <= "00000000";
      elsif rising_edge(clk)then
            if cnt = "11111111" then
                    cnt <= "00000000";
               else cnt <= cnt + 1;
            end if;
end if;
end process;
end one;
```

5. 三角波的设计

采用0~255~0循环加/减法计数器实现。

三角波产生模块sanjiaobo：

```
library  ieee;
use ieee. std_logic_1164. all;
use ieee. std_logic_unsigned. all;
use ieee. std_logic_arith. all;
entity sanjiaobo is
port(reset:in std_logic;
        clk:in  std_logic;
```

```
        cnt:buffer std_logic_vector(7 downto 0));
end entity;
architecture one of sanjiaobo is
begin
process(clk)
variable up:integer range 0 to 1;
begin
    if reset = '0' then cnt <= "00000000";
    elsif rising_edge(clk)then
        if up = 1 then
          if cnt = "11111111" then
            up: =0;
              cnt <= "11111110";
          else cnt <= cnt + 1;
          end if;
        else
          if cnt = "00000000" then
            up: =1;
            cnt <= "00000001";
          else   cnt <= cnt - 1;
          end if;
      end if;
end if;
end process;
end one;
```

6. 分频器

数控分频器的功能就是当在输入端给定不同输入数据时，将对输入的时钟信号有不同的分频比。用计数值可并行预置的加法计数器设计完成，方法是将计数溢出位与预置数加载输入信号相接即可。本次设计采用八位的数控分频器。

```
library ieee; --分频器
use ieee. std_logic_1164. all;
use ieee. std_logic_unsigned. all;
entity pulse is
port (    clk: in std_logic;
      d:in std_logic_vector(7 downto 0);
      fout:out std_logic);
end entity pulse;
```

```
architecture behave of pulse is
    signal full:std_logic;
begin
    p_reg:process(clk)
    variable cnt8:std_logic_vector(7 downto 0);
    begin
        if clk'event and clk = '1' then
            if cnt8 = "11111111" then
                cnt8: = d;
                full <= '1';
            else cnt8: = cnt8 + 1;
                full <= '0';
            end if;
        end if;
    end process p_reg;
    p_div:process(full)
    variable cnt2:std_logic;
    begin
        if full'event and full = '1' then
            cnt2: = not cnt2;
            if cnt2 = '1' then
                fout <= '1';
            else fout <= '0';
            end if;
        end if;
    end process p_div;
end architecture behave;
```

7.3.5 顶层设计

函数发生器顶层设计如图 7-10 所示。

7.3.6 仿真结果

1）当选择开关 S 为 001 时输出方波，如图 7-11 所示。
2）当选择开关 S 为 010 时输出阶梯波，如图 7-12 所示。
3）当选择开关 S 为 011 时输出锯齿波，如图 7-13 所示。
4）当选择开关 S 为 100 时输出三角波，如图 7-14 所示。
5）当选择开关 S 为 101 时输出正弦波，如图 7-15 所示。

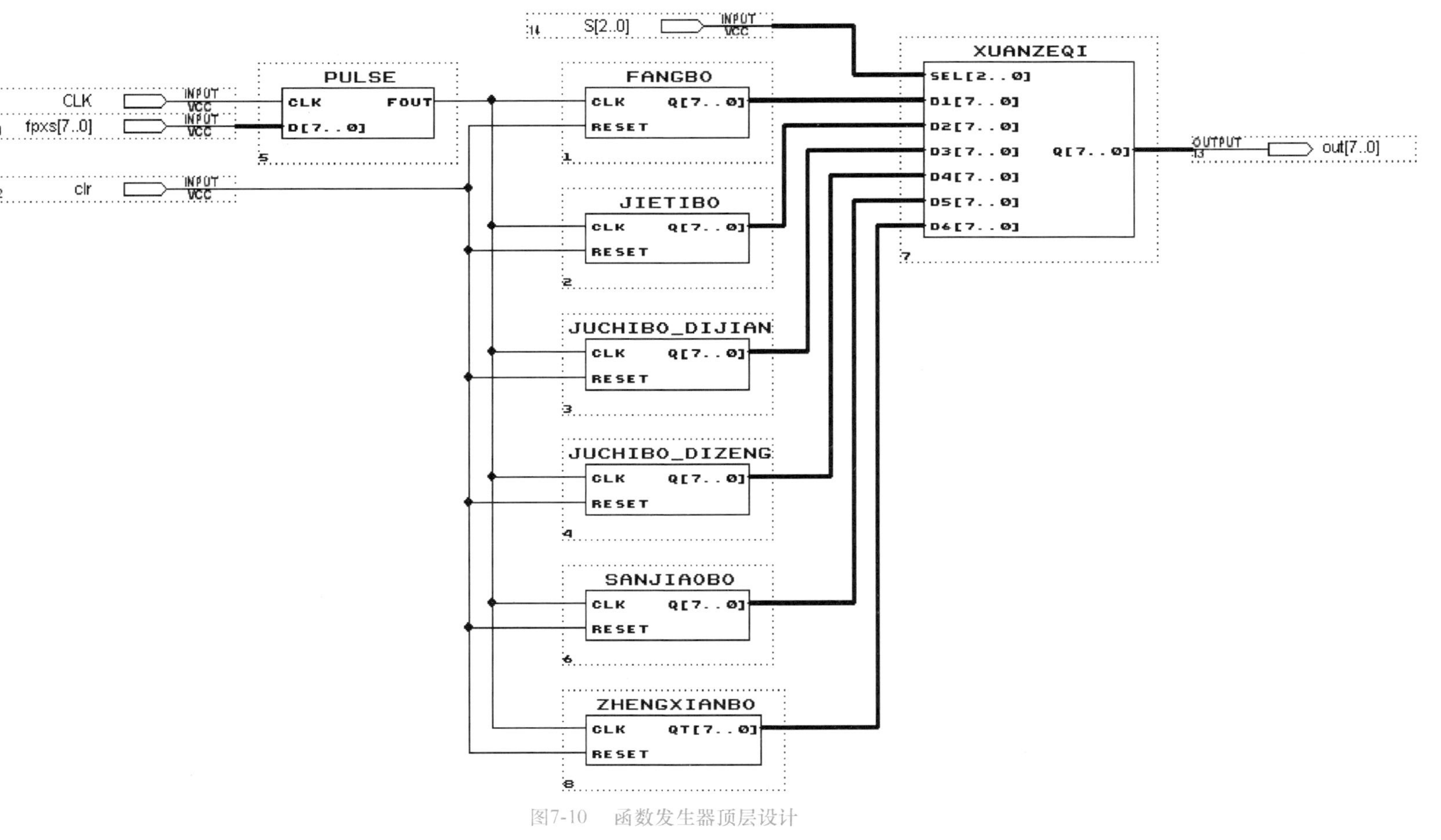

图7-10 函数发生器顶层设计

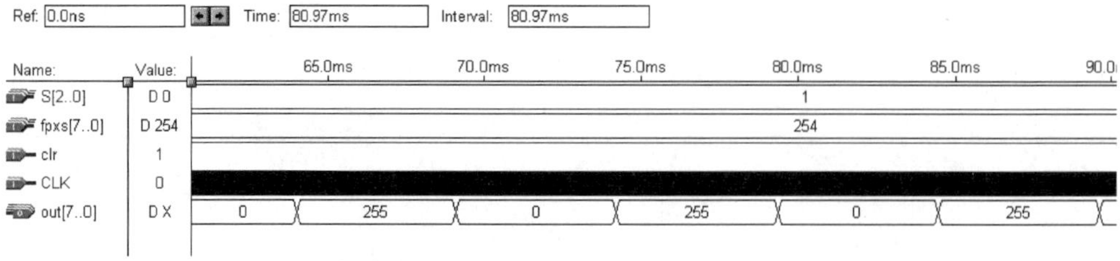

图 7-11　方波仿真图

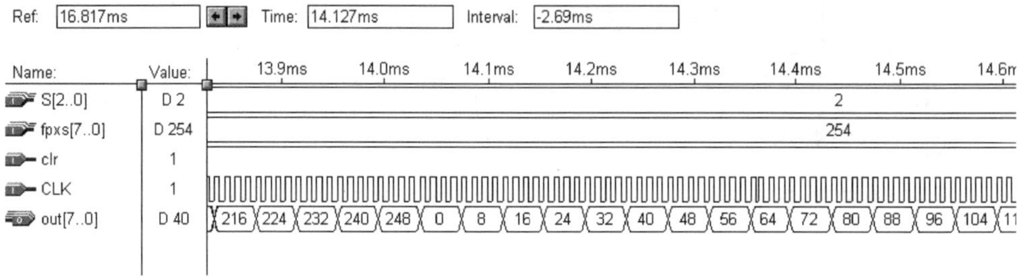

图 7-12　阶梯波仿真图

图 7-13　锯齿波仿真图

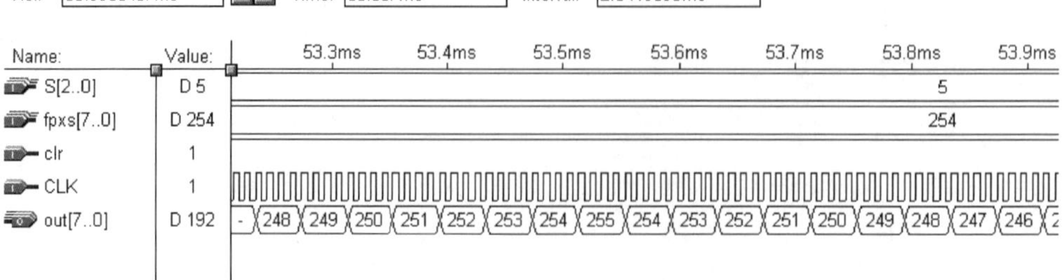

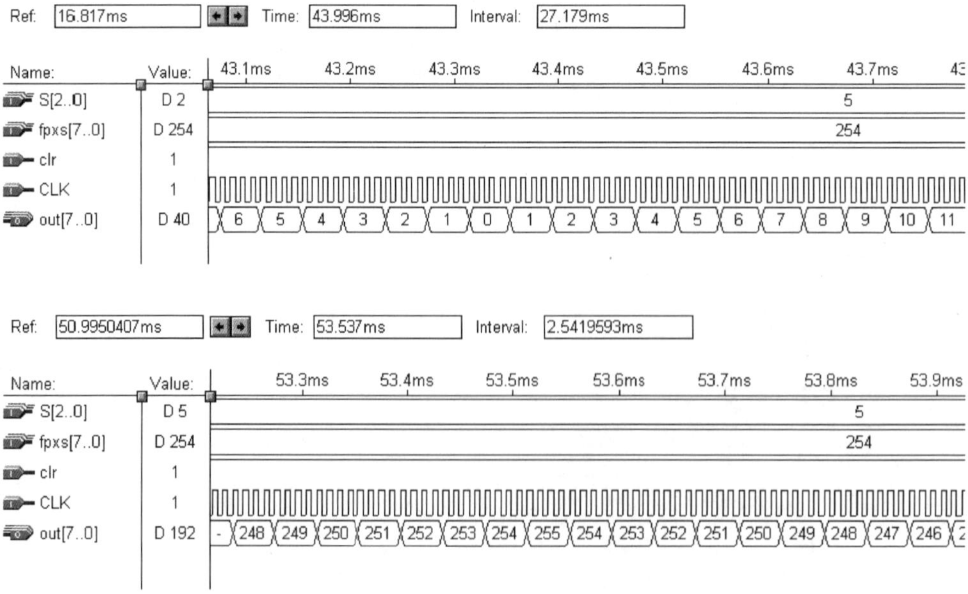

图 7-14　三角波仿真图

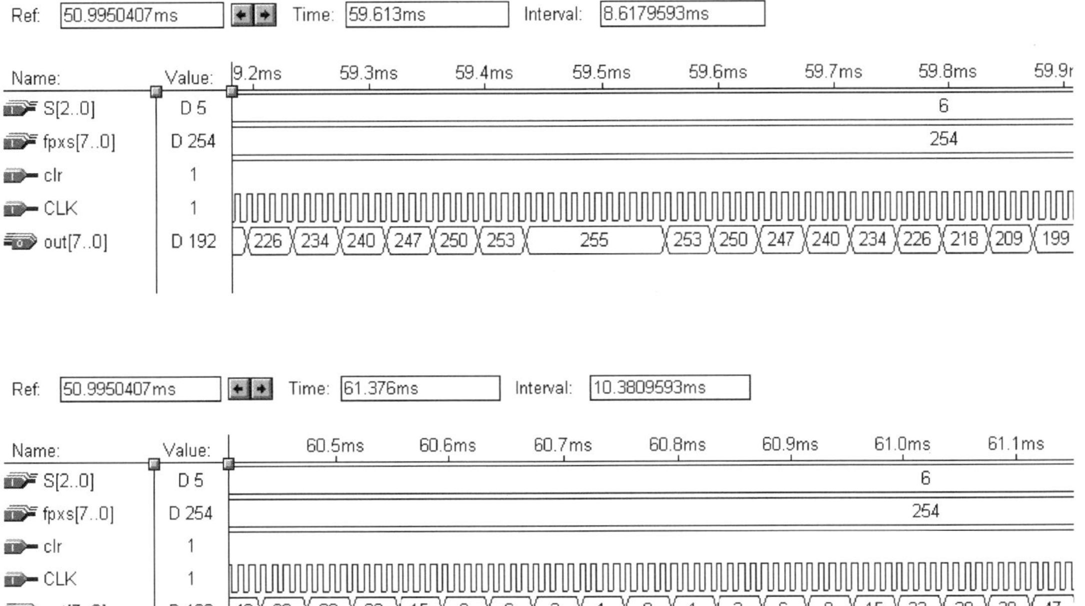

图 7-15　正弦波仿真图

7.4　交通灯控制器的设计

7.4.1　交通灯控制器的设计要求

随着各种交通工具的发展和交通指挥的需要，交通灯的诞生大大改善了城市交通状况。要求设计一个交通灯控制器，假设某个交通十字路口是由一条主干道和一条次干道汇合而成，在每个方向设置红绿黄灯 3 种信号灯，红灯亮禁止通行，绿灯亮允许通行，黄灯亮允许车辆有时间停靠到禁止线以外。

在自动控制模式时，主干道（东西）每次放行时间为 30s，次干道（南北）每次放行时间为 20s，主干道红灯、次干道黄灯，主干道黄灯、次干道红灯持续时间均为 5s。绿灯转为红灯时，要求黄灯先亮 5s，才能变换运行车道。要求交通灯控制器有复位功能，并要求所有交通灯的状态变化在时钟脉冲上升沿处。

总体设计：根据设计要求和系统所具有的功能，并参考相关的文献资料，进行方案设计。我们选择按照自顶向下的层次化设计方法，整个系统可分为 4 个模块，即系统时序发生电路、红绿灯计数时间选择模块、定时控制电路和红绿灯信号译码电路。

7.4.2　系统组成

系统时序发生电路最主要的功能就是产生一些额外的输出信号，它们是为红绿灯信号译码电路提供的频率 39kHz 的扫描信号，为定时控制电路提供的使能（enable）控制信号，为红绿灯信号译码电路提供的占空比为 50% 的秒闪烁信号；红绿灯计数时间选择模块是负责输出显示器需要的值（即倒数的秒数值），作为定时控制电路的倒计时秒数，在该模块中可设置东西路口和南北路口的信号灯维持秒数；定时控制电路功能就是负责接收红绿灯计数时间选择模块输出的值（即倒数的秒数值），然后将其转换成 BCD 码，利用七段显示器显示出来，让行人能清楚地知道再过多久就会变成红灯；红绿灯信号译码电路除了负责控制路口红绿灯的显示外，最主要的功能就是能够利用开关来切换手动与自动的模式，让交警能够通过外部输入的方式指挥交通，为了配合高峰时段，防止交通拥挤，有时还必须使用手动控制，即让交警执行指挥交通。

为了系统正常运作，整个控制器采用同步工作方式，由外接信号发生器（该电路的设计可参见本章 7.3 节）提供 1Hz 的时钟信号 CLK。

7.4.3 层次化设计和软件仿真

1. 系统时序发生电路

在红绿灯交通信号控制系统中，大多数的情况是通过自动控制的方式指挥交通的。因此，为了避免意外事件的发生，电路必须有一个稳定的时钟（clock）才能让系统正常工作。但为了配合高峰时段，防止交通拥挤，有时也必须使用手动控制，即让交警能够顺利地指挥交通。clk_gen 电路最主要的功能就是产生一些额外的输出信号，并将其用做后续几个电路的使能（enable）控制与同步信号处理。

该电路的核心部分就是分频电路，通过对外接信号发生器提供 1Hz 的时钟信号进行 1000 分频，得到一个周期 1s 的输出使能信号 ena_ 1Hz（占空比 1:1000）和 flash_Hz（占空比 1:1）；1024 分频后得到红绿灯信号译码电路所需要的频率为 39kHz 的显示使能信号ena_scan。

（1）系统时序发生电路 VHDL 源代码

```
LIBRARY IEEE;
USE IEEE. std_logic_1164. all;
USE IEEE. std_logic_arith. all;
USE IEEE. std_logic_unsigned. all;
ENTITY clk_gen IS
    Port(reset:in std_logic;
        clk:in std_logic;
        ena_scan:out std_logic;
        ena_1Hz:out std_logic;
        flash_1Hz:out std_logic);
END;
ARCHITECTURE BEHAVIOR of clk_gen IS
CONSTANT scan_bit:positive:=10;
CONSTANT scan_val:positive:=1024;
CONSTANT two_Hz_bit:positive:=15;
CONSTANT two_Hz_val:positive:=19532;
signal clk_scan_ff:std_logic_vector(scan_bit-1 downto 0);
```

```
signal clk_2Hz_ff:std_logic_vector(two_Hz_bit - 1 downto 0);
signal ena_s,ena_one,ena_two:std_logic;
begin
    scan:process(clk,reset)
        begin
          if reset = '1'then
              clk_scan_ff <= "000000000";
              ena_s <= '0';
          elsif(clk'event and clk = '1')then
            if clk_scan_ff >= scan_val - 1 then
              clk_scan_ff <= "000000000";
              ena_s <= '1';
            else
                clk_scan_ff <= clk_scan_ff + 1;
                ena_s <= '0';
            end if;
        end if;
    end process;
ena_scan <= ena_s;
  two_Hz:process(reset,clk,ena_s)
  begin
    if reset = '1' then
    ena_one <= '0';
    ena_two <= '0';
    clk_2Hz_ff <= "0000000000000";
    elsif(clk'event and clk = '1')then
  if ena_s = '1' then
  if clk_2Hz_ff >= two_Hz_val - 1 then
    clk_2Hz_ff <= "0000000000000";
    ena_two <= '1';
    ena_one <= not ena_one;
    else
    clk_2Hz_ff <= clk_2Hz_ff + 1;
    ena_two <= '0';
    end if;
  end if;
  end if;
  end process;
  ena_1Hz <= ena_one and ena_two and ena_s;
```

```
    flash_1Hz <= ena_one;
end BEHAVIOR;
```

（2）系统时序发生电路 clk_gen 的仿真输出波形和元件符号

系统时序发生电路 clk_gen 的仿真输出波形如图 7-16 所示。

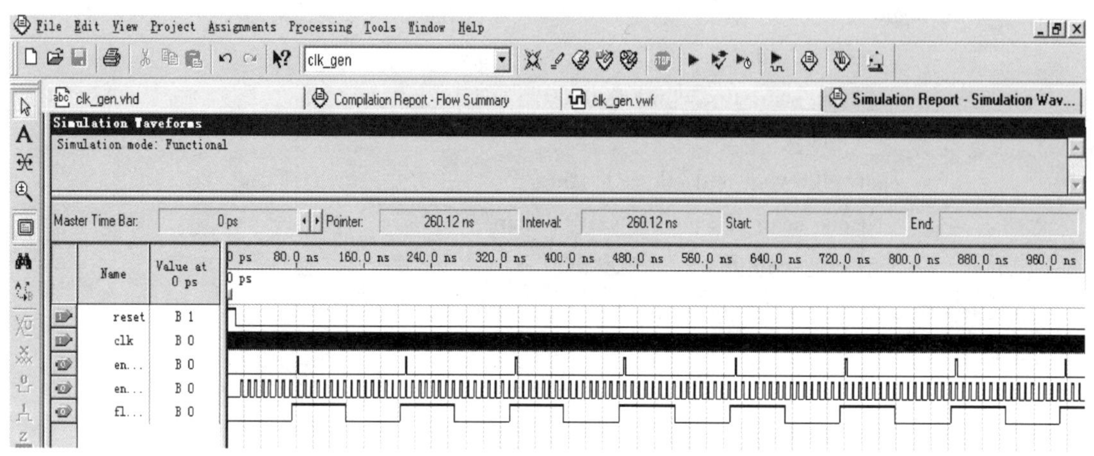

图 7-16 系统时序发生电路 clk_gen 的仿真输出波形

2. 红绿灯计数时间选择模块

当过马路的时候，绿灯的一方会附加一个显示器告诉行人，目前还剩下几秒信号灯将变成红灯。因此，traffic_mux 电路最主要的功能就是负责输出显示器需要的值（即倒数的秒值数），作为定时控制电路的计数秒数。

该电路的核心部分就是数据选择电路，利用选择语句 case-when（单输入，多输出）实现 4 选 1，其选择输入信号 sign_state 是红绿灯信号译码电路产生的 4 种状态信号，红绿灯计数时间状态转换输出表见表 7-1。

表 7-1 红绿灯计数时间状态转换输出表

状态 sign_state	东西路口	南北路口	时间/s
00（状态 0）	东西路口为通行状态，此时东西路口绿灯亮	南北路口红灯亮	30
01（状态 1）	东西路口为过渡状态，此时东西路口黄灯亮	南北路口红灯亮	5
10（状态 2）	东西路口红灯亮	南北路口为通行状态，此时南北路口绿灯亮	20
11（状态 3）	东西路口红灯亮	南北路口为过渡状态，此时南北路口黄灯亮	5

（1）红绿灯计数时间选择模块 VHDL 源代码

```
LIBRARY IEEE;
USE IEEE. STD_LOGIC_1164. ALL;
USE IEEE. STD_LOGIC_ARITH. ALL;
USE IEEE. STD_LOGIC_UNSIGNED. ALL;
```

```
ENTITY traffic_mux IS
PORT(reset,clk,ena_scan,recount:in std_logic;
            sign_state:in std_logic_vector(1 downto 0);
            load:out std_logic_vector(7 downto 0));
END;
ARCHITECTURE BEHAVIOR of traffic_mux IS
CONSTANT yellow0_time:integer:=5;
CONSTANT green0_time:integer:=30;
CONSTANT yellow1_time:integer:=5;
CONSTANT green1_time:integer:=20;
begin
  load_time:process(reset,clk)
  begin
    if reset='1' then
      load<="00000000";
    elsif (clk'event and clk='1')then
    if (ena_scan='1' and recount='1')then
    case sign_state is
      when "00" =>load<=conv_std_logic_vector(green0_time,8);
      when "01" =>load<=conv_std_logic_vector(yellow0_time,8);
      when "10" =>load<=conv_std_logic_vector(green1_time,8);
      when others =>load<=conv_std_logic_vector(yellow1_time,8);
      end case;
    end if;
  end if;
  end process;
end BEHAVIOR;
```

(2) 计数时间选择模块 traffic_mux 的仿真输出波形和元件符号

计数时间选择模块 traffic_mux 的仿真输出波形如图 7-17 所示。

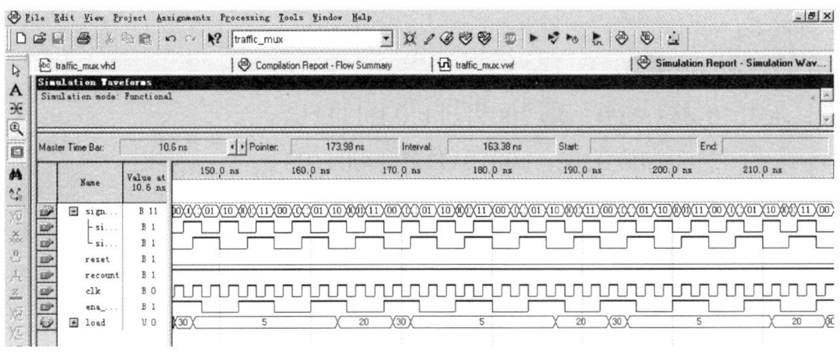

图 7-17　计数时间选择模块 traffic_mux 的仿真输出波形

3. 定时控制电路

该电路的核心部分是可置数的减法计数器电路和七段译码输出显示电路。可置数的减法计数器电路是利用 if_then_else 语句完成，两位七段译码输出显示电路则利用 case-when 语句通过查表的方式构成。

（1）定时控制电路 VHDL 源代码

```
LIBRARY IEEE;
USE IEEE. std_logic_1164. all;
USE IEEE. std_logic_arith. all;
USE IEEE. std_logic_unsigned. all;
ENTITY count_down IS
    port( reset,clk,ena_1Hz,recount:in std_logic;
        load:in std_logic_vector(7 downto 0);
        seg7:out std_logic_vector(15 downto 0);
        next_state:out std_logic);
END;
ARCHITECTURE BEHAVIOR of count_down IS
signal cnt_ff:std_logic_vector(7 downto 0);
begin
    count:process (clk,reset)
    begin
        if (reset = '1') then
          cnt_ff <= "00000000";seg7 <= "0000000000000000";
        elsif (clk'event and clk = '1') then
          if ena_1Hz = '1'then
            if (recount = '1') then
              cnt_ff <= load - 1;
            else
                cnt_ff <= cnt_ff - 1;
            end if;
        end if;
case conv_integer(cnt_ff) is
when 0 => seg7(15 downto 0) <= "0011111100111111";
when 1 => seg7(15 downto 0) <= "0011111100000110";
when 2 => seg7(15 downto 0) <= "0011111101011011";
when 3 => seg7(15 downto 0) <= "0011111101001111";
when 4 => seg7(15 downto 0) <= "0011111101100110";
when 5 => seg7(15 downto 0) <= "0011111101101101";
when 6 => seg7(15 downto 0) <= "0011111101111101";
```

```
when 7 => seg7(15 downto 0) <= "0011111100000111";
when 8 => seg7(15 downto 0) <= "0011111101111111";
when 9 => seg7(15 downto 0) <= "0011111101101111";
when 10 => seg7(15 downto 0) <= "0000011000111111";
when 11 => seg7(15 downto 0) <= "0000011000000110";
when 12 => seg7(15 downto 0) <= "0000011001011011";
when 13 => seg7(15 downto 0) <= "0000011001001111";
when 14 => seg7(15 downto 0) <= "0000011001100110";
when 15 => seg7(15 downto 0) <= "0000011001101101";
when 16 => seg7(15 downto 0) <= "0000011001111101";
when 17 => seg7(15 downto 0) <= "0000011000000111";
when 18 => seg7(15 downto 0) <= "0000011001111111";
when 19 => seg7(15 downto 0) <= "0000011001101111";
when 20 => seg7(15 downto 0) <= "0101101100111111";
when 21 => seg7(15 downto 0) <= "0101101100000110";
when 22 => seg7(15 downto 0) <= "0101101101011011";
when 23 => seg7(15 downto 0) <= "0101101101001111";
when 24 => seg7(15 downto 0) <= "0101101101100110";
when 25 => seg7(15 downto 0) <= "0101101101101101";
when 26 => seg7(15 downto 0) <= "0101101101111101";
when 27 => seg7(15 downto 0) <= "0101101100000111";
when 28 => seg7(15 downto 0) <= "0101101101111111";
when 29 => seg7(15 downto 0) <= "0101101101101111";
when 30 => seg7(15 downto 0) <= "0100111100111111";
when 31 => seg7(15 downto 0) <= "0100111100000110";
when 32 => seg7(15 downto 0) <= "0100111101011011";
when 33 => seg7(15 downto 0) <= "0100111101001111";
when 34 => seg7(15 downto 0) <= "0100111101100110";
when 35 => seg7(15 downto 0) <= "0100111101101101";
when 36 => seg7(15 downto 0) <= "0100111101111101";
when 37 => seg7(15 downto 0) <= "0100111100000111";
when 38 => seg7(15 downto 0) <= "0100111101111111";
when 39 => seg7(15 downto 0) <= "0100111101101111";
when others => seg7(15 downto 0) <= "0011111100111111";
end case;
end if;
end process;
next_state <= '1' when cnt_ff = 1 else '0';
end BEHAVIOR;
```

（2）定时控制电路 count_down 的仿真输出波形和元件符号

定时控制电路 count_down 的仿真输出波形如图 7-18 所示。

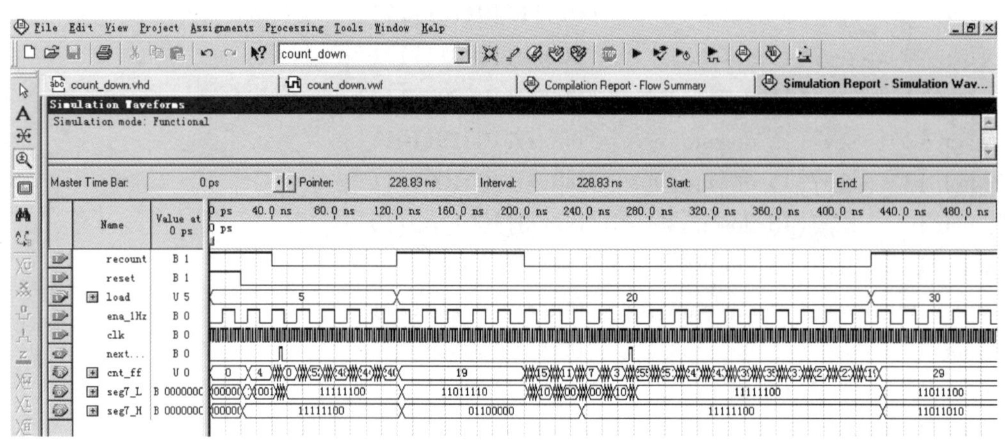

图 7-18 定时控制电路 count_down 的仿真输出波形

4. 红绿灯信号译码电路

在红绿灯交通灯信号系统中，大多数的情况是通过自动控制的方式指挥交通的。但为了配合高峰时段，防止交通拥挤，有时还必须使用手动控制，即让交警自行指挥交通。因此，traffic_ fsm 电路除了负责监控路口红绿灯之外，最主要的功能就是能够利用开关来切换手动与自动模式，让交警能够通过外部输入的方式来控制红绿灯信号系统的运作。

输出信号：recount（产生重新计数的输出使能控制信号）、sign_state（产生的输出状态信号，共 2 位，4 种状态）、red（负责红灯的显示，共 2 位，4 种状态）、green（负责绿灯的显示，共 2 位，4 种状态）、yellow（负责黄灯的显示，共 2 位，4 种状态）。

设南北路口红黄绿 3 色灯分别为 r0、y0、g0，东西路口的红黄绿 3 色灯分别为 r1、y1、g1，自动操作模式和手动操作模式信号灯显示的真值表见表 7-2。

表 7-2 信号灯显示的真值表

CLK	reset	ena_1hz	next_state	state 状态	sign_state	recount	light
state1	1	×	×	r0g1	00	1	010010
state2	0	1	1	r0g1→r0y1	01	1	011000
	0	1	0	r0g1	00	0	010010
state3	0	1	1	r0y1→g0r1	10	1	100001
	0	1	0	r0y1	01	0	011000
state4	0	1	1	g0r1→y0r1	11	1	100100
	0	1	0	g0r1	10	0	100001
state5	0	1	1	y0r1→r0g1	00	1	010010
	0	1	0	y0r1	11	0	100100
state6	0	1	1	others	00	0	110000

表7-2中定义了一些进程（process）间整体共享的电路内部传递信号，以整合所有功能，它们是：state信号（设定红绿灯电路的状态，在该程序里定义8种状态）、st_transfer（在手动模式下判断是否转态的控制信号）、light［5..0］（在自动模式下该信号为是否转态的控制信号，其位数从高到低分别表示red1、red0、yellow1、yellow0、green1、green0）。

（1）红绿灯信号译码电路VHDL源代码

```
LIBRARY IEEE;
USE IEEE.std_logic_1164.all;
USE IEEE.std_logic_arith.all;
USE IEEE.std_logic_unsigned.all;
ENTITY traffic_con IS
    port(reset,clk,ena_scan,ena_1Hz,flash_1Hz,a_m,st_butt,next_state:in std_logic;
        recount:out std_logic;
        sign_state:out std_logic_vector(1 downto 0);
        red:out std_logic_vector(1 downto 0);
        green:out std_logic_vector(1 downto 0);
        yellow:out std_logic_vector(1 downto 0));
END;
ARCHITECTURE BEHAVIOR of traffic_con IS
type sreg0_type is(r0g1,r0y1,g0r1,y0r1,y0y1,y0g1,g0y1,r0r1);
signal state:sreg0_type;
signal st_transfer:std_logic;
signal light:std_logic_vector(5 downto 0);
begin
  rebounce:process(reset,clk,ena_scan,st_butt)
  variable rebn_ff:std_logic_vector(5 downto 0);
begin
    if (st_butt='1' or reset='1')then
        rebn_ff:="111111";st_transfer<='0';
    elsif (clk'event and clk='1')then
        if (ena_scan='1')then
            if (rebn_ff>=3)then
                rebn_ff:=rebn_ff-1;st_transfer<='0';
            elsif (rebn_ff=2)then
                rebn_ff:=rebn_ff-1;st_transfer<='1';
                else
                    rebn_ff:=rebn_ff;st_transfer<='0';
                end if;
            end if;
        end if;
```

```
end process;
con: process (clk,ena_1Hz,reset)
begin
if (reset = '1') then
state <= r0g1;sign_state <= "00";recount <= '1';
else
    if (clk'event and clk = '1') then
case state is
    when r0g1 =>
        if (a_m = '1' and ena_1Hz = '1') then
          if (next_state = '1') then
              recount <= '1';state <= r0y1;sign_state <= "01";
          else
              recount <= '0';state <= r0g1;
          end if;
      elsif (a_m = '0' and ena_scan = '1') then
          if (st_transfer = '0') then
              recount <= '1';state <= r0g1;
          else
              recount <= '1';state <= r0y1;sign_state <= "01";
          end if;
      end if;

    when r0y1 =>
        if (a_m = '1' and ena_1Hz = '1') then
            if (next_state = '1') then
                recount <= '1';state <= g0r1;sign_state <= "10";
            else
                recount <= '0';state <= r0y1;
            end if;
        elsif (a_m = '0' and ena_scan = '1') then
            if (st_transfer = '0') then
                recount <= '1';state <= r0y1;
            else
                recount <= '1';state <= g0r1;sign_state <= "10";
            end if;
        end if;

when g0r1 =>
```

```
        if (a_m = '1' and ena_1Hz = '1') then
            if (next_state = '1') then
                recount <= '1'; state <= y0r1; sign_state <= "11";
            else
                recount <= '0'; state <= g0r1;
            end if;
        elsif (a_m = '0' and ena_scan = '1') then
            if (st_transfer = '0') then
                recount <= '1'; state <= g0r1;
            else
                recount <= '1'; state <= y0r1; sign_state <= "11";
            end if;
        end if;

    when y0r1 =>
        if (a_m = '1' and ena_1Hz = '1') then
            if (next_state = '1') then
                recount <= '1'; state <= r0g1; sign_state <= "00";
            else
                recount <= '0'; state <= y0r1;
            end if;
        elsif (a_m = '0' and ena_scan = '1') then
            if (st_transfer = '0') then
                recount <= '1'; state <= y0r1;
            else
                recount <= '1'; state <= r0g1; sign_state <= "00";
            end if;
        end if;
    when others =>
        state <= r0g1; recount <= '0'; sign_state <= "00";
    end case;
    end if;
    end if;
    end process;
    light <= "010010" when (state = r0g1) else
    "011000" when (state = r0y1) else
    "100001" when (state = g0r1) else
    "100100" when (state = y0r1) else
    "010010" when (state = r0g1) else
```

```
"110000";
red <= light (5 downto 4);
yellow <= light (3 downto 2);
green <= light (1 downto 0);
end BEHAVIOR;
```

（2）信号译码电路仿真输出波形

信号译码电路 traffic_CON 的仿真输出波形如图 7-19 所示。

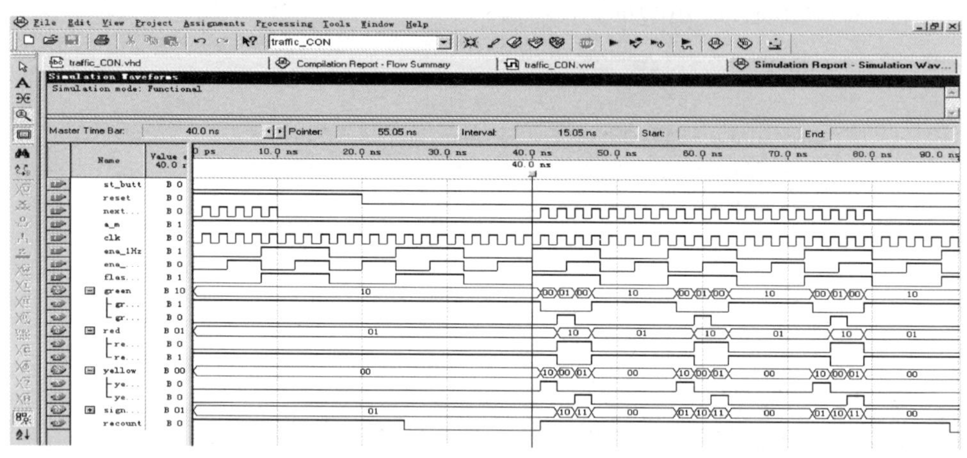

图 7-19 信号译码电路 traffic_CON 的仿真输出波形

在源程序中，利用类别的定义格式 Type type_name is type_mark，将所有红绿灯交通信号系统发生的状况一一列举出来（程序中共定义了 8 种情况），信号线 state 的设置的目的是将 sreg0_type 定义的 8 种状况转换成位的方式表示。

程序包含两个进程：debounce 和 con。进程 debounce 是清除抖动电路，其重点在于 st_transfer 何时为 1。当外部按下 st_butt 键时（即 st_buff = 0），内部的计数器 rebn_ff 开始计数(3f-02)，在 rebn_ff 尚未达到 0.2s 时，st_butt 键被松开，那么状态将不会改变。假如是由于电路效应引起开关误动作，开关抖动的速度是非常快的（小于 1ms），故电路不会有误动作的产生，也就达到了消除抖动的目的。进程 con 是红绿灯状态控制器和红绿灯闪烁控制器。

5. 红绿灯交通控制器顶层电路

红绿灯交通灯控制器顶层电路分为 4 个模块，即系统时序发生电路 clk_gen、红绿灯计数时间选择模块 traffic_mux、定时控制电路 count_down 和红绿灯信号译码电路 traffic_CON，图 7-20 是顶层电路原理图。本节所要做的工作就是将所有的子电路全部连接起来，进行时序分析正确无误后，再下载 FPGA，以便进行硬件电路的测试工作。

利用元件例化的方法，将 traffic_TOP 设置为顶层文件。按图 7-20 将 4 个子电路连接起来。

（1）红绿灯交通控制顶层电路 VHDL 源代码

```
LIBRARY IEEE;
USE IEEE. STD_LOGIC_1164. ALL;
USE IEEE. STD_LOGIC_ARITH. ALL;
USE IEEE. STD_LOGIC_UNSIGNED. ALL;
```

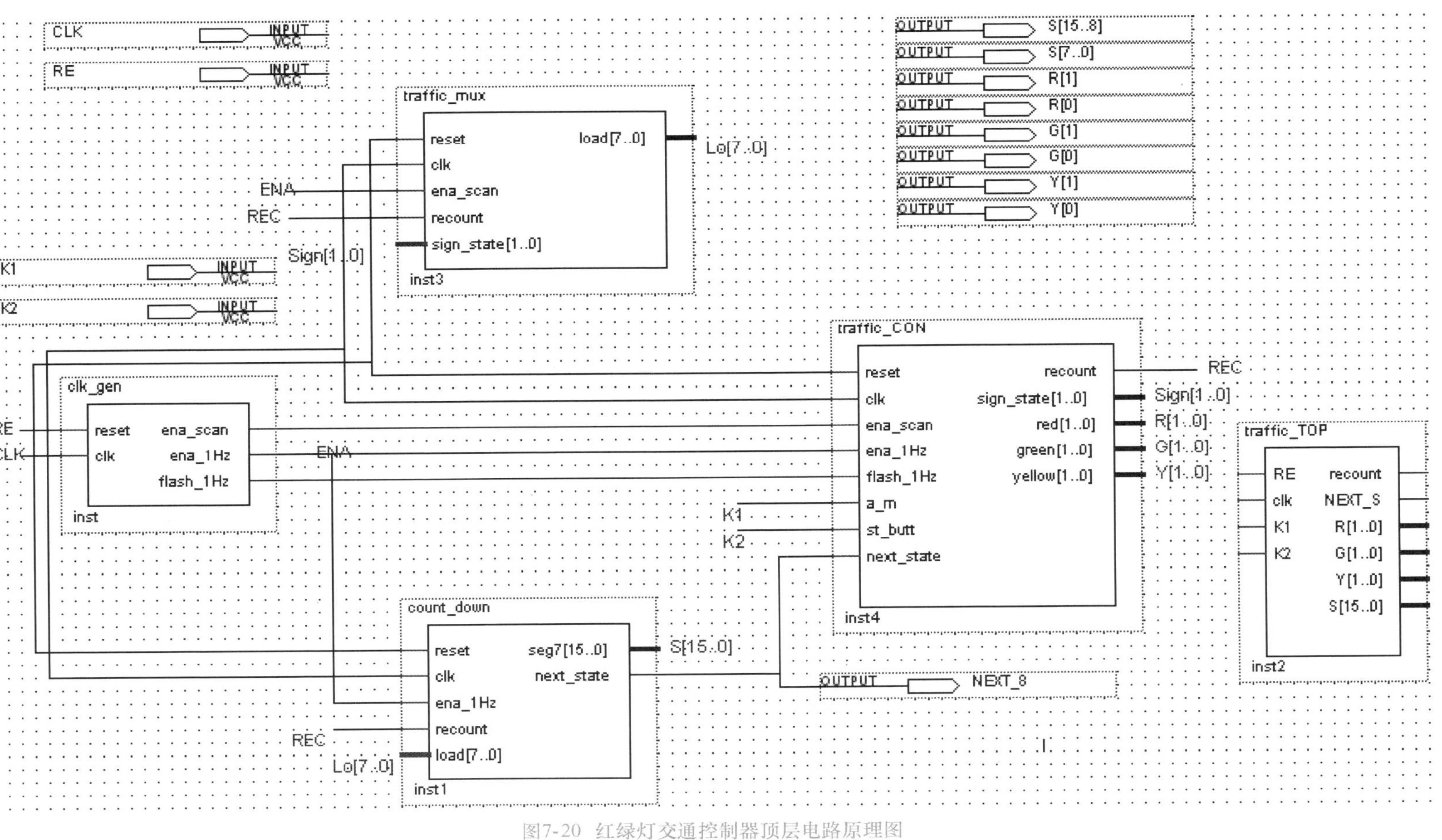

图7-20　红绿灯交通控制器顶层电路原理图

```
ENTITY traffic_TOP IS
PORT(RE:in std_logic;
        clk:in std_logic;
        K1:in std_logic;
        K2:in std_logic;
        recount:out std_logic;
        NEXT_S:out std_logic;
        R:out std_logic_vector(1 downto 0);
        G:out std_logic_vector(1 downto 0);
        Y:out std_logic_vector(1 downto 0);
        S:out std_logic_vector(15 downto 0));
END traffic_TOP;
architecture behave of traffic_TOP is
component clk_gen
        port (reset:in std_logic;
              clk:in std_logic;
              ena_scan:out std_logic;
              ena_1Hz:out std_logic;
              flash_1Hz:out std_logic);
    end component;
component traffic_mux
        port (reset:in std_logic;
              clk:in std_logic;
              ena_scan:in std_logic;
              recount:in std_logic;
              sign_state:in std_logic_vector(1 downto 0);
              load:out std_logic_vector(7 downto 0));
end component;
component count_down
        port (reset:in std_logic;
              clk:in std_logic;
              ena_1Hz:in std_logic;
              recount:in std_logic;
              load:in std_logic_vector(7 downto 0);
              seg7:out std_logic_vector(15 downto 0);
              next_state:out std_logic);
end component;
component traffic_con
        port (reset:in std_logic;
```

```
                clk:in std_logic;
                ena_scan:in std_logic;
                ena_1Hz:in std_logic;
                flash_1Hz:in std_logic;
                a_m:in std_logic;
                st_butt:in std_logic;
                next_state:in std_logic;
                recount:out std_logic;
                sign_state:out std_logic_vector(1 downto 0);
                red:out std_logic_vector(1 downto 0);
                green:out std_logic_vector(1 downto 0);
                yellow:out std_logic_vector(1 downto 0));
    end component;
    signal ena_scan_1:std_logic;
    signal ena_1Hz_1:std_logic;
    signal flash_1Hz_1:std_logic;
    signal recount_1:std_logic;
    signal next_state_1:std_logic;
    signal sign_state_1:std_logic_vector(1 downto 0);
    signal load:std_logic_vector(7 downto 0);
    begin
        u1:clk_gen
    port map(RE,clk,ena_scan_1,ena_1Hz_1,flash_1Hz_1);
        u2:traffic_mux
    port map(RE,clk,ena_scan_1,recount_1,sign_state_1,load);
        u3:count_down
    port map(RE,clk,ena_1Hz_1, recount_1,load,S,next_state_1);
        u4:traffic_CON
    port
    map(RE,clk,ena_scan_1,ena_1Hz_1,flash_1Hz_1,K1,K2,next_state_1,recount_1,sign_
state_1,R,G,Y);
    NEXT_S <= next_state_1;
    End behave;
```

(2) 交通灯控制器顶层电路 traffic_TOP 的仿真输出波形

图 7-21 所示为交通灯控制器顶层电路的仿真输出波形。

图 7-21 中，控制器输入信号有以下几种：

1) clk：由外界信号发生器提供 1Hz 的时钟脉冲信号。

2) RE：系统内部自复位信号。

3) K1：手动、自动切换钮（1：自动，0：手动）。

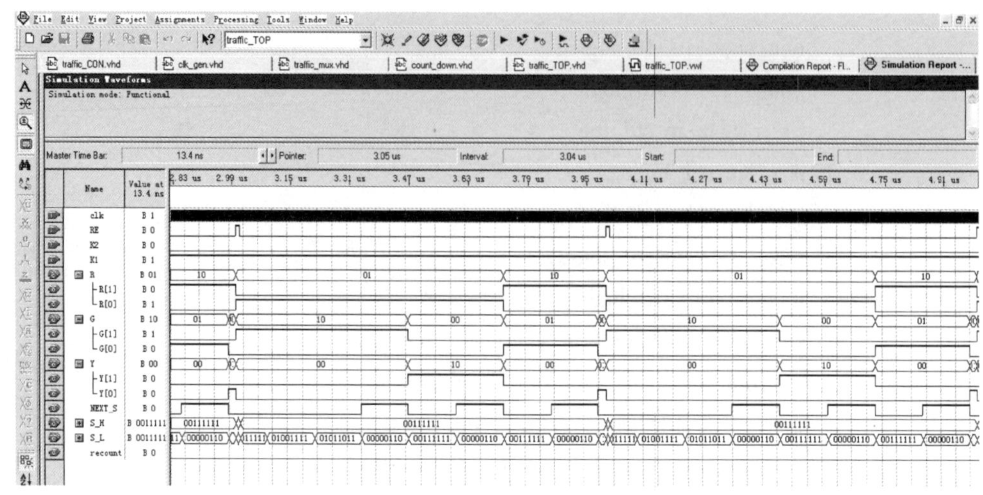

图 7-21 交通灯控制器顶层电路的仿真输出波形

4）K2：红绿灯状态切换键（每按一次就切换一个状态），在手动模式下使用。

输出信号有以下几种：

1）NEXT_S：当计数器计时完毕时，产生一个脉冲信号，作为转态触发信号。

2）R［1..0］：负责显示红灯的亮灭（共 2 位，4 种状态）。

3）G［1..0］：负责显示绿灯的亮灭（共 2 位，4 种状态）。

4）Y［1..0］：负责显示黄灯的亮灭（共 2 位，4 种状态）。

5）S［15..0］：负责将十位的计数数值转换成 BCD 码，并利用七段显示器显示。

6）S［7..0］：负责将个位的计数数值转换成 BCD 码，并利用七段显示器显示。

本章小结

本章将前面几章的知识整合起来进行综合运用，在了解数字系统的结构的基础上，分别介绍了序列信号发生器、简易数字频率计、多功能信号发生器和交通灯控制器等几种典型的数字系统的 EDA 设计。通过本章学习，不仅要学会层次化结构设计，还应体验层次化分解，这是一个项目管理者应具备的素质和才能。

由于各种设计方法和思路不尽相同，所以，本书介绍的设计程序实例的设计思路和设计方法只是起到抛砖引玉的作用，仅供大家参考。

习 题

7-1 对于一个数字系统来说，一般可以分为几个层次？各层次间的对应关系是怎样的？

7-2 设计一个 8 位串行数字密码锁，并通过 EDA 平台验证其操作。具体要求为

（1）开锁代码为 8 位二进制数，当输入代码的位数和位值与锁内设定的密码一致，且按规定程序开锁时，方可开锁，并用开锁指示灯 LT 点亮来表示；否则，系统进入一个“错误 error”状态，并发出报警信号。

（2）开锁程序由设计者确定，并要求锁内给定的密码是可调的，且预置方便、保密性好。

（3）串行数字密码锁的报警方式是用指示灯 LF 点亮并且喇叭鸣叫来报警，直到按下复位开关，报警才停止。然后数字密码锁又自动进入等待下一次开锁的状态。

部分习题参考答案

第1章

1-1 解：从使用的角度讲，EDA 技术主要包括四个方面的内容：①大规模可编程逻辑器件；②硬件描述语言；③软件开发工具；④实验开发系统。

1-2 解：①用软件的方式设计硬件；②用软件方式设计的系统到硬件系统的转换是由有关的开发软件自动完成的；③设计过程中可用有关软件进行各种仿真；④系统可现场编程，在线升级；⑤整个系统可集成在一个芯片上，体积小、功耗低、可靠性高。

1-3 解：常用的硬件描述语言有 VHDL 和 Verilog、ABEL。

VHDL：作为 IEEE 的工业标准硬件描述语言，在电子工程领域，已成为事实上的通用硬件描述语言；逻辑综合能力强，适合行为描述。

Verilog：支持的 EDA 工具较多，适用于 RTL 级和门电路级的描述，其综合过程较 VHDL 稍简单，但其在高级描述方面不如 VHDL。

ABEL：一种支持各种不同输入方式的 HDL，被广泛用于各种可编程逻辑器件的逻辑功能设计，由于其语言描述的独立性，因而适用于各种不同规模的可编程器件的设计。

1-4 解：1）与其他的硬件描述语言相比，VHDL 具有更强的行为描述能力。强大的行为描述能力是避开具体的器件结构，从逻辑行为上描述和设计大规模电子系统的重要保证。就目前流行的 EDA 工具和 VHDL 综合器而言，将基于抽象的行为描述风格的 VHDL 程序综合成为具体的 FPGA 和 CPLD 等目标器件的网表文件已不成问题，只是在综合与优化效率上略有差异。

2）VHDL 具有丰富的仿真语句和库函数，使得在任何大系统的设计早期，就能查验设计系统的功能可行性，随时可对系统进行仿真模拟，使设计者对整个工程的结构和功能可行性做出判断。

3）VHDL 语句的行为描述能力和程序结构，决定了它具有支持大规模设计的分解和已有设计的再利用功能。符合市场需求，高效、高速地完成必须由多人甚至多个开发组共同并行工作才能实现的大规模系统。VHDL 中设计实体的概念、程序包的概念、设计库的概念为设计的分解和并行工作提供了有力的支持。

4）用 VHDL 完成一个确定的设计，可以利用 EDA 工具进行逻辑综合和优化，并自动把 VHDL 描述设计转变成门级网表（根据不同的实现芯片）。这种方式突破了门级设计的瓶颈，极大地节省了电路设计的时间，减少了可能发生的错误，降低了开发成本。利用 EDA 工具的逻辑优化功能，可以自动地把一个综合后的设计变成一个更小、更高速的电路系统。反过来，设计者还可以容易地从综合和优化的电路获得设计信息，返回去更新修改 VHDL 设计描述，使之更加完善。

5）VHDL 对设计的描述具有相对独立性。设计者可以不懂硬件的结构，也不必管最终设计的目标器件是什么，就能独立地进行设计。正因为 VHDL 的硬件描述与具体的工艺技术和硬件结构无关，所以 VHDL 设计程序的硬件实现目标器件有广阔的选择范围，其中包括各种系列的 CPLD、FPGA 及各种门阵列器件。

6）由于 VHDL 具有类属描述语句和子程序调用等功能，对于完成的设计，在不改变源程序的条件下，只需改变类属参量或函数，就能轻易地改变设计的规模和结构。

1-5 解：（1）ESDA 是电子系统设计自动化。

（2）HDL 是硬件描述语言。

（3）ASIC 是专用集成电路。

（4）VHDL 是超高速集成电路硬件描述语言。

第 2 章

2-1 解：常见的可编程逻辑器件有 PROM、PLA、PAL、GAL、CPLD 和 FPGA 等。对于这些可编程逻辑器件，可以从不同的角度对其进行划分，没有统一的分类标准。按照现有通行的分类方法，主要有：

（1）按集成度分类

集成度是集成电路一项很重要的指标，按集成度可以把可编程逻辑器件分为两类：

1）低密度可编程逻辑器件（Low Density PLD，LDPLD）。

2）高密度可编程逻辑器件（High Density PLD，HDPLD）。

一般以芯片 GAL22V10 的容量来区分 LDPLD 和 HDPLD。不同制造厂家生产的 GAL22V10 的密度略有差别，大致为 500 ~ 750 门。如果按照这个标准，PROM、PLA、PAL 和 GAL 器件属于 LDPLD，EPLD、CPLD 和 FPGA 器件则属于 HDPLD。

（2）按结构分类

可以分为基于“与-或”阵列结构的器件和基于门阵列结构的器件两大类。基于“与-或”阵列结构的器件有 PROM、PLA、PAL、GAL 和 CPLD 器件；基于门阵列结构的器件有 FPGA。

（3）按编程工艺分类

所谓编程工艺，是指在可编程逻辑器件中可编程元件的类型。按照这个标准，可编程逻辑器件又可以分成以下六类：

1）熔丝型（Fuse）PLD，如早期的 PROM 器件。编程过程就是根据设计的熔丝图文件来烧断对应的熔丝，获得所需的电路。

2）反熔丝型（Anti – Fuse）PLD，如 OTP（One Time Programming，一次可编程）型 FPGA 器件。其编程过程与熔丝型 PLD 相类似，但结果相反，在编程处击穿漏层使两点之间导通，而不是断开。

3）UVEPROM 型 PLD，即紫外线擦除/电气编程器件。Altera 的 Classic 系列和 MAX5000 系列 EPLD 采用的就是这种编程工艺。

4）E^2PROM（Electrically Erasable PROM，电可擦可编程只读存储器）型 PLD，与 UVE-PROM 型 PLD 相比，不用紫外线擦除，可直接用电擦除，使用更方便，Altera 的 MAX7000

系列和 MAX9000 系列以及 Lattice 的 GAL 器件、ispLSI 系列 CPLD 都属于这一类器件。

5）SRAM（Static Random Access Memory，静态随机存取存储器）型 PLD，可方便快速的编程（也叫配置），但掉电后，其内容即丢失，再次上电需要重新配置，或加掉电保护装置以防掉电。大部分 FPGA 器件都是 SRAM 型 PLD。例如：Xilinx 的 FPGA（除 XC8100 系列）和 Altera 的 FPGA（FLEX 系列、APEX 系列）均采用这种编程工艺。

6）Flash Memory（快闪存储器）型 PLD，又称快速擦写存储器。它在断电的情况下信息可以保留，在不加电的情况下，信息可以保存 10 年，可以在线进行擦除和改写。Flash Memory 既具有 ROM 非易失性的优点，又具有存取速度快、可读可写、集成度高、价格低、耗电少等优点。Atmel 的部分低密度 PLD、Xilinx 的 XC9500 系列 CPLD 采用这种编程工艺。

2-2 解：GAL 与 PAL 相比，其根本区别是输出结构不同，GAL 的输出引脚提供了一个输出逻辑宏（Output Logic Macro Cell，OLMC），OLMC 的应用大大提高了 GAL 输出的灵活性，基本上可用同一种型号的 GAL 器件实现 PAL 器件所有的各种输出电路工作模式。

2-3 解：（1）乘积项数据选择器（PTMUX）是一个二选一数据选择器。它根据结构控制字中的 AC0 和 AC1(n) 字段的状态决定来自“与”逻辑阵列的第一个乘积项是否作为“或”门的第一个输入。当 AC0AC1(n) =00、01 或 10 时，G1 门输出为 1，第一个乘积项作为“或”门的第一个输入；当 AC0AC1(n) =11 时，G1 门输出为 0，第一个乘积项不作为“或”门的第一个输入。

（2）输出数据选择器（OMUX）是一个二选一数据选择器。它根据结构控制字中的 AC0 和 AC1(n) 字段的状态决定 OLMC 是组合输出模式还是寄存器输出模式。当 AC0AC1(n) =00、01 或 11 时，G2 门输出为 0，“异或”门输出的“与-或”逻辑函数经输出数据选择器（OMUX）的“0”输入端，直接送到输出三态缓冲寄存；当 AC0AC1(n) =10 时，G2 门输出为 1，“异或”门输出的“与-或”逻辑函数寄存在 D 触发器中，其 Q 端输出的寄存器型结果送到输出数据选择器（OMUX）的“1”输入端后，再送到输出三态缓冲器。

（3）三态数据选择器（TSMUX）是一个四选一数据选择器。它的输出是输出三态缓冲器的控制信号。换句话说，输出数据选择器（OMUX）的结果能否出现在 OLMC 的输出端，是由 TSMUX 的输出来决定的。

（4）反馈数据选择器（FMUX）是一个八选一数据选择器。它的地址输入信号是 AC0AC1(n)AC1(m)（n 表示本级 OLMC 编号，m 表示邻级 OLMC 编号）；它的数据输入信号只有四个，分别是：地、邻级 OLMC 输出、本级 OLMC 输出和 D 触发器的输出。它的作用是根据 AC0AC1(n)AC1(m) 的状态，在四个数据输入信号中选择其中一个作为反馈信号接回到“与”逻辑阵列中。

2-4 解：主流的 PLD 产品：

MAXII：0.18μm Falsh 工艺，2004 年底推出，采用 FPGA 结构，配置芯片集成在内部，和普通 PLD 一样，上电即可工作。容量比上一代大大增加，内部集成一片 8kbit 串行 E^2PROM，增加很多功能。MAXII 采用 2.5V 或者 3.3V 内核电压，MAXII G 系列采用 1.8V 内核电压。该系列产品的性价比不错。

主流的 FPGA 产品：

Altera 的主流 FPGA 分为两大类，一种侧重低成本应用，容量中等，性能可以满足一般的逻辑设计要求，如 Cyclone、CycloneII；还有一种侧重于高性能应用，容量大，性能能满足各类高端应用，如 Startix、StratixII 等，用户可以根据自己实际应用要求进行选择。在性能可以满足的情况下，优先选择低成本器件。

1）Cyclone（飓风）：Altera 中等规模 FPGA，2003 年推出，0.13μm 工艺，1.5V 内核供电，与 Stratix 结构类似，是一种低成本 FPGA 系列，是目前主流产品，其配置芯片也改用全新的产品。

2）CycloneII：Cyclone 的下一代产品，2005 年开始推出，90nm 工艺，1.2V 内核供电，属于低成本 FPGA，性能和 Cyclone 相当，提供了硬件乘法器单元。

3）Stratix ：altera 大规模高端 FPGA，2002 年中期推出，0.13μm 工艺，1.5V 内核供电。集成硬件乘加器，芯片内部结构比 Altera 以前的产品有很大变化。

4）StratixII：Stratix 的下一代产品，2004 年中期推出，90nm 工艺，1.2V 内核供电，大容量高性能 FPGA。

5）StrtratixV 为 altera 目前的高端产品，采用 28nm 工艺，提供了 28Gbit 的收发器件，适合高端的 FPGA 产品开发。

2-5 解：区别主要有：

（1）各个厂家产品名称不尽相同

PLD（Programmable Logic Device）是可编程逻辑器件的总称，早期多 E^2PROM 工艺，基于乘积项（Product Term）结构。

FPGA（Field Programmable Gate Arry）是指现场可编程门阵列，最早由 Xilinx 公司发明。多为 SRAM 工艺，基于查找表（Look Up Table）结构，要外挂配置用的 EPROM。

Xilinx 把 SRAM 工艺，要外挂配置用的 EPROM 的 PLD 称为 FPGA，把 Flash 工艺（类似 E^2PROM工艺），乘积项结构的 PLD 称为 CPLD。

Altera 把自己的 PLD 产品 MAX 系列（E^2PROM 工艺）、FLEX/ACEX/APEX 系列（SRAM 工艺）都称为 CPLD，即复杂 PLD（Complex PLD）。

由于 FLEX/ACEX/APEX 系列也是 SRAM 工艺，要外挂配置用的 EPROM，用法和 Xilinx 的 FPGA 一样，所以很多人把 Altera 的 FELX/ACEX/APEX 系列产品也称为 FPGA。

（2）结构上的主要区别

1）逻辑块的粒度不同。逻辑块指 PLD 芯片中按结构划分的功能模块，它有相对独立的组合逻辑阵列，块间靠互连系统联系。FPGA 中的 CLB 是逻辑块，其特点是粒度小，输入变量为 4 ~ 8，输出为 1 ~ 2，因而只是一个逻辑单元，每块芯片中有几十到近千个这样的单元。CPLD 中逻辑块粒度较大，通常有数十个输入端和一二十个输出端，每块芯片只分成几块。有些集成度较低的（如 ATV2500）则干脆不分块。显然，如此粗大的分块结构使用时不如 FPGA 灵活。

2）逻辑之间的互连结构不同。CPLD 的逻辑块互连是集总式的，其特点是等延时，任意两块之间的延时是相等的，这种结构给设计者带来很大方便；FPGA 的互连则是分布式的，其延时与系统的布局有关。

（3）应用范围有所不同

2-6 解：常见的 FPGA 的结构主要有 3 种类型，分别是查找表结构、多路开关结构和多级与非门结构。

查找表型 FPGA 的可编程逻辑块是查找表，由查找表构成函数发生器，通过查找表实现逻辑函数，查找表的物理结构是静态存储器。在多路开关型 FPGA 中，可编程逻辑块是可配置的多路开关。利用多路开关的特性对多路开关的输入和选择信号进行配置，接到固定电平或输入信号上，从而实现不同的逻辑功能。采用多级“与非”门结构的器件是 Altera 公司的 FPGA，其基本电路由一个触发器和一个多路开关组成，它是以“线与”形式实现“与”逻辑的。

2-7 解：选用 CPLD/FPGA 器件时主要遵循以下原则：

1）FPGA 器件含有丰富的触发器资源，易于实现时序逻辑，如果要求实现较复杂的组合电路则需要几个 LAB 结合起来实现。CPLD 的与或阵列结构，使其适于实现大规模的组合功能，但触发器资源相对较少。

2）FPGA 采用 SRAM 进行功能配置，可重复编程，但系统掉电后，SRAM 中的数据丢失。因此，需在 FPGA 外加 EPROM，将配置数据写入其中，系统每次上电自动将数据引入 SRAM 中。CPLD 器件一般采用 E^2PROM 存储技术，可重复编程，并且系统掉电后，E^2PROM中的数据不会丢失，适于数据的保密。

3）FPGA 为细粒度结构，CPLD 为粗粒度结构。FPGA 内部有丰富连线资源，LAB 分块较小，芯片的利用率较高。CPLD 的宏单元的与或阵列较大，通常不能完全被应用，且宏单元之间主要通过高速数据通道连接，其容量有限，限制了器件的灵活布线，因此 CPLD 利用率较 FPGA 器件低。

4）FPGA 为非连续式布线，CPLD 为连续式布线。FPGA 器件在每次编程时实现的逻辑功能一样，但走的路线不同，因此延时不易控制，要求开发软件允许工程师对关键的路线给予限制。CPLD 每次布线路径一样，CPLD 的连续式互连结构利用具有同样长度的一些金属线实现逻辑单元之间的互连。连续式互连结构消除了分段式互连结构在定时上的差异，并在逻辑单元之间提供快速且具有固定延时的通路。CPLD 的延时较小。

第 3 章

3-1 略

3-2 解：Quartus Ⅱ 软件的开发流程如题 3-2 图所示。

3-3 解：参考题 3-3 图所示。

3-4 解：此处要选择使用 ALTPLL 宏模块，输入时钟设置为 40MHz，然后依次直接设置三个输出的频率“Enter output clock frequency：300/30/5”，或者设置三个输出的分频系数分别如下：

Enter output parameters：

clock multiplication factor：30/3/1

clock division factor：4/4/8

3-5 解：LPM_ COUNTER 模块的 General2 界面下设置 Modulus，即 with a count modulus of：10，其他默认或自行设置即可。

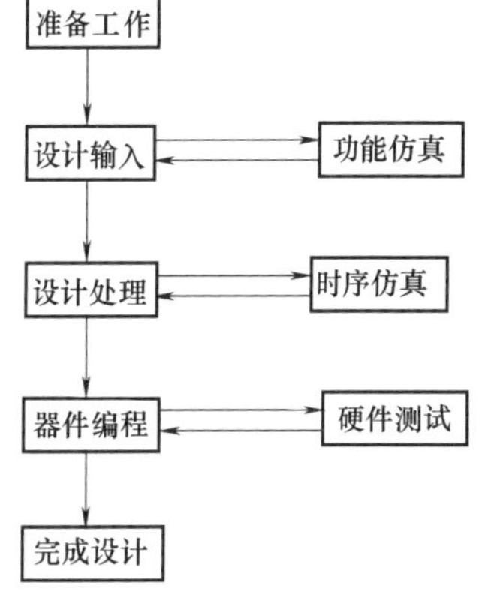

题 3-2 图

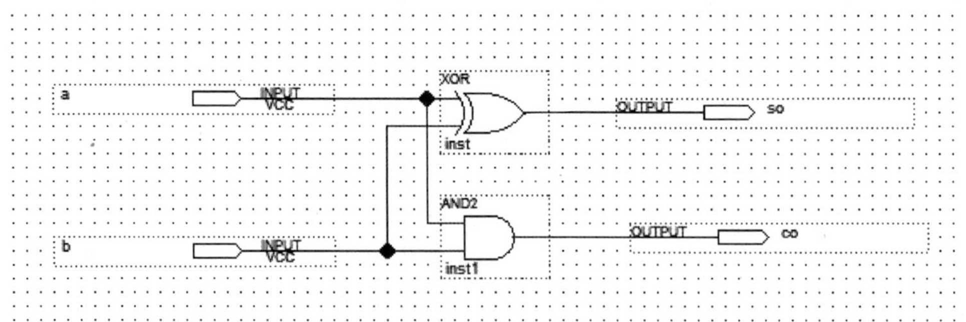

a) 参考半加器原理图

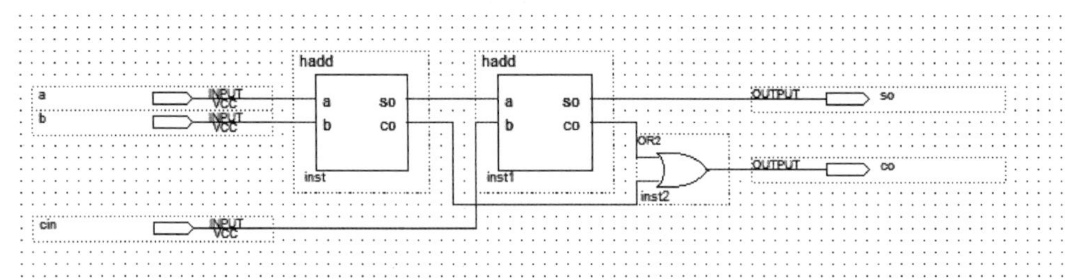

b) 参考一位全加器原理图

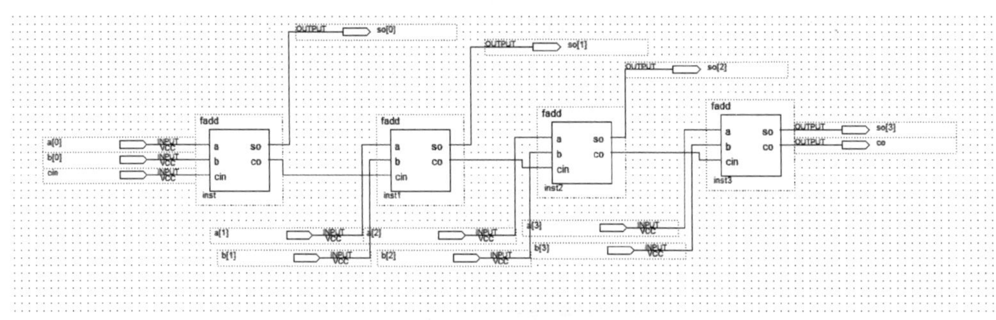

c) 参考四位全加器原理图

题 3-3 图

第 4 章

4-1 解：一个完整的 VHDL 程序称为设计实体，VHDL 设计实体的基本结构有以下五部分组成：库（LIBRARY）、程序包（PACKAGE）、实体（ENTITY）、结构体（ARCHITECTURE）和配置（CONFIGURATION），其中实体和结构体是设计实体的基本组成部分。

4-2 解：VHDL 中有 4 种结构体的描述方式：行为描述、数据流描述、结构描述和混合描述。结构体的行为描述是对设计实体按算法的路径来描述，描述该设计单元的功能，即电路输入与输出之间的关系，而不包含任何实现这些电路功能的硬件结构信息。行为描述是一种高层次的描述方式，设计者只需要关注设计实体，即功能单元正确的行为即可，无需把过多的精力放在器件的具体硬件结构或门级电路的实现上，行为描述方式非常适合于自顶向下的设计流程。数据流描述也称为 RTL（寄存器传输极）描述，主要描述数据流的运动路径、方向和结果。结构描述以元件或已完成的功能模块为基础，描述设计单元的硬件结构，使用元件例化语句和配置语句描述元件的类型及元件之间的互连关系。混合描述是根据设计实体的资源及性能要求，灵活地选用上述三种描述方式的组合。

4-3 解：变量是临时的数据存储单元，用来暂时存储数据，所占用的资源少，是局部量，只能用于进程和子程序中，变量的赋值是立即赋值，没有延时；信号是 VHDL 所特有的数据对象类型，具有更多的硬件特性，主要用于实体、结构体或设计实体之间的信息交流，相当于电路图或电路板上连接元件的导线。信号是全局量，可以在实体、结构体和程序包中定义，但是不允许在进程和子程序中定义信号。信号作为数据容器，具有记忆特性，不但可以容纳当前值，还可以保持历史值。信号的赋值有延时。

4-4 解：基本 RS 触发器的源程序如下：

```
LIBRARY IEEE;
USE IEEE. STD_LOGIC_1164. ALL;
USE IEEE. STD_LOGIC_UNSIGNED. ALL;
ENTITY rsddf IS
PORT(r,s:IN STD_LOGIC;
        q,qn:OUT STD_LOGIC);
END ENTITY rsddf;
ARCHITECTURE dataflow OF rsddf IS
     SIGNAL q1,qn1:STD_LOGIC;
     BEGIN
          q1 <= s NAND qn1;
          qn1 <= r NAND q1;
          q <= q1;
          qn <= qn1;
END  dataflow;
```

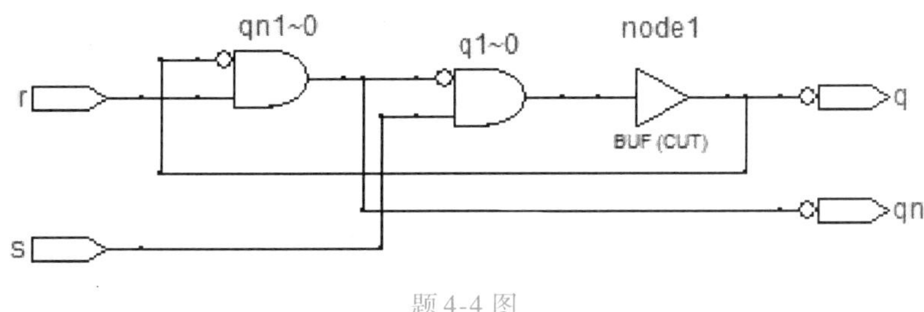

题 4-4 图

4-5 解：4 位串入/串出寄存器源程序如下：

```
LIBRARY IEEE;
USE IEEE. STD_LOGIC_1164. ALL;
ENTITY shiftreg IS
     PORT(clk:IN STD_LOGIC;
          datain:IN STD_LOGIC;
          dataout:OUT STD_LOGIC);
```

```
END ENTITY shiftreg;
ARCHITECTURE behave OF shiftreg IS
    SIGNAL q:STD_LOGIC_VECTOR(3 DOWNTO 0);
    BEGIN
    PROCESS(clk)
    BEGIN
        IF CLK'EVENT AND CLK = '1' THEN
            q(0) <= datain;
            FOR i IN 1 TO 3 LOOP
                q(i) <= q(i - 1);
            END LOOP;
        END IF;
    END PROCESS;
    dataout <= q(3);
END ARCHITECTURE behave;
```

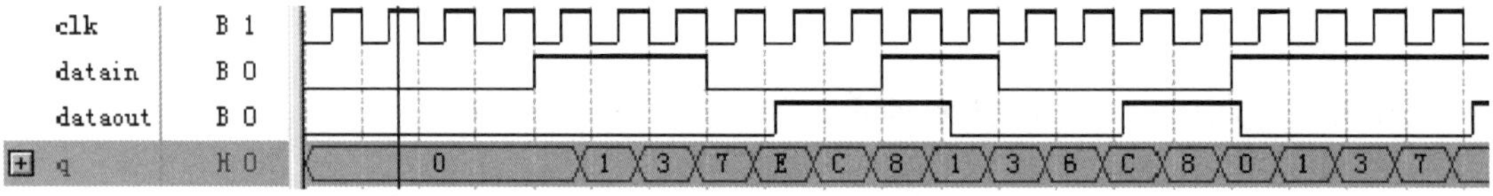

题 4-5 图

4-6 解：正确代码如下（错误见注释）：

```
LIBRARY ieee;
use ieee.std_logic_1164.all;
use ieee.std_logic_unsigned.all;
ENTITY and2 IS                                 --and→and2
PORT(num: IN    std_logic_vector( 3 downto 0);
       led: OUT   std_logic_vector(6 downto 0));
END and2;                                      --and→and2
ARCHITECTURE fun OF and2 IS                    --1→fun,and→and2

BEGIN
process(num)
begin
case num is
when "0000"  =>led  <=B"111_1110";
when "0001"  =>led<=B"011_0000";
when "0010"  =>led<=B"1101101";
when "0011"  =>led<=B"1111001";
```

```
when "0100"  =>led<="0110011";        --2#0110011#→"0110011"
when "0101"  =>led<="1011011";        --2#1011011#→"1011011"
when "0110"  =>led<="1011111";        --1011111→"1011111"
when "0111"  =>led<="11110000";       --111_0000→"1110000"
when "1000"  =>led<="1111111";        --2##→"1111111"
when "1001"  =>led<="1111011";        --2#111_1011#→"1111011"
when others  =>led<="0000000";
end case;
end process;
END fun;
```

第5章

5-1 解：VHDL 语句分为顺序语句和并行语句两大类。进程属于并行语句。进程特点请参阅相关章节。

5-2 解：很多场合下条件信号赋值语句和多选择控制 IF 语句可以互换实现相同的逻辑功能，不仅如此，很多其他语句也存在相同的现象，这也从一个侧面说明了 VHDL 的灵活性。但是这种互换要注意以下两个方面：第一，两种语句格式不同，应严格按照各自的语法规则，进行表达方式的调整。第二，两者所属的语句类型不同，顺序语句要想替换并行语句除了注意逻辑上的等价，还要注意格式的等价。即需要将顺序语句写在进程语句中，并且注意进程敏感信号列表的描述。

5-3 解：

（1）⋮

```
architecture one of abc is
begin
process(c,d,e)
begin
a<=c and d and e;
end process;
end one;
```

（2）⋮

```
architecture one of abc is
begin
process(a,b,s)
begin
y<=a when s='0' else
    b;
end process;
end one;
```

5-4 解：定义元件：

```
LIBRARY IEEE;
 USE IEEE. STD_LOGIC_1164. ALL;
 ENTITY DECL7S IS
  PORT ( A : IN STD_LOGIC_VECTOR(3 DOWNTO 0);
      LED7S : OUT STD_LOGIC_VECTOR(6 DOWNTO 0));
 END;
 ARCHITECTURE one OF DECL7S IS
 BEGIN
  PROCESS( A )
  BEGIN
  CASE  A  IS
   WHEN "0000"  => LED7S <= not"0111111";
   WHEN "0001"  => LED7S <= not"0000110";
   WHEN "0010"  => LED7S <= not"1011011";
   WHEN "0011"  => LED7S <= not"1001111";
   WHEN "0100"  => LED7S <= not"1100110";
   WHEN "0101"  => LED7S <= not"1101101";
   WHEN "0110"  => LED7S <= not"1111101";
   WHEN "0111"  => LED7S <= not"0000111";
   WHEN "1000"  => LED7S <= not"1111111";
   WHEN "1001"  => LED7S <= not"1101111";
   WHEN OTHERS => NULL;
   END CASE;
  END PROCESS;
 END one;
LIBRARY IEEE;
USE IEEE. STD_LOGIC_1164. ALL;
USE IEEE. STD_LOGIC_UNSIGNED. ALL;
ENTITY CNT10 IS
    PORT (CLK,RST,EN : IN STD_LOGIC;
        LED7S :OUT STD_LOGIC_VECTOR(6 DOWNTO 0);
         COUT : OUT STD_LOGIC );
END CNT10;
ARCHITECTURE behave OF CNT10 IS
component DECL7S IS
  PORT ( A : IN STD_LOGIC_VECTOR(3 DOWNTO 0);
      LED7S : OUT STD_LOGIC_VECTOR(6 DOWNTO 0) );
 END component;
signal CQ : STD_LOGIC_VECTOR(3 DOWNTO 0);
BEGIN
```

```
CNT: PROCESS(CLK, RST, EN)                          --计数进程
      BEGIN
      IF RST = '1' THEN CQ <= (OTHERS =>'0');        --计数器复位
      ELSIF CLK'EVENT AND CLK = '1' THEN             --检测时钟上升沿
        IF EN = '1' THEN                             --检测是否允许计数
          IF CQ < "1001" THEN CQ <= CQ + 1;          --允许计数
            ELSE CQ <= (OTHERS =>'0');               --大于9,计数值清零
          END IF;
        END IF;
      END IF;

END PROCESS;
u1:DECL7S port map(cq,led7s);
END behave;
```

定义子程序:

```
LIBRARY IEEE;
USE IEEE. STD_LOGIC_1164. ALL;
USE IEEE. STD_LOGIC_UNSIGNED. ALL;
ENTITY CNT10 IS
    PORT (CLK,RST,EN : IN STD_LOGIC;
         LED7S :OUT STD_LOGIC_VECTOR(6 DOWNTO 0);
          COUT : OUT STD_LOGIC );
END CNT10;
ARCHITECTURE behave OF CNT10 IS
 procedure DECL7S(signal A   : IN STD_LOGIC_VECTOR(3 DOWNTO 0);
      signal LED7S : OUT STD_LOGIC_VECTOR(6 DOWNTO 0))is
  BEGIN
  CASE A IS
   WHEN "0000" => LED7S <= not"0111111";
   WHEN "0001" => LED7S <= not"0000110";
   WHEN "0010" => LED7S <= not"1011011";
   WHEN "0011" => LED7S <= not"1001111";
   WHEN "0100" => LED7S <= not"1100110";
   WHEN "0101" => LED7S <= not"1101101";
   WHEN "0110" => LED7S <= not"1111101";
   WHEN "0111" => LED7S <= not"0000111";
   WHEN "1000" => LED7S <= not"1111111";
   WHEN "1001" => LED7S <= not"1101111";
   WHEN OTHERS => NULL;
  END CASE;
```

```
end;
signal CQ : STD_LOGIC_VECTOR(3 DOWNTO 0);
BEGIN
CNT: PROCESS(CLK, RST, EN)                                  --计数进程
        BEGIN
        IF RST = '1' THEN CQ <= (OTHERS =>'0');             --计数器复位
        ELSIF CLK'EVENT AND CLK = '1' THEN                  --检测时钟上升沿
          IF EN = '1' THEN                                  --检测是否允许计数
            IF CQ < "1001" THEN CQ <= CQ + 1;               --允许计数
              ELSE CQ <= (OTHERS =>'0');                    --大于9,计数值清零
            END IF;
          END IF;
        END IF;
END PROCESS;
DECL7S (cq,led7s);
END behave;
```

5-5 略

5-6 解：矩阵键盘

```
  library ieee;
use ieee.std_logic_1164.all;
use ieee.std_logic_unsigned.all;
-----------------------------------------------------------------
-----------------------------------------------------------------
entity keyboard is
port(
 clk: in std_logic;          --扫描时钟频率不宜过高,一般在1kHz以下
 kincol: in std_logic_vector(3 downto 0);           --读入列码
 scanrow:out std_logic_vector(3 downto 0);          --输出行码,扫描信号
 key: out std_logic_vector(6 downto 0));            --输出键值
end entity;
-----------------------------------------------------------------
architecture realization of keyboard is
signal scanand:std_logic_vector(7 downto 0);
signal row: std_logic_vector(3 downto 0);           --行扫描信号
signal cntscan:integer range 0 to 3;                --用于计数产生扫描信号
signal counter:integer range 0 to 3;

begin
process(clk)
  begin
```

```
    if rising_edge(clk) then
      if cntscan = 3 then
          cntscan <= 0;
      else
          cntscan <= cntscan + 1;
      end if;
      case cntscan is                    --产生行扫描信号
          when 0  => row <= "0111";      --P07 口为低电平,P06 ~ P04 均为高电平
          when 1  => row <= "1011";      --P06 口为低电平,P07,P05,P04 均为高电平
          when 2  => row <= "1101";      --P05 口为低电平,P07,P06,P04 均为高电平
          when 3  => row <= "1110";      --P04 口为低电平,P07 ~ P05 均为高电平
      end case;
    end if;
  end process;
process(clk)
begin
    if falling_edge(clk) then
      if kincol = "1111" then          --上升沿产生行扫描信号,下降沿产生读入列码
        if counter = 3 then            --多次检测为"1111",表示无按键按下
          key <= "1111111";
          counter <= 0;
        else
          counter <= counter + 1;
        end if;
      else
        counter <= 0;
        case scanand is
          when "01110111" => key <= not"0000111";    --7
          when "01111011" => key <= not"1100110";    --4
          when "01111101" => key <= not"0000110";    --1
          when "01111110" => key <= not"0111111";    --0
          when "10110111" => key <= not"1111111";    --8
          when "10111011" => key <= not"1101101";    --5
          when "10111101" => key <= not"1011011";    --2
          when "10111110" => key <= not"1110111";    --a
          when "11010111" => key <= not"1101111";    --9
          when "11011011" => key <= not"1111101";    --6
          when "11011101" => key <= not"1001111";    --3
          when "11011110" => key <= not"1111100";    --b
          when "11100111" => key <= not"1110001";    --f
```

```
            when "11101011" => key <= not"1111001" ;        -- e
            when "11101101" => key <= not"1011110" ;        -- d
            when "11101110" => key <= not"0111001" ;        -- c
            when others => NULL;
          end case;
        end if;
      end if;
    end process;
  scanand <= row&kincol;
  scanrow <= row;
end;
```

5-7 略

5-8 略

5-9 解：（1）

```
ENTITY abc IS
      PORT (clk,a : IN BIT;
                y : OUT BIT);
    END ENTITY abc;
    ARCHITECTURE one OF abc IS
     variable b,c:bit;
    BEGIN
    process(clk)
      if clk'event and clk = '1' then
      b: =a;
      c: =b;
      y <=c;
     end if;
    end process;
    END ARCHITECTURE one;
```

（2）

```
LIBRARY IEEE;
USE IEEE. STD_LOGIC_1164. ALL;
    entity mux is
    port (a,b : in std_logic;
           y : out std_logic);
    end mux;
```

（3）所有的 ELSE IF 替换为 ELSIF

（4）

```
library ieee;
    use ieee. std_logic_1164. all;
    use ieee. std_logic_unsigned. all;
    entity counter10 is
```

```
port(clk:in std_logic;
     led: out   std_logic_vector(6 downto 0));
end entity;

architecture one of counter10 is
signal a1:std_logic_vector(3 downto 0);
begin
process(clk)                                    --计数进程
begin
if clk'event and clk = '1' then
              if a1 >=9 then
              a1 <= "0000";
              else
              a1 <= a1 +1;
              end if;
end if;
end process;
process(a1)                                     --显示进程
begin
  case a1 is
    when "0000"  => led  <= "1111110";
    when "0001"  => led <= "0110000";
    when "0010"  => led <= "1101101";
    when "0011"  => led <= "1111001";
    when "0100"  => led <= "0110011";
    when "0101"  => led <= "1011011";
    when "0110"  => led <= "1011111";
    when "0111"  => led <= "1110000";
    when "1000"  => led <= "1111111";
    when "1001"  => led <= "1111011";
    when others => null;
  end case;
end process;
end one;
```

第 6 章

6-1 解：Moore 型有限状态机是指输出仅与系统状态有关，与输入信号无关的状态机。Mealy 型有限状态机是指输出与系统状态和输入均有关系的有限状态机。

6-2 解：

其中组合逻辑进程用于实现状态机的状态选择和信号输出。该进程根据当前状态信号 current_state 的值确定相应的操作，处理状态机的输入、输出信号，同时确定下一个状态，即 next_state 的取值。时序逻辑进程主要用于实现状态机的状态转化。

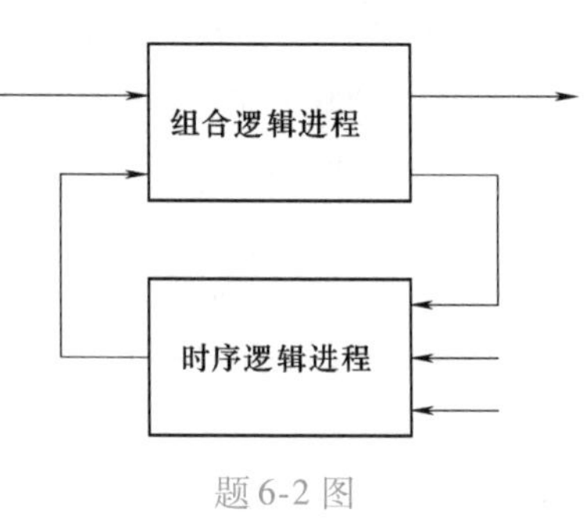

题 6-2 图

6-3 解：状态机的状态编码方式有多种，具体采用哪一种需根据要设计的状态机的实际情况来确定。从编码方式上分为状态位直接输出型编码、顺序编码和一位热码编码。

6-4 解：参考程序如下：

```
LIBRARY IEEE;
USE IEEE. STD_LOGIC_1164. ALL;
ENTITY FSM2 IS
PORT (clk,reset,in1 : IN STD_LOGIC;
          out1 : OUT STD_LOGIC_VECTOR(3 downto 0));
END;
ARCHITECTURE bhv OF FSM2 IS
  TYPE state_type IS (s0, s1, s2, s3);
SIGNAL current_ state,next_state: state_type;
BEGIN
P1:PROCESS(clk,reset)
BEGIN
 IF reset = '1' THEN current_state <= s0;
    ELSIF clk ='1' AND clk'EVENT THEN
          current_state <=next_state;
    END IF;
  END PROCESS;
P2:PROCESS(current_state)
    BEGIN
       case current_state is
          WHEN s0 => IF in1 ='1'THEN next_state <=s1;
                     ELSE next_state <=s0;
                     END IF;
          WHEN s1 => IF in1 ='0'THEN next_state <=S2;
                     ELSE next_state <=s1;
                     END IF;
          WHEN s2 => IF in1 ='1'THEN next_state <=S3;
                     ELSE next_state <=s2;
                     END IF;
```

```
            WHEN s3  => IF in1 = '0'THEN next_state <= S0;
                                         ELSE next_state <= s3;
            END IF;
        end case;
    END PROCESS;
p3:PROCESS(current_state)
 BEGIN
    case current_state is
            WHEN s0  => IF in1 = '1'THEN out1 <= "1001";
                           ELSE out1 <= "0000"; END IF;
            WHEN s1  => IF in1 = '0'THEN out1 <= "1100";
                           ELSE out1 <= "1001"; END IF;
            WHEN s2  => IF in1 = '1'THEN out1 <= "1111";
                           ELSE out1 <= "1001"; END IF;
            WHEN s3  => IF in1 = '1'THEN out1 <= "0000";
                           ELSE out1 <= "1111";
            END IF;
      end case;
 END PROCESS;
end bhv;
```

6-5 解：在状态机设计中，总是不可避免地出现大量未被定义的编码组合，这些状态在状态机的正常运行中是不需要出现的，通常称为非法状态。解决的方法是在枚举类型定义中就将所有的状态，包括多余状态都做出定义，并在以后的语句中加以处理。

6-6 解：参考程序如下：

```
LIBRARY IEEE;
USE IEEE. STD_LOGIC_1164. ALL;
ENTITY SCHK IS
 PORT (din,clk,clr : IN STD_LOGIC;
        ab : OUT STD_LOGIC_VECTOR(3 downto 0));
END SCHK;
ARCHITECTURE bhv OF SCHK IS
  SIGNAL Q: INTEGER RANGE 0 TO 8;
  SIGNAL D: STD_LOGIC_VECTOR(7 downto 0));
BEGIN
  D <="11100101";
PROCESS(clk, clr)
BEGIN
  IF clr  =  '1' THEN Q  <= 0;
    ELSIF clk = '1' AND clk'EVENT THEN
```

```
        CASE Q IS
          WHEN 0 => if din  =  D(7)THEN Q <=1; ELSE Q <=0; END IF;
          WHEN 1 => if din  =  D(6)THEN Q <=2; ELSE Q <=0; END IF;
          WHEN 2 => if din  =  D(5)THEN Q <=3; ELSE Q <=0; END IF;
          WHEN 3 => if din  =  D(4)THEN Q <=4; ELSE Q <=0; END IF;
          WHEN 4 => if din  =  D(3)THEN Q <=5; ELSE Q <=0; END IF;
          WHEN 5 => if din  =  D(2)THEN Q <=6; ELSE Q <=0; END IF;
          WHEN 6 => if din  =  D(1)THEN Q <=7; ELSE Q <=0; END IF;
          WHEN 7 => if din  =  D(0)THEN Q <=8; ELSE Q <=0; END IF;
          WHEN OTHERS  => Q  <=0;
        END CASE;
     END IF;
    END PROCESS;
  PROCESS(Q)
  BEGIN
      IF Q =8 THEN AB  <="1010";
      ELSE          AB <="1011";
      END IF;
      EDN PROCESS;
      END bhv;
```

第7章

7-1 解：对于一个数字系统来说，一般可以分为这样的6个层次；系统级、芯片级、寄存器传输级、门级、电路级、硅片级。由于系统可以分为6个层次，系统的性能描述和系统的结构组成也可以分为6个层次。下表表示了这几个层次之间的对应关系。硅片是结构的最底层，从结构描述的角度来说，硅片上不同形状的区域代表了不同类型的电子元器件，如晶体管、MOS管、电阻、电容等。另外，不同形状的金属区域表示了元器件之间的连接。

系统设计层次之间的对应关系

系统设计层次	性能描述	系统的结构
系统级	系统的功能描述	计算机、路由器等
芯片级	算法描述	CPU、RAM、ROM、I/O
寄存器传输级	数据流描述	运算器、选择器、计数器、寄存器
门级	逻辑代数方程	基本门电路、基本触发器
电路级	微分方程	由晶体管、电阻、电容组成的电路
硅片级	电子、穴运动方程	硅片不同形状的区域

但是，只有到了电路级，电路的具体结构才能显示出来。电路级比门级描述来说是更加具体。同样是一个与门，可以有许多种电路实现的方法，只有将门级的描述再具体到电路级

的描述，才能最后在硅片上形成芯片。

从逻辑的角度来说，门级是最基础的描述。最基本的逻辑门应该是与门、或门、非门，用这 3 种基本逻辑门，可以构成任何组合电路以及时序电路。不过，现在也将基本触发器作为门级的基本单元，因为它是组成时序电路的最基本的单元。

寄存器传输级实际上是由逻辑部件的互相连接而构成的。寄存器、计数器、移位寄存器等逻辑部件是这个层次的基本器件，有时也称它们为功能模块或者“宏单元”。虽然这些部件也是由逻辑门组成，但是在这个层次，关键的是整个功能模块的特性，以及它们之间的连接。

再向上一个层次就是芯片级，从传统的观点来看芯片级应该是最高级，芯片本身就是一个系统，芯片本身就是产品。芯片级的基本组成是处理器、存储器、各种接口、中断控制器等。当然，首先应该对这些组成模块进行描述，再用它们的连接来构成整个芯片。

最高的层次是系统级。一个系统可以包括若干芯片。如果是“System on a Chip”设计，那么在一个系统芯片上也有若干类似于处理器、存储器等这样的元件。

上表的中间一列是各个层次的性能描述。从系统级来说，就是对于系统整体指标的要求，例如运算的速度、传输的带宽、工作的频率范围等。这类性能指标一般用文字表示就可以了，不会用 HDL 来描述。

芯片级的性能描述是通过算法来表示的，也就是通过芯片这样的硬件可以实现什么算法。算法是可以用 HDL 来描述的。当然，算法描述的范围可以很宽，以前我们对于时序机的性能描述，实际上也是一种算法。因为，这样的描述也只是表示输出对于输入的响应，而不考虑如何来实现相应的逻辑功能。

寄存器传输级的性能描述是数据流描述；门级的性能描述是逻辑代数方程。从 VHDL 描述的角度来说，VHDL 的数据流描述主要是对于寄存器传输级的描述，用它们来表示逻辑代数方程也是可以的。

7-2 解：

1. 原理说明

数字密码锁亦称电子密码锁，其锁内有若干位密码，所用密码可由用户自己选定。数字锁有两类：一类并行接收数据，称为并行锁；另一类串行接收数据，称为串行锁，本设计为串行锁。如果输入代码与锁内密码一致时，锁被打开；否则，应封闭开锁电路，并发出报警信号。

设锁内给定的 8 位二进制数密码用二进制数 D［7..0］表示，开锁时串行输入数据由开关 K 产生，可以为高电平 1 和低电平 0，为了使系统能逐位地依次读取由开关 K 产生的位数据，可设置一个按钮开关“READ”，首先用开关 K 设置 1 位数码，然后按下开关“READ”，这样就将开关 K 产生的当前数码读入系统。为了标识串行数码的开始和结束，特设置“RESET”和“TRY”按钮开关，RESET 信号使系统进入初始状态，准备进入接受新的串行密码，当 8 位串行密码与开锁密码一致时，按下“TRY”开关产生开锁信号，系统便输出 OPEN 信号打开锁，否则系统进入一个“ERROR”状态，并发出报警信号 ERROR，直到按下复位开关“RESE”，报警才停止。

根据系统 EDA 层次化设计思路，数字密码锁可划分为控制器和处理器两个模块，其原理框图如题 7-3 图所示。

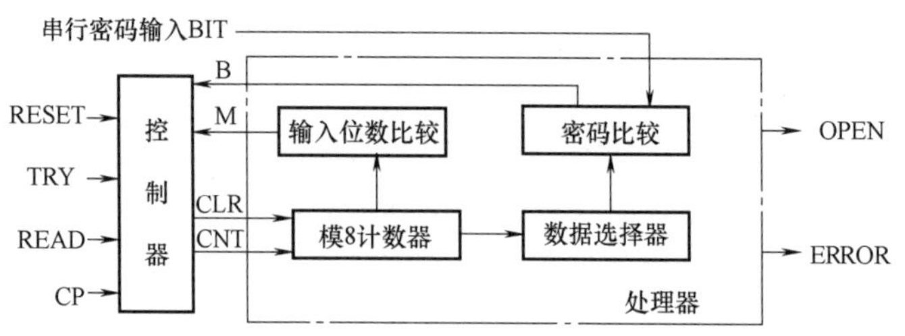

题 7-3 图

2. 设计指导

(1) 控制器电路设计

根据上图，该控制器共产生 6 个状态，分别设其为 S0、S1、S2、S3、S4、S5。其中 S0 为初始状态，S1 为接受密码数据状态，S2 为准备开锁状态，S3 为正确接受一位密码数据的状态，S4 为开锁状态，S5 为错误状态。其工作过程如下：

异步复位信号 RESET，使得控制器进入初始状态 S0，并发出 CLR 命令使模 8 计数器清零；下一个时钟 CP 到来时，系统无条件件转到状态 S1，再接受密码数据状态 S1，若开锁信号 TRY 为 1，则控制器转入错误状态 S5，若 TRY 为 0，则控制器等待接受密码 BIT；READ 为 1 时，读取密码，若本次输入的密码 BIT 与开锁密码相应位的数值不等，密码比较器的输出 B 为 0，控制器进入错误状态 S5，若两者数值相等，B 为 1，然后判断位数比较器输出 M 的结果，M 为 0 时控制器进入状态 S3；在 S3 状态，控制器发出 CNT 命令使模 8 计数器加 1，然后转到接受密码数据状态 S1，直到正确接受 8 位串行码后，输入位数比较器将输出高电平 M，使系统转入状态 S2；在 S2 状态下再读数时（此时 READ = 1）控制器转入错误状态 S5，否则等待开锁信号 TRY，TRY 为 1 时，控制器由 S2 转入状态 S4，并输出开锁命令 OPEN。

可用 6 个 DFF 分别表示 6 个状态 S0、S1、S2、S3、S4、S5，开锁过程中的每一时刻，只能有一个状态为 1，其余为 0，而且任何一次输入的密码与开锁密码不一致，或者“READ”开关和“TRY”开关使用的顺序与规定不符，都将使控制器进入错误状态 S5，并输出错误信号 ERROR。据此工作过程可得控制器状态转换表如下表所示。

控制器状态转换表

现　态 Qi	激励函数	输出次态 Qi
S0	1	S1
S1	NOT(TRY) · NOT(READ)	S1
S3	1	S1
S1	NOT(TRY) · READ · B · NOT(M)	S2
S2	NOT(TRY) · NOT(READ)	S2
S1	NOT(TRY) · READ · B · NOT(M)	S3
S2	TRY · NOT(READ)	S4
S4	1	S4
S1	TRY	S5
S1	NOT(TRY) · READ · NOT(B)	S5
S2	READ	S5
S5	1	S5

根据表可得 6 个触发器的输入激励函数如下：

DFF0:D0(S0) = 0(其异步置 1 端 S 接 RESET，当 RESET = 0 时，S0 = 1，CLR = NOT(S0))

DFF1:D1(S1) = S0 + S1 · NOT(TRY) · NOT(READ) + S3

DFF2:D2(S2) = S1 · NOT(TRY) · READ · B · M + S2 · NOT(TRY) · NOT(READ)

DFF3:D3(S3) = S1 · NOT(TRY) · READ · B · NOT(M)；CNT = S3

DFF4:D4(S4) = S2 · NOT(READ) · TRY + S4；OPEN = S4

DFF5:D5(S5) = S1 · TRY + S1 · NOT(TRY) · READ · NOT(B) + S2 · READ + S5;ERROR = S5

（2）处理器电路设计

处理器电路可由中规模集成电路设计，共由 4 部分组成。密码比较器部分接受 BIT 输入的密码，并将其与系统设置的密码位 Y 相比较（利用“异或”门实现，B = BIT⊕Y），比较结果 B 作为状态信息送到控制器，该部分电路可用一片 8 选 1 数据选择器 74151 加“异或”门 XOR 实现，两者相同时 B = 1，控制器输出 CLR 命令后，数据选择器被选择的数据从密码的最低位开始，在控制器的 CNT 信号下，从低位到高位逐位被选择出来，控制器根据电路反馈回来的 B 状态信息，获得各次比较的结果。为累计输入密码的位数，需要一个模 8 计数器，该计数器可用 74161 实现，控制器发出清零信号 CLR 使计数器清零，并使密码的比较从低位开始，同时计数器根据控制器的 CNT 信号，累计输入密码的位数，并通过 7485 数值比较器与密码位数 8 相比较，若两者相等，则输出控制信号 M（此时 M = 1）到控制器，模 8 计数器的 3 位输出 Q［2..0］数据选择器的选择输入端 S［2..0］。

参 考 文 献

[1] 潘松，黄继业. EDA 技术实用教程——VHDL 版 [M]. 5 版. 北京：科学出版社，2013.
[2] 潘松，黄继业. EDA 技术与 VHDL [M]. 5 版. 北京：清华大学出版社，2017.
[3] 刘皖，何道君. FPGA 设计与应用 [M]. 北京：清华大学出版社，2006.
[4] 雷伏容. VHDL 电路设计 [M]. 北京：清华大学出版社，2006.
[5] 顾斌，赵明忠. 数字电路 EDA 设计 [M]. 西安：西安电子科技大学出版社，2004.
[6] 齐洪喜，陆颖. VHDL 电路设计实用教程 [M]. 北京：清华大学出版社，2004.
[7] 黄仁欣. EDA 技术实用教程 [M]. 北京：清华大学出版社，2006.
[8] 赵世强. 电子电路 EDA 技术 [M]. 西安：西安电子科技大学出版社，2007.
[9] 周立功. EDA 实验与实践 [M]. 北京：北京航空航天大学出版社，2007.
[10] 李国洪. EDA 技术与实验 [M]. 北京：机械工业出版社，2009.
[11] 江国强. EDA 技术与应用 [M]. 3 版. 北京：电子工业出版社，2010.
[12] 梁勇，王留奎. EDA 技术教程 [M]. 北京：人民邮电出版社，2010.
[13] 秦进平. 数字电子与 EDA 技术 [M]. 北京：科学出版社，2011.
[14] 何宾. EDA 原理及 VHDL 实现 [M]. 北京：清华大学出版社，2011.
[15] 赵岩. 实用 EDA 技术与 VHDL 教程 [M]. 北京：人民邮电出版社，2011.
[16] 谭会生. EDA 技术及应用实践 [M]. 2 版. 长沙：湖南大学出版社，2010.